园林工程招投标与合同管理

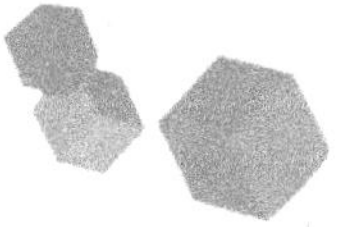

吴戈军　主编

化学工业出版社

·北京·

本书是《园林工程管理丛书》中的一本，丛书共5本。

本书根据《中华人民共和国招标投标法实施条例》(2012年版)、《中华人民共和国招标投标法》、《中华人民共和国合同法》编写，主要介绍了园林工程招投标与合同管理方面的知识。内容主要包括工程招投标概述、园林工程招标、园林工程投标、《合同法》基础、园林工程施工合同、园林工程施工索赔的内容。本书资料丰富、内容翔实。

本书可供园林工程招投标与合同管理人员使用，也可供从事园林工程规划、设计、施工、监理的人员参考。

图书在版编目(CIP)数据

园林工程招投标与合同管理/吴戈军主编.—北京：化学工业出版社，2014.3(2019.8重印)
(园林工程管理丛书)
ISBN 978-7-122-19672-9

Ⅰ.①园…　Ⅱ.①吴…　Ⅲ.①园林-工程施工-招标②园林-工程施工-投标③园林-工程施工-经济合同-管理
Ⅳ.①TU986.3

中国版本图书馆CIP数据核字(2014)第020323号

责任编辑：袁海燕　　文字编辑：刘莉珺
责任校对：吴　静　　装帧设计：王晓宇

出版发行：化学工业出版社(北京市东城区青年湖南街13号　邮政编码100011)
印　　装：北京虎彩文化传播有限公司
710mm×1000mm　1/16　印张15　字数291千字　2019年8月北京第1版第5次印刷

购书咨询：010-64518888　　售后服务：010-64518899
网　　址：http://www.cip.com.cn
凡购买本书，如有缺损质量问题，本社销售中心负责调换。

定　　价：48.00元

《园林工程招投标与合同管理》编写人员

主编 吴戈军

参编 邹原东　邵　晶　齐丽丽　成育芳
李春娜　蒋传龙　王丽娟　邵亚凤
白雅君

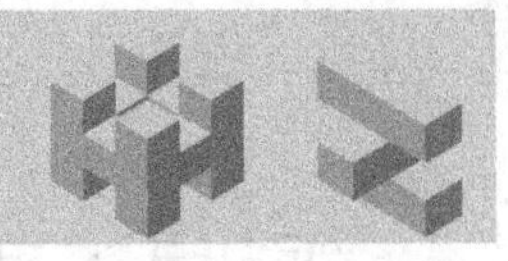

前言 | FOREWORD

近年来，随着社会的进步和人们生活水平的提高，人类对生存环境质量的要求越来越高，园林作为生态环境建设的重要组成部分和提高人类生存环境质量的重要手段，越来越受到环境决策者和建设者的重视。园林建设的不断发展，使得园林工程招投标以及合同的规范化程度进一步提高。随着建筑产业的整体发展和提升，工程招投标与合同管理是政府和产业健康、平稳、持续发展的基本支撑。

本书主要介绍了园林工程招标、投标程序和合同管理内容，突出招标、投标文件的编制和合同管理能力的培养，以提高园林工程建设队伍的技术和管理水平。希望本书的面世，能够更好地服务于从事园林工程造价、招标与投标、合同管理的人员。

本书具有如下特点。

1. 准确性、权威性：本书是以现行的国家标准、行业标准及技术规范为依据，保证本书数据的准确性及权威性，读者可放心使用。

2. 可操作性：本书将更大限度地满足实际工作的需要，增加图书的适用性和适用范围，提高使用效果。

3. 条理清晰性：本书条理清晰、重点突出，避免内容上的交叉与重复。

本书可供园林工程招投标与合同管理人员使用，也可供从事园林工程规划、设计、施工、监理的人员参考。

《园林工程招投标与合同管理》是《园林工程管理丛书》中的一本，丛书共分5册，其余4册分别为《园林工程材料及应用》、《园林工程监理与资料编制》、《园林工程预算与工程量清单编制》、《园林工程施工组织设计与管理》。丛书涵盖内容广泛，基本上包括了园林工程管理的各个方面，希望对读者有所帮助。

由于编者水平有限，书中疏漏及不当之处在所难免，敬请广大读者和同行给予批评指正。

编者

2013年10月

目录 CONTENTS

工程招投标概述

1.1 工程招标与投标概述

1.1.1 工程招标投标概念

招标投标是在市场经济条件下进行工程建设、货物买卖、财产出租、中介服务等经济活动的一种竞争形式和交易方式，是引入竞争机制订立合同（契约）的一种法律形式。

工程招标是指招标人（或招标单位）在购买大批物资、发包工程项目或某一有目的业务活动前，按照公布的招标条件，公开或书面邀请投标人（或投标单位）在接受招标文件要求的前提下前来投标，以便招标人从中择优选定的一种交易行为。

工程投标就是投标人（或投标单位）在同意招标人拟定的招标文件的前提下，对招标项目提出自己的报价和相应的条件，通过竞争企图为招标人选中的一种交易方式。这种方式是投标人之间通过直接竞争，在规定的期限内以比较合适的条件达到招标人所需的目的。

1.1.2 工程招标投标的特点

招标投标兼有经济活动和民事法律行为两种性质。建设工程招标投标的目的则是在工程建设中引进竞争机制，择优选定勘察、设计、设备安装、施工、装饰装修、材料设备供应、监理和工程总承包等单位，以保证缩短工期、提高工程质量和节约建设投资。招标投标主要具有以下几个特点：

① 通过竞争机制，实行交易公开。

② 鼓励竞争、防止垄断、优胜劣汰，可较好地实现投资效益。

③ 通过科学合理和规范化的监管制度与运作程序，可有效杜绝不正之风。

1.1.3 工程招标投标应遵循的原则

（1）公开原则　公开原则主要是要求建设工程招标投标活动具有较高的透明度。其具体含义主要有以下几层：

① 建设工程招标投标的信息公开　通过建立和完善建设工程项目报建登记制度，及时向社会发布建设工程招标投标信息，让有资格的投标者都能享受到同等的信息，以便于进行投标决策。

② 建设工程招标投标的条件公开　必须向社会公开招标投标的条件，以便于社会监督。

③ 建设工程招标投标的程序公开　在建设工程招标投标的全过程中，招标单位的主要招标活动程序、投标单位的主要投标活动程序和招标投标管理机构的主要监管程序，必须公开。

④ 建设工程招标投标的结果公开　建设工程招标投标应对哪些单位参加了投标、最后哪个单位中标，予以公开。

（2）公平原则　公平原则是指所有当事人和中介机构在建设工程招标投标活动中，享有均等的机会，具有同等的权利，履行相应的义务，任何一方都不受歧视。公平原则主要体现在以下几个方面：

① 市场主体不仅包括承包方，也包括发包方，工程建设项目，凡符合法定条件的，都一样进入市场通过招标投标进行交易，并且发包方进入市场的条件是一样的。

② 在建设工程招标投标活动中，所有合格的投标人进入市场的条件和竞争机会都是一样的，招标人不得对投标人搞区别对待，厚此薄彼。

③ 建设工程招标投标涉及的各方主体，都负有与其享有的权利相适应的义务，因情势变迁（不可抗力）等原因造成各方权利义务关系不均衡的，都可以而且也应当依法予以调整或解除。

④ 当事人和中介机构均应对建设工程招标投标中自己有过错的损害根据过错大小承担责任，对于各方均无过错的损害则根据实际情况分担责任。

（3）公正原则　公正原则是指在建设工程招标投标活动中，按照同一标准实事求是地对待所有的当事人和中介机构。

（4）诚实信用原则　诚实信用原则（简称诚信原则）是指在建设工程招标投标活动中，当事人和有关中介机构应当以诚相待、讲求信义、实事求是，做到言行一致、遵守诺言、履行成约，不得见利忘义、投机取巧、弄虚作假、隐瞒欺诈、以次充好、掺杂使假、坑蒙拐骗，损害国家、集体和其他人的合法权益。诚信原则是建设工程招标投标活动中的重要道德规范，也是法律上的要求。诚信原则要求当事人和中介机构在进行招标投标活动时，必须具备诚实无欺、善意守信的内心状态，不得滥用权利损害他人，要在自己获得利益的同时充分尊重社会公德和国家的、社会的、他人的利益，自觉维护市场经济的正常秩序。

1.2 工程招标投标主体

1.2.1 工程招标人

1.2.1.1 工程招标人的分类

招标人是提出招标项目、进行招标的法人或者其他组织。招标人主要可以分为以下两大类：

（1）法人

法人是指依法注册登记，具有独立的民事权利能力和民事行为能力，依法享有民事权利和承担民事义务的组织。其中主要包括企业法人和机关、事业单位及社会团体法人。

（2）其他组织

其他组织是指合法成立、有一定组织机构和财产，但又不具备法人资格的组织。如：依法登记领取营业执照的合伙组织、企业的分支机构等。

《中华人民共和国招标投标法》（以下简称《招标投标法》）中没有将自然人定义为招标人。

1.2.1.2 招标人的招标资质

建设工程招标人的招标资质是指建设工程招标人能够自己组织招标活动所必须具备的条件和素质。由于招标人自己组织招标是通过其设立的招标组织进行的，因此招标人的招标资质实质上就是招标人设立的招标组织的资质。对建设工程招标人的招标资质进行管理，主要就是政府主管机构对建设工程招标人设立的招标组织的资质提出认定和划分标准，确定具体等级，发放相应证书，并对其证书的使用进行监督检查。

（1）工程招标人的招标资质要求

① 招标人必须有与招标工程相适应的技术、经济以及管理人员。

② 招标人必须具有编制招标文件和标底（或招标控制价），审查投标人投标资质，组织开标、评标、定标的能力。

③ 招标人必须设立专门的招标组织，如：基建处（办、科）、筹建处（办）、指挥部等。

符合上述要求的，经招标投标管理机构审查合格后方可取得招标组织资质证书。凡招标人不符合上述要求，未持有招标组织资质证书的，均不得自行组织招标，只能委托具备相应资质的招标代理人代理组织招标。

(2) 工程招标人的招标资质的分类

① 甲级招标资质。具有甲级招标资质的招标人，可以自行组织任何工程建设项目的招标工作。建设工程招标人甲级招标资质的认定标准主要有：

a. 招标组织总人数不少于 20 人。

b. 主要负责人具有高级职称，并有 8 年以上从事相关工程建设的经历。

c. 招标组织组成人员中，技术、经济、财务等人员配套，有相应专业职称人员数不少于 15 人，其中有中级以上职称的不少于 10 人。

d. 取得招标岗位合格证书的人员不少于 12 人，取得合同管理岗位合格证书的人员不少于 4 人，取得预算岗位合格证书的人员不少于 8 人，且专业配套。

② 乙级招标资质。具有乙级招标资质的招标人，可以自行组织建筑物 30 层以下或构筑物高度 100m 以下、跨度 30m 以下的工程建设项目的招标工作。建设工程招标人乙级招标资质的认定标准主要有：

a. 招标组织总人数不少于 15 人。

b. 主要负责人具有中级以上职称，并有 5 年以上从事相关工程建设的经历。

c. 招标组织组成人员中，技术、经济、财务等人员配套，有相应专业职称人员不少于 10 人，其中有中级以上职称的人员不少于 8 人。

d. 取得招标岗位合格证书的人员不少于 9 人，取得合同管理岗位合格证书的人员不少于 3 人，取得预算岗位合格证书的人员不少于 6 人，且专业配套。

③ 丙级招标资质。具有丙级招标资质的招标人，可以自行组织建筑物 12 层以下或构筑物高度 50m 以下、跨度 21m 以下的工程建设项目的招标工作。建设工程招标人丙级招标资质的认定标准主要有：

a. 招标组织总人数不少于 10 人。

b. 主要负责人具有中级以上职称，并有 3 年以上从事相关工程建设的经历。

c. 招标组织组成人员中，技术、经济、财务等人员配套，有相应专业职称人员数不少于 8 人，其中有中级以上职称的不少于 5 人。

d. 取得招标岗位合格证书的人员不少于 6 人，取得合同管理岗位合格证书的人员不少于 2 人，取得预算岗位合格证书的人员不少于 4 人。

1.2.1.3 招标人的权利和义务

(1) 招标人的权利

招标人享有的权利主要包括：自行组织招标或者委托招标代理机构进行招标；自由选定招标代理机构并核验其资质证明；委托招标代理机构招标时，可以参与整个招标过程，其代表可以进入评标委员会；拒绝非法干预；自主澄清、修改招标文件；自主决定对投标人的资质审查，要求投标人提供有关资质情况的资料；拒绝不合要求投标人的投标；主持开标；根据评标委员会推荐的候选人确定中标人或授权评标委员会直接确定中标人。

（2）招标人的义务

招标人应履行的义务主要包括：不得侵犯投标人的合法权益；保持招标具有竞争性；委托招标代理机构进行招标时，应当向其提供招标所需的有关资料并支付委托费；合理编制招标文件、公开招标的要求与条件；依法组建评标机构；招标过程中对（潜在）投标人的保密、协助、通知；中标人确定前不与投标人进行实质性谈判；接受招标投标管理机构的监督管理；与中标人签订并履行合同。

1.2.2 工程投标人

1.2.2.1 投标人分类

投标人是指响应招标、参加投标竞争的法人或者其他组织。依法招标的科研项目允许个人参加投标的，投标的个人适用《招标投标法》有关投标人的规定。投标人分为三类：一是法人；二是其他组织；三是具有完全民事行为能力的个人，亦称自然人。法人、其他组织和个人必须具备响应招标和参与投标竞争两个条件后，才能成为投标人。

1.2.2.2 投标人的投标资质

（1）投标人的资质分类

① 工程勘察设计单位的投标资质。我国的工程勘察主要可以分为：工程地质勘察、岩土工程、水文地质勘察以及工程测量 4 个专业；工程设计主要可以分为：电力、煤炭、石油和天然气、核工业、机械电子、兵器、船舶、航空航天、冶金、有色冶金、化工、石油化工、轻工、纺织、铁道、交通、邮电、水利、农业、林业、建筑工程、市政工程、商业、广播电影电视、民用航空、建材、医药以及人防工程 28 个专业。各专业勘察设计单位的资质分为甲、乙、丙、丁 4 级。各等级的标准，由国务院各有关行业主管部门综合考虑勘察设计单位的资历、技术力量、技术水平、技术装备水平、管理水平以及社会信誉等因素具体制定，经国家建设主管部门统一平衡后发布。

② 施工企业和项目经理的投标资质。施工企业是指从事土木工程、建筑工程、线路管道以及设备安装工程、装饰装修工程等新建、扩建、改建活动的企业。我国的建筑业企业主要可以分为施工总承包企业、专业承包企业以及劳务分包企业。施工总承包企业按工程性质主要可以分为房屋、公路、铁路、港口、水利、电力、矿山、冶金、化工石油、市政公用、通信、机电 12 个类别；专业承包企业根据工程性质和技术特点主要可以分为 60 个类别；劳务分包企业按技术特点主要可以划分为 13 个类别。

工程施工总承包企业资质等级主要可以分为特、一、二、三级；施工专业承包企业资质等级主要可以分为一、二、三级；劳务分包企业资质主要可以分为一、二级。各类企业资质等级标准由国家建设主管部门统一组织制定与发布。

工程施工总承包企业和施工专业承包的资质实行分级审批：特级、一级资质由住房和城乡建设部审批；二级以下资质由企业注册所在地省、自治区、直辖市人民政府建设主管部门审批。经审批合格的，由有权的资质管理部门颁发相等级的建筑业企业资质证书。建筑业企业资质证书由国务院建设行政主管部门统一印制，分为正本（1 本）和副本（若干本），正本和副本具有同等的法律效力。任何单位和个人不得涂改、仿造、出借、转让资质证书，复印的资质证书无效。

③ 建设监理单位的投标资质。建设监理单位主要包括具有法人资格的监理公司、监理事务所以及兼承监理业务的工程设计、科研和工程建设咨询的单位。监理单位的资质分为甲级、乙级和丙级。甲级资质由住房和城乡建设部审批。乙、丙级资质，监理单位属于地方的，由省级建设行政主管部门审批；属于国务院部门直属的，由国务院有关部门审批。经审核符合资质等级标准的，由资质管理部门发给住房和城乡建设部统一制定式样的相应的资质等级证书。

④ 建设工程材料设备供应单位的投标资质。建设工程材料设备供应单位，包括具有法人资格的建设工程材料设备生产、制造厂家、材料设备公司、设备成套承包公司等。目前，我国对建设工程材料设备供应单位实行资质管理的，主要是混凝土预制构件生产企业、商品混凝土生产企业和机电设备成套供应单位。

(2) 投标人的资格要求

法人或者其他组织响应招标、参加投标竞争，是成为投标人的一般条件。要想成为合格投标人，还必须满足两项资格条件：一是国家有关规定对不同行业及不同主体投标人的资格条件；二是招标人根据项目本身的要求，在招标文件或资格预审文件中规定的投标人的资格条件。

① 投标人参加工程建设项目施工投标应当具备 5 个条件：

a. 具有独立订立合同的权利。

b. 具有履行合同的能力，包括专业、技术资格和能力，资金、设备和其他物质设施状况，管理能力，经验、信誉和相应的从业人员。

c. 没有处于被责令停业，投标资格被取消，财产被接管、冻结，破产状态。

d. 在最近三年内没有骗取中标和严重违约及重大工程质量问题。

e. 法律、行政法规规定的其他资格条件。

② 招标人在招标文件或资格预审文件中规定的投标人资格条件。招标人可以根据招标项目本身要求，在招标文件或资格预审文件中，对投标人的资格条件从资质、业绩、能力、财务状况等方面做出一些规定，并依此对潜在投标人进行资格审查。投标人必须满足这些要求，才有资格成为合格投标人，否则，招标人有权拒绝其参与投标。同时，《招标投标法》规定，招标人不得以不合理的条件限制或排斥潜在投标人，以及对潜在投标人实行歧视待遇。

③ 投标人不得存在下列情形之一：

a. 为招标人不具有独立法人资格的附属机构（单位）。

b. 为本招标项目前期准备提供设计或咨询服务的。

c. 为本招标项目的监理人或代建人。

d. 为本招标项目提供招标代理服务的。

e. 与本招标项目的监理人或代建人或招标代理机构同为一个法定代表人的。

f. 与本招标项目的监理人或代建人或招标代理机构相互控股或参股的、相互任职或工作的。

g. 被责令停业的、被暂停或取消投标资格的。

h. 财产被接管或冻结的。

i. 在最近三年内有骗取中标或严重违约或重大工程质量问题的。

1.2.2.3 对投标人的要求

(1) 工程勘察设计投标人

① 投标人是响应招标、参加投标竞争的法人或者其他组织。投标人应当符合国家规定的资质条件。在其本国注册登记，从事建筑、工程服务的国外设计企业参加投标的，必须符合中华人民共和国缔结或者参加的国际条约、协定中所作的市场准入承诺以及有关勘察设计市场准入的管理规定。

② 以联合体形式投标的，联合体各方应签订共同投标协议，连同投标文件一并提交招标人。联合体各方不得再单独以自己名义，或者参加另外的联合体投同一个标。

联合体中标的，应指定牵头人或代表，授权其代表所有联合体成员与招标人签订合同，负责整个合同实施阶段的协调工作。但是，需要向招标人提交由所有联合体成员法定代表人签署的授权委托书。

③ 投标人不得以他人名义投标，也不得利用伪造、转让、无效或者租借的资质证书参加投标，或者以任何方式请其他单位在自己编制的投标文件上代为签字盖章，损害国家利益、社会公共利益和招标人的合法权益。

④ 投标人不得通过故意压低投资额、降低施工技术要求、减少占地面积，或者缩短工期等手段弄虚作假、骗取中标。

(2) 工程施工监理投标人

工程施工监理投标人应当具备相应的工程设备监理资质。非本市工程设备监理机构需到市质量技术监督局备案，并取得相应工程设备监理资质。国家有关规定或者招标文件对投标人资格条件有规定的，投标人应当具备规定的资格条件。

(3) 设备、材料投标人

① 投标规定法定代表人为同一个人的两个及两个以上法人，母公司、全资子公司及其控股公司，都不得在同一货物招标中同时投标。

一个制造商对同一品牌同一型号的货物，仅能委托一个代理商参加投标，否则应作废标处理。

② 联合体投标。

a. 两个以上法人或者其他组织可以组成一个联合体，以一个投标人的身份共同投标。联合体各方签订共同投标协议后，不得再以自己名义单独投标，也不得组成或参加其他联合体在同一项目中投标；否则作废标处理。

b. 联合体各方应当在招标人进行资格预审时，向招标人提出组成联合体的申请。没有提出联合体申请的，资格预审完成后，不得组成联合体投标。招标人不得强制资格预审合格的投标人组成联合体。

1.2.2.4 投标人权利和义务

(1) 投标人的权利

① 平等地获得招标信息。

② 自主投标。

③ 要求招标人或招标代理机构对招标文件中的有关问题进行答疑。

④ 投标截止日前改变投标。

⑤ 依法分包。

⑥ 参加公开开标。

⑦ 质询、控告、检举招标过程中的违法行为。

(2) 投标人的义务

① 按招标文件规定编制、报送投标文件。

② 保证所提供的投标文件的真实性。

③ 投标截止日后不得改变投标。

④ 应约对投标文件的有关问题进行答疑。

⑤ 提供投标保证金或其他形式的担保。

⑥ 被确定为中标人前不与招标人进行实质性接触。

⑦ 中标后与招标人签订并履行合同，非经招标人同意不得转让或分包合同。

1.2.3 招投标代理机构

1.2.3.1 招投标代理机构的概念

建设工程招标投标代理机构指受招标投标当事人的委托，在委托授权的范围内，以委托的招标投标当事人的名义和费用，从事招标投标活动的社会中介组织。所谓中介组织，根据服务对象其组织性质可以是事业单位，也可以是企业，如各省成立的政府采购中心承担国家机关事业单位和社会团体的财政性资金采购，属于非营利事业单位。但在招投标领域，招投标代理机构要求必须是企业。

招投标代理机构应当具备下列条件：

① 有从事招投标代理业务的营业场所和相应资金。

② 有能够编制招投标文件和组织评标的相应专业力量。

③ 有可以作为评标委员会成员人选的技术、经济等方面的专家库。

1.2.3.2 招投标代理机构的职责

招投标代理机构职责，是指招投标代理机构在代理业务中的工作任务和所承担责任。招投标代理机构应当在招投标人委托的范围内办理招投标事宜，并遵守关于招投标人的规定。招投标代理机构可以在其资格等级范围内承担下列招投标事宜：

（1）拟订招投标方案

招投标方案的内容一般包括：建设项目的具体范围、拟招投标的组织形式、拟采用的招投标方式。上述问题确定后，还应包括制订招投标项目的作业计划，包括招投标流程、工作进度安排、项目特点分析和解决预案等。

招投标实施之前，招投标代理机构凭借自身的经验，根据项目的特点，有针对性地制订周密和切实可行的招投标方案，提交给招投标人，使招投标人能事先了解整个招投标过程的情况，以便给予很好的配合，保证招投标方案的顺利实施。招投标方案对整个招投标过程起着重要的指导作用。

（2）编制和出售资格预审文件、招投标文件

招投标代理机构最重要的职责之一就是编制招投标文件。招投标文件是招投标过程中必须遵守的法律性文件，是投标人编制投标文件、招投标代理机构接受投标、组织开标、评标委员会评标、招投标人确定中标人和签订合同的依据。招投标文件编制的优劣将直接影响到招投标的质量和招投标的成败，也是体现招投标代理机构服务水平的重要标志。如果项目需要，招投标代理机构还要编制资格预审文件。招投标文件经招投标人确认后，招投标代理机构方可对外发售。招投标文件发出后，招投标代理机构还要负责有关澄清和修改等工作。

（3）审查投标人资格

招投标代理机构负责组织资格审查委员会或评标委员会，根据资格预审文件或招投标文件的规定，审查潜在投标人或投标人资格。审查投标人资格分为资格预审和资格后审两种方式。资格预审是在投标前对潜在投标人进行的资格审查；资格后审一般是在开标后对投标人进行的资格审查。

（4）编制标底

如果是工程建设项目，招投标代理机构受招标投标人的委托，还应编制标底和工程量清单。招投标代理机构应按国家颁布的法规、项目所在地政府管理部门的相关规定，编制工程量清单和标底，并负有对标底文件保密的责任。

（5）组织投标人踏勘现场

根据招投标项目需要和招投标文件规定，招投标代理机构可组织潜在投标人踏勘现场、收集投标人提出的问题，编制答疑会议纪要或补遗文件，发给所有招投标文件的收受人。

（6）接受投标，组织开标、评标，协助招投标人定标

招投标代理机构应按招标投标文件的规定，接受投标，组织开标、评标等工作。根据评标委员会的评标报告，协助招投标人确定中标人，并向中标人发出中标通知书，向未中标人发出招投标结果通知书。

（7）草拟合同

招投标代理机构可以根据招投标人的委托，依据招投标文件和中标人的投标文件拟订合同，组织或参与招投标人和中标人进行合同谈判，签订合同。

（8）招投标人委托的其他事项

根据实际工作需要，有些招投标人委托招投标代理机构负责合同的执行、货款的支付、产品的验收等工作。一般情况下，招投标人委托的招投标代理机构承办所有事项，都应当在委托协议或委托合同中明确规定。

1.2.3.3 招投标代理机构的资质

（1）工程招投标代理人资质概念

招标投标代理人的代理资质是指从事招标投标代理活动应当具备的条件和素质，其中主要包括技术力量、专业技能、人员素质、技术装备、服务业绩、社会信誉、组织机构以及注册资金等几个方面的要求。

招标投标代理人从事招标投标代理业务，必须依法取得相应的招标投标资质等级证书，并在其资质等级证书许可的范围内，开展相应的招标投标代理业务。由于招标与投标相互对应，因此，招标代理和投标代理不能同时发生在同一个工程项目的同一个代理人身上。

（2）工程招投标代理人资质条件

按照国家对招标代理人（招标代理机构）的条件和资质的专门规定，招标代理人应当具备的条件主要有以下几点：

① 有从事招标代理业务的营业场所和相应资金。

② 有能够编制招标文件和组织评标的相应专业力量。

③ 有从事相关领域工作满 8 年并具有高级职称或者具有同等专业水平，可以作为评标组织成员人选的技术、经济等方面的专家库。

（3）工程招投标代理人资质分类

从一些地方的实践来看，招标投标代理人的代理资质等级，通常可以分为：甲、乙、丙三个等级。

① 甲级代理资质。招标投标代理人甲级代理资质的标准主要包括：

a. 有机构组织章程，固定的办公地点和完善的管理制度，工作人员总数不少于 20 人（也有规定不少于 30 人）。

b. 技术、经济负责人必须具有高级职称，并有 8 年以上从事相关工程建设的经历。

c. 技术、经济、财务等人员配套，有职称人员数不少于 15 人，其中高级职称不少于 2 人，中初级职称不少于 13 人。

d. 取得招标岗位证书的人员不少于 15 人，其中取得合同管理岗位证书的人员不少于 5 人，取得预算岗位证书的人员不少于 10 人。

e. 自有资金不少于 20 万元，其中流动资金不少于 5 万元。

② 乙级代理资质。招标投标代理人乙级代理资质的标准主要包括：

a. 有机构组织章程，固定的办公地点和完善的管理制度，工作人员总数不少于 15 人（也有规定不少于 20 人）。

b. 技术、经济负责人必须具有高级职称，并有 5 年以上从事相关工程建设的经历。

c. 技术、经济、财务等人员配套，有职称人员数不少于 10 人，其中高级职称不少于 1 人，中初级职称不少于 9 人。

d. 取得招标岗位证书的人员不少于 10 人，其中取得合同管理岗位证书的人员不少于 3 人，取得预算岗位证书的人员不少于 8 人。

e. 自有资金不少于 15 万元，其中流动资金不少于 4 万元。

③ 丙级代理资质。招标投标代理人丙级代理资质的标准主要包括：

a. 有机构组织章程，固定的办公地点和完善的管理制度，工作人员总数不少于 10 人。

b. 技术、经济负责人必须具有中级以上职称，并有 3 年以上从事相关工程建设的经历。

c. 技术、经济、财务等人员配套，有职称人员数不少于 8 人，其中中级以上职称不少于 4 人。

d. 取得招标岗位证书的人员不少于 8 人，其中取得合同管理岗位证书的人员不少于 2 人，取得预算岗位证书的人员不少于 5 人。

e. 自有资金不少于 10 万元，其中流动资金不少于 3 万元。

1.2.3.4 招投标代理机构的选择

有关工程建设项目主管部门在项目可行性研究报告审批、核准、备案时同时确定了该项目的招标组织形式，即自主招标或委托招标。如果委托招标，招标人有权自行选择招标代理机构，委托其办理招标事宜。任何单位和个人不得以任何方式为招标人指定招标代理机构。

在招投标实践中，如何选择称职的招投标代理机构是招投标人普遍关心的问题。一般来讲，招投标人采用竞争方式选择招投标代理机构的，应当从业绩、信誉、从业人员素质、服务方案方面进行考察。上述 4 个方面体现了招投标代理机构在某领域的经验，招投标代理最大的优势就是经验的多次总结和重复使用，经验可以弥补招投标人由于信息不对称造成的行为困惑，帮助招投标人在完成项目时减少失误。

招投标代理的作用不仅是帮助招投标人通过组织招投标活动在保证质量、进度的前提下，显著节约了资金，这是社会和大家公认的。其实，招投标代理更重要的作用体现在其编制的招投标文件中合同条款的规范性、科学性和预见性为招投标人在合同执行中避免了很多不必要的纠纷，有效地防范了风险，这些工作往往不被大家认知，有时，这些工作产生的经济效益甚至远远超过了招投标时节约的这部分资金，这是经验和知识产生的效益。

当然，招投标代理机构必须在资质范围内进行代理。有关行政主管部门在认定招投标代理机构资格时，主要审查其相关代理业绩、信用状况、从业人员素质以及结构等内容。

1.3 工程招标投标的监督管理

1.3.1 招标投标活动监督体系

建设工程招标投标监督体系是指建设工程招标投标监督管理的组织机构设置及其职责权限的划分。建设工程招标投标监督管理是工程项目确立后进入实施阶段的监督管理，涉及面比较广。从国家和地方的政府职能配置来看，对建设工程招标投标的监督管理主要是由建设行政主管部门承担的，其他有关部门也具有一定的监督管理职责。

招标投标活动监督体系主要是由以下几个方面组成。

（1）当事人监督　当事人监督即招标投标活动当事人的监督。招标投标活动当事人包括招标人、投标人、招标代理机构、评标专家等。由于当事人直接参与、并且与招标投标活动有着直接的利害关系，因此，当事人监督往往最积极，也最有效，是行政监督和司法监督的重要基础。

（2）行政监督　行政机关对招标投标活动的监督，是招投标活动监督体系的重要组成部分。依法规范和监督市场行为，维护国家利益、社会公共利益和当事人的合法权益，是市场经济条件下政府的一项重要职能。

《中华人民共和国招标投标法实施条例》（以下简称《招标投标法实施条例》）第4条对招标投标活动的行政监督做了如下规定。

① 国务院发展改革部门指导和协调全国招标投标工作，对国家重大建设项目的工程招标投标活动实施监督检查。国务院工业和信息化、住房城乡建设、交通运输、铁道、水利、商务等部门，按照规定的职责分工对有关招标投标活动实施监督。

② 县级以上地方人民政府发展改革部门指导和协调本行政区域的招标投标工作。县级以上地方人民政府有关部门按照规定的职责分工，对招标投标活动实施监督，依法查处招标投标活动中的违法行为。县级以上地方人民政府对其所属部门有关招标投标活动的监督职责分工另有规定的，从其规定。

③ 财政部门依法对实行招标投标的政府采购工程建设项目的预算执行情况和政府采购政策执行情况实施监督。

（3）司法监督　司法监督即指国家司法机关对招标投标活动的监督。如招投标活动当事人认为招标投标活动存在违反法律、法规、规章规定的行为，可以起诉，由法院依法追究有关责任人相应的法律责任。

（4）社会监督　社会监督即指除招标投标活动当事人以外的社会公众的监

督。“公开，公平，公正”原则之一的公开原则就是要求招标投标活动必须向社会透明，以方便社会公众的监督。任何单位和个人认为招标投标活动违反招投标法律、法规、规章时，都可以向有关行政监督部门举报，由有关行政监督部门依法调查处理。因此，社会公众、社会舆论以及新闻媒体对招标投标活动的监督是一种第三方监督，在现代信息公开的社会发挥着越来越重要的作用。

1.3.2 行政监督的内容

行政监督的内容主要包括程序监督和实体监督。

（1）程序监督的主要内容　程序监督是指政府针对招标投标活动是否严格执行法定程序实施的监督。其主要内容包括：

① 公开招标项目的招标公告是否在国家指定媒体上发布。

② 评标委员会的组成、产生程序是否符合法律规定。

③ 评标活动是否按照招标文件预先确定的评标方法和标准在保密的条件下进行的。

④ 招标投标的程序、时限是否符合法律规定。

（2）实体监督的主要内容　实体监督是指政府针对招标投标活动是否符合《招标投标法》及有关配套规定的实体性要求实施的监督。其主要内容包括：

① 依法必须招标项目的招标方案（含招标范围、招标组织形式和招标方式）是否经过项目审批部门核准。

② 依法必须招标项目是否存在以化整为零或其他任何方式规避招标等违法行为。

③ 招标人是否存在以不合理的条件限制或者排斥潜在投标人，或者对潜在投标人实行歧视待遇，强制要求投标人组成联合体共同投标等违法行为。

④ 招标代理机构是否存在泄露应当保密的与招标投标活动有关情况和资料，或者与招标人、投标人串通损害国家利益、社会公共利益或者他人合法权益等违法行为。

⑤ 招标人是否存在向他人透露已获取招标文件的潜在投标人的名称、数量或可能影响公平竞争的有关招标投标的其他情况，或泄露标底，或违法与投标人就投标价格、投标方案等实质性内容进行谈判等违法行为。

⑥ 投标人是否存在相互串通投标或与招标人串通投标，或以向招标人或评标委员会成员行贿的手段谋取中标，或者以他人名义投标，或以其他方式弄虚作假骗取中标等违法行为。

⑦ 招标人是否在评标委员会依法推荐的中标候选人以外确定中标人的违法行为。

⑧ 中标合同签订是否及时、规范，合同内容是否与招标文件和投标文件相符，是否存在违法分包、转包。

⑨ 实际执行的合同是否与中标合同内容一致。

1.3.3 行政监督的方式

《招标投标法》、《招标投标法实施条例》的实施，使审批事项大幅度精简，政府有关部门主要通过核准招标方案和自行招标备案，受理投诉举报、检查、稽查、审计、查处违法行为以及招标投标情况书面报告等方式，对招标投标过程和结果进行监督。同时对招标代理机构实行严格的资格管理制度。

（1）核准招标方案　必须招标的项目在开展招标活动之前，招标人应当将招标方案申报项目审批部门核准。项目审批部门对必须招标的项目核准的内容包括：建设项目具体招标范围（全部招标或者部分招标）、招标组织形式（委托招标或自行招标）、招标方式（公开招标或邀请招标）。招标人应当按照项目审批部门的核准意见开展招标活动。

我国对建设项目的审批实行分级分类管理。国家发展改革委和各省级发展改革部门都对其审批权限内的项目招标方案核准工作做出了规定。目前，国家发展改革委审批权限内的应当进行招标方案核准的项目有三类：

① 国家发展改革委审批或者初审后报国务院审批的中央政府投资项目。

② 向国家发展改革委申请 500 万元人民币以上中央政府投资补助、转贷或者贷款贴息的地方政府投资项目或者企业投资项目。

③ 国家发展改革委核准或者初核后报国务院核准的国家重点项目。各省发展改革部门审批权限内的项目实行招标方案核准的范围都是结合本地实际确定的，具体项目范围不完全一致。因此，招标人应当根据具体招标项目审批部门的规定，向有关部门申报招标方案核准。

（2）自行招标备案　依法必须招标的项目，具有编制招标文件和组织评标能力的，可以自行办理招标事宜，但是应当向有关行政监督部门备案。行政监督部门要对招标人是否具有自行招标的条件进行监督：

① 防止那些对招标程序不熟悉、不具备招标能力的项目单位自行组织招标，影响招标质量和项目的顺利实施。

② 防止个别项目单位借自行招标之机，进行虚假招标甚至规避招标。

（3）现场监督　对招标投标过程的监督主要由县级以上人民政府有关行政主管部门负责。现场监督，是指政府有关部门工作人员在开标、评标的现场行使监督权，及时发现并制止有关违法行为。现场监督也可以通过网上监督来实现，即政府有关部门利用网络技术对招标投标活动实施监督管理。

（4）招标投标情况书面报告　依法必须进行招标的项目，招标人应当自确定中标人之日起 15 日内，向有关行政监督部门提交招标投标情况的书面报告。各部门的规定虽然因项目类型不同而有所差异，但报告的主要内容基本都包括招标范围、招标方式和发布招标公告的媒介，招标文件中投标人须知、技术条款、评标标准和合同主要条款以及评标委员会的组成和评标报告、中标结果等。行政监督部门通过这些内容对招标投标活动的合法性进行监督。

（5）受理投诉举报　投标人和其他利害关系人认为招标投标活动不符合法律规定的，有权依法向有关行政监督部门投诉。另外，其他任何单位和个人认为招标投标活动违反有关法律规定的，也可以向有关行政监督部门举报。有关行政监督部门应当依法受理和调查处理。

（6）招标代理机构资格管理　从事各类招标投标活动招标代理业务的中介机构都应取得相应的招标代理资格。国家发展改革委、住建部、财政部、商务部、科技部、食品药品监督管理局等有关部门分别负责各行业招标代理机构的资格认定，并对其招标代理行为进行监督管理。

（7）监督检查　监督检查是行政机关行使行政监督权最常见的方式。各级政府行政机关对招标投标活动实施行政监督时，可以采用专项检查、重点抽查、调查等方式，有权调取和查阅有关文件、调查和核实招标投标活动是否存在违法行为。

（8）项目稽查　在我国的建设项目管理中，对于规模较大，关系国计民生或对经济和社会发展有重要影响的建设项目，作为重大建设项目进行重点管理和监督，国家还专门建立了重大建设项目稽查特派员制度。发展改革部门可以组织国家重大建设项目稽查特派员，采取经常性稽查和专项性稽查方式对重大建设项目建设过程中的招标投标活动进行监督检查。

（9）实施行政处罚　有关行政监督部门通过各种监督方式发现并经调查核实有关招标投标违法行为后，应当依法对违法行为实施行政处罚。

Chapter

2

园林工程招标

2.1 园林工程招标概述

2.1.1 园林工程招标的分类

园林工程招标的分类见表 2-1。

2.1.2 园林工程招标的条件

园林工程项目招标必须符合主管部门规定的相关条件，其条件主要应包括以下两个方面。

2.1.2.1 建设单位招标应当具备的条件

(1) 招标单位是法人或依法成立的其他组织。

(2) 有与招标工程相适应的经济、技术、管理人员。

(3) 有组织招标文件的能力。

(4) 有审查投标单位资质的能力。

(5) 有组织开标、评标、定标的能力。

上述五条中，(1)、(2) 两条是对招标单位资格的规定，(3)～(5) 条则是对招标人能力的要求。不具备上述 (2)～(5) 项条件的，须委托具有相应资质的咨询、监理等单位代理招标。

表 2-1 园林工程招标分类

分类依据	类别	说明
按工程项目建设程序分类	园林工程项目开发招标	建设单位(业主)邀请工程咨询单位对建设项目进行可行性研究,其"标的物"是可行性研究报告。中标的工程咨询单位必须对自己提供的研究成果认真负责,并且可行性研究报告应得到建设单位的认可
	园林工程勘察设计招标	招标单位就拟建园林工程勘察和设计任务发布通告,以法定方式吸引勘察单位或设计单位参加竞争。经招标单位审查获得投标资格的勘察、设计单位,按照招标文件的要求,在规定的时间内向招标单位填报投标书,招标单位从中择优确定中标单位完成工程勘察或设计任务
	园林工程施工招标	针对园林工程施工阶段的全部工作开展的招投标,根据园林工程施工范围大小及专业不同,可分为全部工程招标、单项工程招标和专业工程招标等
按工程承包的范围分类	园林项目总承包招标	主要可分为两种类型:一种是园林工程项目实施阶段的全过程招标;另一种是园林工程项目全过程招标。前者是在设计任务书已经审完,从项目勘察、设计到交付使用进行一次性招标。后者是从项目的可行性研究到交付使用进行一次性招标,业主提供项目投资和使用要求及竣工、交付使用期限。其可行性研究、勘察设计、材料和设备采购、施工安装、职工培训、生产准备和试生产、交付使用都由一个总承包商负责承包,即所谓"交钥匙工程"
	园林专项工程承包招标	在对园林工程承包招标中,对其中某项比较复杂或专业性强,施工和制作要求特殊的单项工程,可以单独进行招标的,称为专项工程承包招标
按园林工程建设项目的构成分类	全部园林工程招标投标	对园林工程建设项目的全部工程进行的招标投标
	单项工程招标投标	对园林工程建设项目中所包含的若干单项工程进行的招标投标
	单位工程招标投标	对一个园林单项工程所包含的若干单位工程进行的招标投标
	分部工程招标投标	对一个园林单位工程所包含的若干分部工程进行的招标投标
	分项工程招标投标	对一个园林分部工程所包含的若干分项工程进行的招标投标

2.1.2.2 招标的工程项目应当具备的条件

(1) 概算已获批准。

(2) 建设项目已经正式列入国家、部门或地方的年度固定资产投资计划。

(3) 建设用地的征用工作已经完成。

(4) 有能够满足施工需要的施工图纸及技术资料。

(5) 建设资金和主要建筑材料、设备的来源已经落实。

(6) 已经建设项目所在地规划部门批准,施工现场"三通一平"已经完成或一并列入施工招标范围。

对于不同性质的园林工程项目,其招标的条件也有所不同或有所偏重。

（1）园林建设工程勘察设计招标的条件，通常应主要侧重于：

① 设计任务书或可行性研究报告已获批准；

② 具有设计所必需的可靠基础资料。

（2）园林工程施工招标的条件，通常应主要侧重于：

① 园林工程已列入年度投资计划；

② 建设资金（含自筹资金）已按规定存入银行；

③ 园林工程施工前期工作已基本完成；

④ 有持证设计单位设计的施工图纸和有关设计文件。

（3）园林工程监理招标的条件，通常应主要侧重于：

① 设计任务书或初步设计已获批准；

② 工程建设的主要技术工艺要求已确定。

（4）园林工程材料设备供应招标的条件，通常应主要侧重于：

① 建设项目已列入年度投资计划；

② 建设资金（含自筹资金）已按规定存入银行；

③ 具有批准的初步设计或施工图设计所附的设备清单，专用、非标设备应有设计图纸、技术资料等。

（5）园林工程总承包招标的条件，通常应主要侧重于：

① 计划文件或设计任务书已获批准；

② 建设资金和地点已经落实。

2.2 园林工程招标的方式

2.2.1 招标方式

2.2.1.1 公开招标

公开招标是指招标人以招标公告的方式邀请不特定的法人或者其他组织投标，采用这种形式，可由招标单位通过国家指定的报刊、信息网络或其他媒介发布，招标公告应当载明招标人的名称和地址、招标项目的性质、数量、实施地点和时间以及获取招标文件的办法等事项。并且，不受地区限制，各承包企业凡是感兴趣者，一律机会均等。通过国家对投标人资质条件预审后的投标人，都可积极参加投标活动。招标单位则可在众多的承包企业中优选出理想的施工承包企业为中标单位。招标人也可根据项目本身要求，在招标公告中，要求潜在投标人提供有关资质证明文件和业绩情况。

公开招标的优点主要有：可以给一切有法人资格的承包商以平等竞争机会参加投标；招标单位有较大的选择范围，有助于开展竞争，打破垄断，能促使承包商努力提高工程（或服务）质量，缩短工期和降低造价。然而，建设单位审查投标者资格及其标书的工作量比较大，招标费用支出也多。

2.2.1.2 邀请招标

邀请招标是指招标人以投标邀请书的方式邀请特定的法人或其他组织投标。应当向三个以上具备承担招标项目的能力、资信良好特定的法人或其他组织发出投标邀请书。在邀请书中应当载明招标人的名称，招标项目的性质、数量、实施地点和时间以及获取招标文件的办法等事宜。应注意国务院发展计划部门确定的国家重点项目和省、自治区、直辖市人民政府确定的地方重点项目不宜公开招标。但经相应各级政府批准，可以进行邀请招标。

采用邀请招标的方式，由于被邀请参加竞争的投标者为数有限，不仅可以节省招标费用，而且能提高每个投标者的中标概率，所以对招标投标双方都有利。不过，这种招标方式限制了竞争范围，把许多可能的竞争者排除在外，被认为不完全符合自由竞争机会均等的原则。

2.2.1.3 议标

议标（又称非竞争性招标或谈判招标）是指由招标人选择两家以上的承包商，以议标文件或拟议合同草案为基础，分别与其直接协商谈判，选择自己满意的一家，达成协议后将工程任务委托给这家承包商承担。

对于强制招标的工程项目，适用议标的工程范围为：

① 工程有保密性要求的。

② 施工现场位于偏远地区，且现场条件恶劣，愿意承担此任务的单位少的。

③ 工程专业性、技术性高，有能力承担相应任务的单位有一家，或者虽有少量几家，但从专业性、技术性和经济性角度较其中一家有明显优势的。

④ 工程中所需的技术、材料性质，并且在专利保护期之内的。

⑤ 主体工程完成后为发挥整体效能所追加的小型附属工程。

⑥ 单位工程停建、缓建或恢复建设的。

⑦ 公开招标或者邀请招标失败，不宜再次公开招标或者邀请招标的工程。

⑧ 其他特殊性工程。

2.2.2 公开招标和邀请招标的区别

公开招标和邀请招标，既是我国法定的招标方式，也是目前世界上通行的招标方式。这两种方式的主要区别如下：

（1）邀请和发布信息的方式不一样　公开招标采用刊登资格预审公告或招标公告的形式；邀请招标不发布招标公告，只采用投标邀请书的形式。

（2）选择和邀请的范围不一样　公开招标采用招标公告的形式，针对的是一切潜在的对招标项目感兴趣的法人或者其他组织，招标人事先不知道投标人的数量，也不填写投标人名单，范围宽广；邀请招标只针对已经了解的法人或者其他组织，事先已经知道潜在投标人的数量，要填写投标人、投标单位具体名单，范围要比公开招标窄得多。

（3）发售招标文件的限制不一样　公开招标时，凡愿意参加投标的单位都可以购买招标文件，对发售单位不受限制；邀请招标时，只有已接到投标邀请书并表示愿意参加投标的邀请单位，才能购买招标文件，对发售单位受到严格限制。

(4) 竞争程度不一样　由于公开招标使所有符合条件的法人或其他组织都有机会参加投标，竞争的范围较广，竞争性体现得也比较充分，招标人拥有选择的余地较宽，容易获得良好的招标效果；邀请招标中，投标人的数量有限，竞争的范围也窄，招标人拥有的选择余地相对较小，工作稍有不慎，有时可能提高中标的合同价，如果市场调查不充分，还有可能将某些在技术上或报价上更有竞争力的供应商或承包商遗漏在外。

(5) 公开程度不一样　公开招标中，所有的活动都必须严格按照预先指定并为大家所知的程序、标准和办法公开进行，大大减少了作弊的可能性；相比而言，邀请招标的公开程度远不如公开招标，若不严格监督管理，产生不法行为的机会也就多一些。

(6) 时间和费用不一样　邀请招标不发招标公告，招标文件只售有限的几家，使整个招投标的过程时间大大缩短，招标费用也相应减少；公开招标的程序比较复杂，范围广，工作量大，因而所需时间较长，费用也比较高。

(7) 政府的控制程度与管理方式不一样　政府对国家重点建设项目、地方重点项目以及机电设备国际招标中采用邀请招标的方式是要进行严格控制的。国家重点建设项目的邀请招标须经国家发展计划部门批准，地方重点项目须得到省级人民政府批准。机电设备在进行国际招标时，对国家管理的必须招标产品目录内的产品，如若需要采用邀请招标的方式，必须事前得到外经贸部的批准。公开招标则没有这方面的限制。

公开招标和邀请招标的七个不一样中，最重要的实质性的区别是竞争程度不一样，公开招标要比邀请招标的竞争程度强得多，效果好。

2.2.3　园林工程招标方式的选择

与邀请招标相比，公开招标可以在较大的范围内优选中标人，有利于投标竞争，然而，公开招标花费的费用较高、时间较长。因此，采用何种形式招标应在招标准备阶段进行认真研究，主要分析哪些项目对投标人有吸引力，可以在市场中展开竞争。对于明显可以展开竞争的项目，应首先考虑采用打破地域和行业界限的公开招标。

为了符合市场经济要求和规范招标人的行为，《中华人民共和国建筑法》规定："依法必须进行施工招标的工程，全部使用国有资金投资或者国有资金投资占控股或主导地位的，应当公开招标。"《招标投标法》进一步明确规定："国务院发展计划部门确定的国家重点项目和省、自治区、直辖市人民政府确定的地方重点项目不适宜公开招标的，经国务院发展计划部门或者省、自治区、直辖市人民政府批准，可以进行邀请招标。"采用邀请招标方式时，招标人应当向三个以上具备承担该工程施工能力、资信良好的施工企业发出投标邀请书。

采用邀请招标的项目通常属于以下几种情况之一：

① 涉及保密的工程项目。

② 专业性要求较强的工程，一般施工企业缺少技术、设备和经验，采用公开招标响应者较少。

③ 工程量较小、合同金额不高的施工项目，对实力较强的施工企业缺少吸引力。

④ 地点分散且属于劳动密集型的施工项目，对外地域的施工企业缺少吸引力。

⑤ 工期要求紧迫的施工项目，没有时间进行公开招标。

2.3 园林工程招投标范围

依法必须进行招标的工程建设项目的具体范围和规模标准，由国务院发展改革部门会同国务院有关部门制定，报国务院批准后公布施行。

2.3.1 应当实行招标的范围

(1) 我国《招标投标法》中规定，下列三类工程建设项目必须进行招标：

① 大型基础设施、公用事业等关系社会公众利益、公众安全的项目。

② 全部使用或者部分使用国有资金投资或者国家融资的项目。

③ 使用国际组织或者外国政府贷款、援助资金的项目。

(2)《工程建设项目招标范围和规模标准规定》中规定：在强制招标范围的各类工程建设项目，包括项目的勘察、设计、施工、监理以及与工程建设有关的重要设备、材料等的采购，达到下列标准之一的，必须进行招标：

① 施工单项合同估算价在200万元人民币以上的。

② 重要设备、材料等货物的采购，单项合同估算价在100万元人民币以上的。

③ 勘察、设计、监理等服务的采购，单项合同估算价在50万元人民币以上的。

④ 单项合同估算价低于上述3项标准，但项目总投资额在3000万元人民币以上的。

招标人可以依法对工程以及与工程建设有关的货物、服务全部或者部分实行总承包招标。以暂估价形式包括在总承包范围内的工程、货物、服务属于依法必须进行招标的项目范围且达到国家规定规模标准的，应当依法进行招标。所称暂估价，是指总承包招标时不能确定价格而由招标人在招标文件中暂时估定的工程、货物、服务的金额。

(3)《房屋建筑和市政基础设施工程施工招标投标管理办法》中规定：房屋建筑和市政基础设施工程的施工单项合同估算价在200万元人民币以上，或者项目总投资在3000万元人民币以上的，必须进行招标。所谓市政基础设施工程，即为城市道路、公共交通、供水、排水、燃气、热力、园林、环卫、污水处理、垃圾处理、防洪、地下公共设施及附属设施的土建、管道、设备安装工程。

按照国家有关规定需要履行项目审批、核准手续的依法必须进行招标的项目，其招标范围、招标方式、招标组织形式应当报项目审批、核准部门审批及核准。项目审批、核准部门应当及时将审批、核准确定的招标范围、招标方式、招标组织形式通报有关行政监督部门。

2.3.2 经批准后可以不进行招标的范围

对于强制招标的工程项目，有下列情形之一的，经有关部门批准后，可以不进行施工招标：

① 涉及国家安全、国家秘密或者抢险救灾而不适宜招标的工程项目。

② 属于利用扶贫资金实行以工代赈、需要使用农民工的工程项目。

③ 施工主要技术需要采用不可替代的专利或者专有技术的工程项目。

④ 在建工程追加的附属小型工程或者主体加层工程，原中标人仍具备承包能力的工程项目。

⑤ 采购人依法能够自行建设、生产或者提供的工程项目。

⑥ 已通过招标方式选定的特许经营项目投资人依法能够自行建设、生产或者提供的工程项目。

⑦ 需要向原中标人采购工程、货物或者服务，否则将影响施工或者功能配套要求的工程项目。

⑧ 国家规定的其他特殊情形。

2.4 园林工程招标的程序

在我国，一般可以将园林工程施工招标工作分为三个阶段：准备工作阶段、招标工作阶段以及开标中标阶段。各阶段的一般工作包括：

① 园林建设单位向政府有关部门提出招标申请。

② 组建招标工作机构开展招标工作。

③ 编制招标文件。

④ 标底的编制和审定。

⑤ 发布招标公告或投标邀请书。

⑥ 组织投标单位报名并接受投标申请。

⑦ 审查投标单位的资质。

⑧ 发售招标文件。

⑨ 踏勘现场及答疑。

⑩ 接受投标书。

⑪ 召开开标会议并公布投标单位的标书。

⑫ 评标并确定中标单位。

⑬ 招标单位与中标单位签订施工承包合同。

园林工程施工招标的程序如图 2-1 所示。

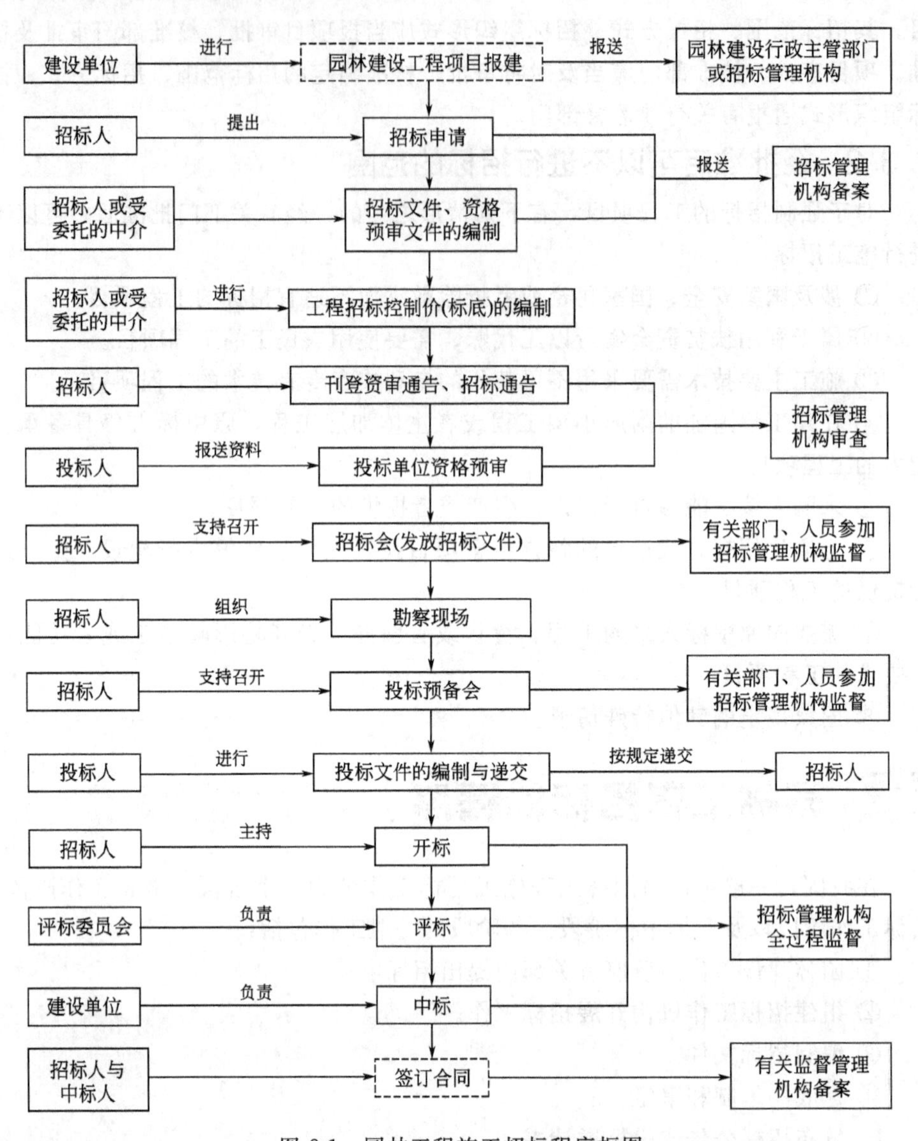

图 2-1　园林工程施工招标程序框图

2.5 园林工程招标公告、投标邀请书与资格预审

2.5.1 园林工程招标公告

按照规定，招标人采用公开招标方式的，应当发布招标公告。依法必须进行招标的园林工程项目的招标公告，应当通过国家指定的报刊、信息网络或者其他

媒介发布。招标人以招标公告的方式邀请不特定的法人或者其他组织投标是公开招标一个最显著的特性。

园林工程招标公告的内容主要包括以下几点：

① 招标人名称、地址以及联系人的姓名、电话，如果是委托代理机构进行招标的，还应注明该委托代理机构的名称和地址。

② 园林工程情况简介，其中主要包括项目名称、建设规模、工程地点、质量要求以及工期要求。

③ 承包方式，材料、设备供应方式。

④ 对投标人资质的要求及应提供的有关文件。

⑤ 招标日程安排。

⑥ 招标文件的获取办法，包括发售招标文件的地点、文件的售价及开始和截止出售的时间。

《中华人民共和国房屋建筑和市政工程标准施工招标文件》（2010年版）（以下简称《行业标准施工招标文件》）中推荐使用的招标公告样式见表2-2，园林工程招标公告的样式可参照此进行编制。

表2-2 招标公告（未进行资格预审）格式范例

招标公告(未进行资格预审)

__________(项目名称)__________标段施工招标公告

1. 招标条件

本招标项目__________(项目名称)已由__________(项目审批、核准或备案机关名称)以__________(批文名称及编号)批准建设,招标人(项目业主)为__________,建设资金来自__________(资金来源),项目出资比例为__________。项目已具备招标条件,现对该项目的施工进行公开招标。

2. 项目概况与招标范围

__________[说明本次招标项目的建设地点、规模、合同估算价、计划工期、招标范围、标段划分(如果有)等]。

3. 投标人资格要求

3.1 本次招标要求投标人须具备________资质,________(类似项目描述)业绩,并在人员、设备、资金等方面具有相应的施工能力,其中,招标人拟派项目经理须具备________专业________级注册建造师执业资格,具备有效的安全生产考核合格证书,且未担任其他在施建设工程项目的项目经理。

3.2 本次招标__________(接受或不接受)联合体投标。联合体投标的,应满足下列要求:__________。

3.3 各投标人均可就本招标项目上述标段中的________(具体数量)个标段投标,但最多允许中标________(具体数量)个标段(适用于分标段的招标项目)。

4. 招标报名

凡有意参加投标者,请于____年____月____日至____年____月____日(法定公休日、法定节假日除外),每日上午____时至____时,下午____时至____时(北京时间,下同),在__________(有形建筑市场/交易中心名称及地址)报名。

5. 招标文件的获取

5.1 凡通过上述报名者,请于____年____月____日至____年____月____日(法定公休日、法定节假日除外),每日上午____时至____时,下午____时至____时,在__________(详细地址)持单位介绍信购

续表

买招标文件。

5.2 招标文件每套售价______元，售后不退。图纸押金______元，在退还图纸时退还(不计利息)。

5.3 邮购招标文件的，需另加手续费(含邮费)____元。招标人在收到单位介绍信和邮购款(含手续费)后____日内寄送。

6. 投标文件的递交

6.1 投标文件递交的截止时间(投标截止时间，下同)为____年____月____日____时____分，地点为________________(有形建筑市场/交易中心名称及地址)。

6.2 逾期送达的或者未送达指定地点的投标文件，招标人不予受理。

7. 发布公告的媒介

本次招标公告同时在____________(发布公告的媒介名称)上发布。

8. 联系方式

招 标 人:________________________ 招标代理机构:________________________

地　　址:________________________ 地　　址:________________________

邮　　编:________________________ 邮　　编:________________________

联 系 人:________________________ 联 系 人:________________________

电　　话:________________________ 电　　话:________________________

传　　真:________________________ 传　　真:________________________

电子邮件:________________________ 电子邮件:________________________

网　　址:________________________ 网　　址:________________________

开户银行:________________________ 开户银行:________________________

账　　号:________________________ 账　　号:________________________

____年____月____日

2.5.2 园林工程投标邀请书

依法实行邀请招标的工程项目，应由招标人或其委托的招标代理机构向拟邀请的投标人发送投标邀请书。

园林工程投标邀请书的样式可参照《行业标准施工招标文件》中推荐使用的投标邀请书的样式进行编制，见表 2-3。

表 2-3 投标邀请书（适用于邀请招标）格式范例

投标邀请书(适用于邀请招标)

________(项目名称)________标段施工投标邀请书

____________(被邀请单位名称):

1. 招标条件

本招标项目________(项目名称)已由________(项目审批、核准或备案机关名称)以________(批文名称及编号)批准建设，招标人(项目业主)为________，建设资金来自________(资金来源)，出资比例为________。项目已具备招标条件，现邀请你单位参加________(项目)____标段施工投标。

2. 项目概况与招标范围

____________[说明本招标项目的建设地点、规模、合同估算价、计划工期、招标范围、标段划分

续表

(如果有)等]。
3. 投标人资格要求
3.1 本次招标要求投标人具备________资质，________(类似项目描述)业绩，并在人员、设备、资金等方面具有相应的施工能力。
3.2 你单位__________(可以或不可以)组成联合体投标。联合体投标的，应满足下列要求：________________。
3.3 本次招标要求投标人拟派项目经理具备________专业______级注册建造师执业资格，具备有效的安全生产考核合格证书，且未担任其他在施建设工程项目的项目经理。
4. 招标文件的获取
4.1 请于____年____月____日至____年____月____日(法定公休日、法定节假日除外)，每日上午____时至____时，下午____时至____时(北京时间，下同)，在______________(详细地址)持本投标邀请书购买招标文件。
4.2 招标文件每套售价_____元，售后不退。图纸押金_____元，在退还图纸时退还(不计利息)。
4.3 邮购招标文件的，需另加手续费(含邮费)_____元。招标人在收到邮购款(含手续费)后_____日内寄送。
5. 投标文件的递交
5.1 投标文件递交的截止时间(投标截止时间，下同)为____年____月____日____时____分，地点为___________________(有形建筑市场/交易中心名称及地址)。
5.2 逾期送达的或者未送达指定地点的投标文件，招标人不予受理。
6. 确认
你单位收到本投标邀请书后，请于______________(具体时间)前以传真或快递方式予以确认。
7. 联系方式

招 标 人：__________________	招标代理机构：__________________
地　　址：__________________	地　　址：__________________
邮　　编：__________________	邮　　编：__________________
联 系 人：__________________	联 系 人：__________________
电　　话：__________________	电　　话：__________________
传　　真：__________________	传　　真：__________________
电子邮件：__________________	电子邮件：__________________
网　　址：__________________	网　　址：__________________
开户银行：__________________	开户银行：__________________
账　　号：__________________	账　　号：__________________

_____年_____月_____日

2.5.3 园林工程招标资格预审

2.5.3.1 资格审查的概念

资格预审是指招标人通过发布招标资格预审公告，向不特定的潜在投标人发出投标邀请，并组织招标资格审查委员会按照招标资格预审公告和资格预审文件确定的资格预审条件、标准和方法，对投标申请人的经营资格、专业资质、财务状况、类似项目业绩、履约信誉、企业认证体系等条件进行评审，确定合格的潜在投标人。资格预审的办法包括合格制和有限数量制，一般情况下应采用合格制，潜在投标人过多的，可采用有限数量制。

资格预审可以减少评标阶段的工作量、缩短评标时间、减少评审费用、避免不合格投标人浪费不必要的投标费用，但因设置了招标资格预审环节，而延长了招标投标的过程，增加了招标投标双方资格预审的费用。资格预审方法比较适合于技术难度较大或投标文件编制费用较高，且潜在投标人数量较多的招标项目。

资格预审应当按照资格预审文件载明的标准和方法进行。国有资金占控股或者主导地位的依法必须进行招标的项目，招标人应当组建资格审查委员会审查资格预审申请文件。

2.5.3.2 园林工程资格预审的种类

园林工程招标资格预审主要可以分为以下两种：

（1）定期资格预审

定期资格预审是指在固定的时间内集中进行全面的资格预审。大多数国家的政府采购使用定期资格预审的方法。审查合格者将被资格审查机构列入资格审查合格者名单。

（2）临时资格预审

临时资格预审是指招标人在招标开始之前或者开始之初，由招标人对申请参加投标的潜在投标人进行资质条件、业绩、信誉、技术以及资金等方面的情况进行资格审查。

2.5.3.3 园林工程资格审查的程序

（1）基本程序

资格审查活动通常按以下五个步骤进行：

① 审查准备工作。

② 初步审查。

③ 详细审查。

④ 澄清、说明或补正。

⑤ 确定通过资格预审的申请人及提交资格审查报告。

（2）审查准备工作

① 审查委员会成员签到。审查委员会成员到达资格审查现场时应在签到表上签到以证明其出席。

② 审查委员会的分工。审查委员会首先推选一名审查委员会主任，招标人也可以直接指定审查委员会主任。审查委员会主任负责评审活动的组织领导工作。

③ 熟悉文件资料。

a. 招标人或招标代理机构应向审查委员会提供资格审查所需的信息和数据，包括资格预审文件及各申请人递交的资格预审申请文件，经过申请人签认的资格预审申请文件递交时间和密封及标识检查记录，有关的法律、法规、规章以及招标人或审查委员会认为必要的其他信息和数据。

b. 审查委员会主任应组织审查委员会成员认真研究资格预审文件，了解和熟悉招标项目基本情况，掌握资格审查的标准和方法，熟悉资格审查表格的使用。如果表格不能满足所需时，审查委员会应补充编制资格审查工作所需的表格。未在资格预审文件中规定的标准和方法不得作为资格审查的依据。

c. 在审查委员会全体成员在场见证的情况下，由审查委员会主任或审查委员会成员推荐的成员代表检查各个资格预审申请文件的密封和标识情况并打开密封。密封或者标识不符合要求的，资格审查委员会应当要求招标人做出说明。必要时，审查委员会可以就此向相关申请人发出问题澄清通知，要求相关申请人进行澄清和说明，申请人的澄清和说明应附上由招标人签发的“申请文件递交时间和密封及标识检查记录表”。如果审查委员会与招标人提供的“申请文件递交时间和密封及标识检查记录表”核对比较后，认定密封或者标识不符合要求是由于招标人保管不善所造成的，审查委员会应当要求相关申请人对其所递交的申请文件内容进行检查确认。

④ 对申请文件进行基础性数据分析和整理工作：

a. 在不改变申请人资格预审申请文件实质性内容的前提下，审查委员会应当对申请文件进行基础性数据分析和整理，从而发现并提取其中可能存在的理解偏差、明显文字错误、资料遗漏等存在明显异常、非实质性问题，决定需要申请人进行书面澄清或说明的问题，准备问题澄清通知。

b. 申请人接到审查委员会发出的问题澄清通知后，应按审查委员会的要求提供书面澄清资料并按要求进行密封，在规定的时间递交到指定地点。申请人递交的书面澄清资料由审查委员会开启。

（3）初步审查

① 审查委员会根据规定的审查因素和审查标准，对申请人的资格预审申请文件进行审查，并记录审查结果。

② 提交和核验原件。

a. 如果申请人提交规定的有关证明和证件的原件，审查委员会应当将提交时间和地点书面通知申请人。

b. 审查委员会审查申请人提交的有关证明和证件的原件。对存在伪造嫌疑的原件，审查委员会应当要求申请人给予澄清或者说明，或者通过其他合法方式核实。

③ 澄清、说明或补正。在初步审查过程中，审查委员会应当就资格预审申请文件中不明确的内容，以书面形式要求申请人进行必要的澄清、说明或补正。申请人应当根据问题澄清通知，以书面形式予以澄清、说明或补正，并不得改变资格预审申请文件的实质性内容。

④ 申请人有任何一项初步审查因素不符合审查标准的，或者未按照审查委员会要求的时间和地点提交有关证明和证件的原件，原件与复印件不符或者原件

存在伪造嫌疑且申请人不能合理说明的，不能通过资格预审。

（4）详细审查

① 只有通过了初步审查的申请人可进入详细审查。

② 审查委员会根据规定的程序、标准和方法，对申请人的资格预审申请文件进行详细审查，并记录审查结果。

③ 联合体申请人。

a. 联合体申请人的资质认定：

（a）两个以上资质类别相同但资质等级不同的成员组成的联合体申请人，以联合体成员中资质等级最低者的资质等级作为联合体申请人的资质等级。

（b）两个以上资质类别不同的成员组成的联合体，按照联合体协议中约定的内部分工分别认定联合体申请人的资质类别和等级，不承担联合体协议约定由其他成员承担的专业工程的成员，其相应的专业资质和等级不参与联合体申请人的资质和等级的认定。

b. 联合体申请人的可量化审查因素（如财务状况、类似项目业绩、信誉等）的指标考核，首先分别考核联合体各个成员的指标，在此基础上，以联合体协议中约定的各个成员的分工占合同总工作量的比例作为权重，加权折算各个成员的考核结果，作为联合体申请人的考核结果。

④ 澄清、说明或补正。在详细审查过程中，审查委员会应当就资格预审申请文件中不明确的内容，以书面形式要求申请人进行必要的澄清、说明或补正。申请人应当根据问题澄清通知，以书面形式予以澄清、说明或补正，并不得改变资格预审申请文件的实质性内容。

⑤ 审查委员会应当逐项核查申请人是否存在规定的不能通过资格预审的任何一种情形。

申请人有任何一项详细审查因素不符合审查标准的，或者存在的任何一种情形的，均不能通过详细审查。

（5）确定通过资格预审的申请人

① 汇总审查结果。详细审查工作全部结束后，审查委员会应按照规定的格式填写审查结果汇总表。

② 确定通过资格预审的申请人。凡通过初步审查和详细审查的申请人均应确定为通过资格预审的申请人。通过资格预审的申请人均应被邀请参加投标。

③ 通过资格预审申请人的数量不足三个。通过资格预审申请人的数量不足三个的，招标人应当重新组织资格预审或不再组织资格预审而直接招标。招标人重新组织资格预审的，应当在保证满足法定资格条件的前提下，适当降低资格预审的标准和条件。

④ 编制及提交书面审查报告。审查委员会根据规定向招标人提交书面审查报告。审查报告应当由全体审查委员会成员签字。审查报告应当包括以下内容：

a. 基本情况和数据表。

b. 审查委员会成员名单。

c. 不能通过资格预审的情况说明。

d. 审查标准、方法或者审查因素一览表。

e. 审查结果汇总表。

f. 通过资格预审的申请人名单。

g. 澄清、说明或补正事项纪要。

资格预审结束后，招标人应当及时向资格预审申请人发出资格预审结果通知书。未通过资格预审的申请人不具有投标资格。通过资格预审的申请人少于 3 个的，应当重新招标。

2.5.3.4 园林工程招标资格预审文件

园林工程招标资格预审文件是告知投标申请人资格预审条件、标准和方法，并对投标申请人的经营资格、履约能力进行评审，确定合格投标人的依据。工程招标资格预审文件的基本内容和格式可依据《中华人民共和国房屋建筑和市政工程标准施工招标资格预审文件》(2010 年版)(以下简称《行业标准施工标准资格预审文件》)，招标人应结合招标项目的技术管理特点和需求，按照以下基本内容和要求编制招标资格预审文件。

(1) 资格预审公告

资格预审公告包括招标条件、项目概况与招标范围、申请人资格要求、资格预审方法、申请报名、资格预审文件的获取、资格预审申请文件的递交、发布公告的媒介及其联系方式等内容。

(2) 申请人须知

① 申请人须知前附表。前附表编写内容及要求：

a. 招标人及招标代理机构的名称、地址、联系人与电话，便于申请人联系。

b. 工程建设项目基本情况，包括项目名称、建设地点、资金来源、出资比例、资金落实情况、招标范围、标段划分、计划工期、质量要求，使申请人了解项目基本概况。

c. 申请人资格条件：告知投标申请人必须具备的工程施工资质、近年类似业绩、资金财务状况、拟投入人员、设备等技术力量等资格能力要素条件和近年发生诉讼、仲裁等履约信誉情况以及是否接受联合体投标等要求。

d. 时间安排：明确申请人提出澄清资格预审文件要求的截止时间，招标人澄清、修改资格预审文件的截止时间，申请人确认收到资格预审文件澄清、修改文件的时间和资格预审申请截止时间，使投标申请人知悉资格预审活动的时间安排。

e. 申请文件的编写要求：明确申请文件的签字或盖章要求、申请文件的装订及文件份数，使投标申请人知悉资格预审申请文件的编写格式。

f. 申请文件的递交规定：明确申请文件的密封和标识要求、申请文件递交的截止时间及地点、是否退还，以使投标人能够正确递交申请文件。

g. 简要写明资格审查采用的方法，资格预审结果的通知时间及确认时间。

② 总则。总则编写要把招标工程建设项目概况、资金来源和落实情况、招标范围和计划工期及质量要求叙述清楚，声明申请人资格要求，明确预审申请文件编写所用的语言，以及参加资格预审过程的费用承担者。

③ 资格预审文件。包括资格预审文件的组成、澄清及修改。

a. 资格预审文件由资格预审公告、申请人须知、资格审查办法、资格预审申请文件格式、项目建设概况以及对资格预审文件的澄清和修改构成。

b. 资格预审文件的澄清。要明确申请人提出澄清的时间、澄清问题的表达形式，招标人的回复时间和回复方式，以及申请人对收到答复的确认时间及方式。

(a) 申请人通过仔细阅读和研究资格预审文件，对不明白、不理解的意思表达，模棱两可或错误的表述，或遗漏的事项，可以向招标人提出澄清要求，但澄清必须在资格预审文件规定的时间以前，以书面形式发送给招标人。

(b) 招标人认真研究收到的所有澄清问题后，应在规定时间前以书面澄清的形式发送给所有购买了资格预审文件的潜在投标人。

(c) 申请人应在收到澄清文件后，在规定的时间内以书面形式向招标人确认已经收到。

c. 资格预审文件的修改。明确招标人对资格预审文件进行修改、通知的方式及时间，以及申请人确认的方式及时间。

(a) 招标人可以对资格预审文件中存在的问题、疏漏进行修改，但必须在资格预审文件规定的时间前，以书面形式通知申请人。如果不能在该时间前通知，招标人应顺延资格申请截止时间，使申请人有足够的时间编制申请文件。

(b) 申请人应在收到修改文件后进行确认。

d. 资格预审申请文件的编制。招标人应在本处明确告知资格预审申请人，资格预审申请文件的组成内容、编制要求、装订及签字要求。

e. 资格预审申请文件的递交。招标人一般在这部分明确资格预审申请文件应按统一的规定和要求进行密封和标识，并在规定的时间和地点递交。对于没有在规定地点、时间递交的申请文件，一律拒绝接收。

f. 资格预审申请文件的审查。资格预审申请文件由招标人依法组建的审查委员会按照资格预审文件规定的审查办法进行审查。

g. 通知和确认。明确审查结果的通知时间及方式，以及合格申请人的回复方式及时间。

h. 纪律与监督。对资格预审期间的纪律、保密、投诉以及对违纪的处置方式进行规定。

（3）资格审查办法

① 选择资格审查办法。资格预审的合格制与有限数量制两种办法适用于不同的条件。

a. 合格制：一般情况下，应当采用合格制，凡符合资格预审文件规定资格条件标准的投标申请人，即取得相应投标资格。

合格制中，满足条件的投标申请人均获得投标资格。其优点是：投标竞争性强，有利于获得更多、更好的投标人和投标方案；对满足资格条件的所有投标申请人公平、公正。缺点是：投标人可能较多，从而加大投标和评标工作量，浪费社会资源。

b. 有限数量制：当潜在投标人过多时，可采用有限数量制。招标人在资格预审文件中既要规定投标资格条件、标准和评审方法，应明确通过资格预审的投标申请人数量。并按规定的限制数量择优选择通过资格预审的投标申请人。目前除各行业部门规定外，尚未统一规定合格申请人的最少数量，原则上满足3家以上。

采用有限数量制一般有利于降低招标投标活动的社会综合成本，但在一定程度上可能限制了潜在投标人的范围。

② 审查标准，包括初步审查和详细审查的标准，采用有限数量制时的评分标准。

③ 审查程序，包括资格预审申请文件的初步审查、详细审查、申请文件的澄清以及有限数量制的评分等内容和规则。

④ 审查结果，资格审查委员会完成资格预审申请文件的审查，确定通过资格预审的申请人名单，向招标人提交书面审查报告。

（4）资格预审申请书及附表

① 资格预审申请函。资格预审申请函是申请人响应招标人、参加招标资格预审的申请函，同意招标人或其委托代表对申请文件进行审查，并应对所递交的资格预审申请文件及有关材料内容的完整性、真实性和有效性做出声明。

② 法定代表人身份证明或其授权委托书。

a. 法定代表人身份证明，是申请人出具的用于证明法定代表人合法身份的证明。内容包括申请人名称、单位性质、成立时间、经营期限，法定代表人姓名、性别、年龄、职务等。

b. 授权委托书，是申请人及其法定代表人出具的正式文书，明确授权其委托代理人在规定的期限内负责申请文件的签署、澄清、递交、撤回、修改等活动，其活动的后果，由申请人及其法定代表人承担法律责任。

③ 联合体协议书。适用于允许联合体投标的资格预审。联合体各方联合声明共同参加资格预审和投标活动签订的联合协议。联合体协议书中应明确牵头人、各方职责分工及协议期限，承诺对递交文件承担法律责任等。

④ 申请人基本情况。

a. 申请人的名称、企业性质、主要投资股东、法人治理结构、法定代表人、经营范围与方式、营业执照、注册资金、成立时间、企业资质等级与资格声明，技术负责人、联系方式、开户银行、员工专业结构与人数等。

b. 申请人的施工、制造或服务能力：已承接任务的合同项目总价，最大年施工、生产或服务规模能力（产值），正在施工、生产或服务的规模数量（产值），申请人的施工、制造或服务质量保证体系，拟投入本项目的主要设备仪器情况。

⑤ 近年财务状况。申请人应提交近年（一般为近 3 年）经会计师事务所或审计机构审计的财务报表，包括资产负债表、损益表、现金流量表等，用于招标人判断投标人的总体财务状况以及盈利能力和偿债能力，进而评估其承担招标项目的财务能力和抗风险能力。申请工程招标资格预审者，特别需要反映申请人近 3 年每年的营业额、固定资产、流动资产、长期负债、流动负债、净资产等。必要时，应由开户银行出具金融信誉等级证书或银行资信证明。

⑥ 近年完成的类似项目情况。申请人应提供近年已经完成与招标项目性质、类型、规模标准类似的工程名称、地址，招标人名称、地址及联系电话，合同价格，申请人的职责定位、承担的工作内容、完成日期，实现的技术、经济和管理目标和使用状况，项目经理、技术负责人等。

⑦ 拟投入技术和管理人员状况。申请人拟投入招标项目的主要技术和管理人员的身份、资格、能力，包括岗位任职、工作经历、职业资格、技术或行政职务、职称，完成的主要类似项目业绩等证明材料。

⑧ 未完成和新承接项目情况。填报信息内容与“近年完成的类似项目情况”的要求相同。

⑨ 近年发生的诉讼及仲裁情况。申请人应提供近年来在合同履行中，因争议或纠纷引起的诉讼、仲裁情况，以及有无违法违规行为而被处罚的相关情况，包括法院或仲裁机构做出的判决、裁决、行政处罚决定等法律文书复印件。

⑩ 其他材料。申请人提交的其他材料包括两部分：一是资格预审文件的须知、评审办法等有要求，但申请文件格式中没有表达的内容；二是资格预审文件中没有要求提供，但申请人认为对自己通过预审比较重要的资料。

（5）工程建设项目概况

工程建设项目概况的内容应包括项目说明、建设条件、建设要求和其他需要说明的情况。各部分具体编写要求如下：

① 项目说明。首先应概要介绍工程建设项目的建设任务、工程规模标准和预期效益；其次说明项目的批准或核准情况；再次介绍该工程的项目业主，项目投资人出资比例，以及资金来源；最后概要介绍项目的建设地点、计划工期、招

标范围和标段划分情况。

② 建设条件。主要是描述建设项目所处位置的水文气象条件、工程地质条件、地理位置及交通条件等。

③ 建设要求。概要介绍工程施工技术规范、标准要求，工程建设质量、进度、安全和环境管理等要求。

④ 其他需要说明的情况。需结合项目的工程特点和项目业主的具体管理要求提出。

2.6 园林工程招标文件的编制

园林工程招标文件的编制是招标准备工作中最为重要的一环。一方面招标文件是提供给投标人的投标依据，投标人根据招标文件介绍的项目情况、合同条款、技术、质量和工期的要求等投标报价；另一方面，招标文件是签订工程合同的基础，是业主方拟订的合同草案。几乎所有的招标文件内容都将成为合同文件的组成部分。尽管在招标过程中招标人也有可能对招标文件进行补充和修改，但基本内容不会改变。

2.6.1 园林工程招标文件概论

2.6.1.1 园林工程招标文件的概念

招标文件（简称标书）是表明招标项目的概况、技术要求、招标程序与规则、投标要求、评标标准以及拟签订合同主要条款的书面文书。

招标文件是招标投标活动得以进行的基础，法律赋予了它十分重要的地位，只要其所作的规定不违反法律，法律都予以承认。为了实现交易的效率及公平性，不但招标人受招标文件的约束，投标人也要受其约束。

园林工程招标文件是招标人向投标人提供的为进行投标工作所必需的书面文件，在一定程度上它可以看做是招标人的需求说明书。其主要目的在于：明示自己的需求，阐明需要采购标的的性质，通报招标将依据的规则和程序，告知订立合同的条件。

2.6.1.2 园林工程招标文件的作用

园林工程招标文件在招标过程中的作用主要有以下几点：

① 园林工程招标文件是招标人招标承建工程项目、采购货物或服务的法律文件。

② 园林工程招标文件是投标人准备投标文件及投标的依据。

③ 园林工程招标文件是评标的依据。

④ 园林工程招标文件还是签订合同所遵循的文件。

由此可见，加大力度认真准备招标文件，对园林工程招标采购工作得以顺利进行起着至关重要的作用。

2.6.1.3　园林工程招标文件的编制原则

招标人或其委托的招标代理机构应本着公平、互利的原则，务使文件完整、严密、周到、细致，内容明确、合理合法，以使投标人能够充分了解自己应尽的职责和享有的权益。

（1）招标文件的制定要符合竞争性招标的要求。符合国家的有关规定，如果是国际组织贷款，应符合该组织的各项规定和要求。如有不一致之处，应有妥善处理办法。

（2）招标文件的制定要让所有合格的有意参加投标的投标人及时了解招标人的要求。

（3）招标文件的制定要为所有合格的有意参加投标的投标人提供均等的参加所需标的的投标机会。

（4）招标文件的制定应有有关专家参加。对于大型项目的招标文件，一般招标人需要在招标公司协助下准备。

2.6.1.4　园林工程招标文件的准备工作

（1）园林工程招标发包承包方式的确定

园林工程招标发包承包方式是指招标人（发包人）与投标人（承包人）双方之间的经济关系形式。常见的园林工程招标发包承包方式主要有以下几种：

① 园林工程建设全过程发包承包、园林工程阶段发包承包以及园林工程专项发包承包。

a. 园林工程建设全过程发包承包（也叫统包、一揽子承包或交钥匙合同），是指发包人（建设单位）一般只要提出使用要求、竣工期限或对其他重大决策性问题做出决定，承包人就可对项目筹划、可行性研究、勘察、设计、材料订货、设备询价与选购、建造安装、装饰装修、职工培训、竣工验收，直到投产使用和建设后评估等全过程，实行全面总承包，并负责对各项分包任务和必要时被吸收参与园林工程建设有关工作的发包人的部分力量，进行统一的组织、协调和管理。

b. 园林工程阶段发包承包，是指发包人、承包人就园林建设过程中某一阶段或某些阶段的工作，进行发包承包。然而，阶段发包承包和建设全过程发包承包是有区别的，阶段发包承包不是就建设全过程的全部工作进行发包承包，而只是就其中的一个或几个阶段的全部或部分工程任务进行发包承包。

c. 园林工程专项发包承包，是指发包人、承包人就园林建设阶段中的一个或几个专门项目进行发包承包。

② 园林工程总承包、分承包、独立承包、联合承包、直接承包。

a. 总承包（简称总包），是指发包人将一个园林工程项目建设全过程或其中某个或某几个阶段的全部工作，发包给一个承包人承包，该承包人可以将在自己承包范围内的若干专业性工作，再分包给不同的专业承包人去完成，并统一协调和监督他们的工作，各专业承包人只同这个承包人发生直接关系，不与发包人

（建设单位）发生直接关系。

b. 分承包（简称分包），是相对于总承包而言的，指从总承包人承包范围内分包某一分项园林工程，或某种专业工程，分承包人只对总承包人负责，不与发包人（建设单位）发生直接关系，在现场上由承包人统筹安排其活动。

c. 独立承包，是指承包人依靠自身力量自行完成承包任务的发包承包方式。通常主要适用于技术要求比较简单、规模不大的园林工程和修缮工程等。

d. 联合承包，指发包人将一项园林工程任务发包给两个以上承包人，由这些承包人共同联合承包。联合承包是相对于独立承包而言的。

e. 直接承包，是指不同的承包人在同一园林工程项目上，分别与发包人（建设单位）签订承包合同，各自直接对发包人负责。各承包商之间不存在总承包、分承包的关系，现场上的协调工作由发包人自己去做，或由发包人委托一个承包商牵头去做，也可聘请专门的项目经理去做。

（2）园林工程分标方案的选择

园林工程是可以进行分标的。由于某些园林建设项目投资额很大，所涉及的各个项目技术复杂，工程量也巨大，往往一个承包商难以完成。为了加快园林工程进度，发挥各承包商的优势，降低园林工程造价，对一个建设项目进行合理分标，是非常必要的。因此，编制招标文件前，应划分标段，选择分标方案。确定好分标方案后，要根据分标的特点编制招标文件。

① 园林工程分标的原则。园林工程分标时必须坚持不分解工程的原则，注意保持工程的整体性和专业性。

② 园林工程分标考虑的因素。园林工程分标时主要应考虑的因素有：

a. 园林工程的特点。

b. 对园林工程造价的影响。

c. 园林工程资金的安排情况。

d. 对工程管理上的要求。

2.6.2 园林工程招标文件的编制内容

2.6.2.1 园林工程招标公告（或投标邀请书）

（1）园林工程招标公告的内容应当真实、准确和完整。招标公告一经发出即构成招标活动的要约邀请，招标人不得随意更改。按照《招标投标法》第16条第2款规定："招标公告应当载明招标人的名称和地址，招标项目的性质、数量、实施地点和时间以及获取招标文件的办法等事项。"的基本内容要求，有关部门规章结合项目特点对招标公告做出具体规定。

（2）适用于园林工程邀请招标的投标邀请书一般包括项目名称、被邀请人名称、招标条件、项目概况与招标范围、投标人资格要求、招标文件的获取、投标文件的递交与确认以及联系方式等内容，其中大部分内容与招标公告基本相同，唯一区别是：投标邀请书无需说明分布公告的媒介，但对招标人增加了在收到投标邀请书后的约定时间内，以传真或快递方式予以确认是否参加投标的要求。

(3) 园林工程招标公告或者投标邀请书应当至少载明下列内容：

① 园林工程招标人的名称和地址。

② 园林工程招标项目的内容、规模、资金来源。

③ 园林工程招标项目的实施地点和工期。

④ 获取园林工程招标文件或者资格预审文件的地点和时间。

⑤ 对园林工程招标文件或者资格预审文件收取的费用。

⑥ 对园林工程投标人的资质等级的要求。

2.6.2.2 园林工程投标人须知

投标人须知是招标投标活动应遵循的程序规则和对投标的要求但“投标人须知”不是合同文件的组成部分。希望有合同约束力的内容应在构成合同文件组成部分的合同条款、技术标准与要求等文件中界定。投标人须知包括“投标人须知”前附表、正文和附表格式等内容。

(1)“投标人须知”前附表

“投标人须知”前附表主要作用有两个方面：

① 是将“投标人须知”中的关键内容和数据摘要列表，起到强调和提醒作用，为投标人迅速掌握“投标人须知”内容提供方便，但必须与招标文件相关章节内容衔接一致。

② 对“投标人须知”正文中交由前附表明确的内容给予具体约定。

《行业标准施工招标文件》中“投标人须知”前附表的格式范例见表 2-4。

表 2-4　“投标人须知”前附表格式范例

条款号	条款名称	编列内容
1.1.2	招标人	名称： 地址： 联系人： 电话： 电子邮件：
1.1.3	招标代理机构	名称： 地址： 联系人： 电话： 电子邮件：
1.1.4	项目名称	
1.1.5	建设地点	
1.2.1	资金来源	
1.2.2	出资比例	

续表

条款号	条款名称	编列内容
1.2.3	资金落实情况	
1.3.1	招标范围	______________________________ ______________________________， 关于招标范围的详细说明见“技术标准和要求”
1.3.2	计划工期	计划工期：______日历天 计划开工日期：____年____月____日 计划竣工日期：____年____月____日 有关工期的详细要求见“技术标准和要求”
1.3.3	质量要求	质量标准： 有关质量要求的详细说明见“技术标准和要求”
1.4.1	投标人资质条件、能力和信誉	资质条件： 财务要求： 业绩要求： 信誉要求： 项目经理资格：________专业________级(含以上级)注册建造师执业资格，具备有效的安全生产考核合格证书，且不得担任其他在施建设工程项目的项目经理 其他要求：
1.9.1	踏勘现场	□不组织 □组织，踏勘时间： 踏勘集中地点：
1.10.1	投标预备会	□不召开 □召开，召开时间： 召开地点：
1.10.2	投标人提出问题的截止时间	
1.10.3	招标人书面澄清的时间	
1.11	分包	□不允许 □允许，分包内容要求 接受分包的第三人资质要求
1.12	偏离	□不允许 □允许，可偏离的项目和范围见“技术标准和要求” 允许偏离最高项数：____________ 偏离调整方法：____________
2.1	构成招标文件的其他材料	
2.2.1	投标人要求澄清招标文件的截止时间	
2.2.2	投标截止时间	____年____月____日____时____分
2.2.3	投标人确认收到招标文件澄清的时间	在收到相应修改文件后______小时内
2.3.2	投标人确认收到招标文件修改的时间	在收到相应修改文件后______小时内

续表

条款号	条款名称	编列内容
3.1.1	构成投标文件的其他材料	
3.2.3	最高投标限价或其计算方法	
3.3.1	投标有效期	____天
3.4.1	投标保证金	投标保证金的形式： 投标保证金的金额： 递交方式：
3.5.2	近年财务状况的年份要求	____年，指____年____月____日起至____年____月____日止
3.5.3	近年完成的类似项目的年份要求	____年，指____年____月____日起至____年____月____日止
3.5.5	今年发生的诉讼及仲裁情况的年份要求	____年，指____年____月____日起至____年____月____日止
3.6	是否允许递交备选投标方案	□不允许 □允许，备选投标方案的编制要求见“备选投标方案编制要求”，评审和比较见“评标办法”
3.7.3	签字和(或)盖章要求	
3.7.4	投标文件副本份数	____份
3.7.5	装订要求	按照“投标人须知”相关规定的投标文件组成内容，投标文件应按以下要求装订： □不分册装订 □分册装订，共分____册，分别为： 投标函，包括____至____的内容 商务标，包括____至____的内容 技术标，包括____至____的内容 ____标，包括____至____的内容 每册采用____方式装订，装订应牢固、不易拆散和换页，不得采用活页装订
4.1.2	封套上写明	招标人地址： 招标人名称： ____(项目名称)____标段投标文件在____年____月____日____时____分前不得开启
4.2.2	递交投标文件地点	____ (有形建筑市场/交易中心名称及地址)
4.2.3	是否退还投标文件	□否 □是，退还安排
5.1	开标时间和地点	开标时间：(同投标截止时间) 开标地点：
5.2	开标程序	密封情况检查： 开标顺序：

续表

条款号	条款名称	编列内容
6.1.1	评标委员会的组建	评标委员会构成：________人，其中招标人代表________人(限招标人在职人员，且应当具备评标专家相应的或者类似的条件)，专家________人 评标专家确定方式：________________
7.1	是否授权评标委员会确定中标人	□是 □否，推荐的中标候选人数：____________
7.3.1	履约担保	履约担保的形式： 履约担保的金额：
…	…	
10.	需要补充的其他内容	
10.1	词语定义	
10.1.1	类似项目	类似项目是指：
10.1.2	不良行为记录	不良行为记录是指：
…	…	
10.2	招标控制价	
	招标控制价	□不设招标控制价 □设招标控制价，招标控制价为：______元详见本招标文件附录：__________
10.3	“暗标”评审	
	施工组织设计是否采用“暗标”评审方式	□不采用 □采用，投标人应严格按照相关规定编制和装订施工组织设计
10.4	投标文件电子版	
	是否要求投标人在递交投标文件时，同时递交投标文件电子版	□不要求 □要求，招标文件电子版内容： ________________ 招标文件电子版分数： ________________ 招标文件电子版形式： ________________ 投标文件电子版密封方式：单独放入一个密封袋中，加贴封条，并在封套封口处加盖投标人单位章，在封套上标记“投标文件电子版”字样
10.5	计算机辅助评标	
	是否实行计算机辅助评标	□否 □是，投标人需递交纸质投标文件一份，同时按相关规定编制及报送电子投标文件。计算机辅助评标方法按“评标办法进行”

续表

条款号	条款名称	编列内容
10.6	投标人代表出席开标会	
	按照本须知第5.1款的规定，招标人邀请所有投标人的法定代表人或其委托代理人参加开标会。投标人的法定代表人或其委托代理人应当按时参加开标会，并在招标人按开标程序进行点名时，向招标人提交法定代表人身份证明文件或法定代表人授权委托书，出示本人身份证，以证明其出席，否则，其投标文件按废标处理	
10.7	中标公示	
	在中标通知书发出前，招标人将中标候选人的情况在本招标项目招标公告发布的同一媒介和有形建筑市场/交易中心予以公示，公示期不少于3个工作日	
10.8	知识产权	
	构成本招标文件各个组成部分的文件，未经招标人书面同意，投标人不得擅自复印和用于非本招标项目所需的其他目的。招标人全部或者部分使用未中标人投标文件中的技术成果或技术方案时，需征得其书面同意，并不得擅自复印或提供给第三人	
10.9	重新招标的其他情形	
	除投标人须知正文规定的情形外，除非已经产生中标候选人，在投标有效期内同意延长投标有效期的投标人少于三个的，招标人应当依法重新招标	
10.10	同义词语	
	构成招标文件组成部分的“通用合同条款”、“专用合同条款”、“技术标准和要求”和“工程量清单”等章节中出现的措辞“发包人”和“承包人”，在招标投标阶段应当分别按“招标人”和“投标人”进行理解	
10.11	监督	
	本项目的招标投标活动及其相关当事人应当接受有管辖权的建设工程招标投标行政监督部门依法实施的监督	
10.12	解释权	
	构成本招标文件的各个组成文件应互为解释，互为说明；如有不明确或不一致，构成合同文件组成内容，以合同文件约定内容为准，且以专用合同条款约定的合同文件优先顺序解释；除招标文件中有特别规定外，仅适用于招标投标阶段的规定，按招标公告(投标邀请书)、投标人须知、评标办法、投标文件格式的先后顺序解释；同一组成文件中就同一事项的规定或约定不一致的，以编排顺序在后者为准；同一组成文件不同版本之间有不一致的，以形成时间在后者为准。按本款前述规定仍不能形成结论的，由招标人负责解释	
10.13	招标人补充的其他内容	
	……	

(2) 总则

“投标人须知”正文中的“总则”由下列内容组成：

① 项目概况。应说明项目已具备招标条件、项目招标人、项目招标代理机构、项目名称、项目建设地点等。

② 资金来源和落实情况。应说明项目的资金来源及出资比例、项目的资金

落实情况等。

③ 招标范围、计划工期、质量要求。应说明招标范围、项目的计划工期、项目的质量要求等。对于招标范围，应采用工程专业术语填写；对于计划工期，由招标人根据项目建设计划来判断填写；对于质量要求，根据国家、行业颁布的建设工程施工质量验收标准填写，注意不要与各种质量奖项混淆。

④ 投标人资格要求。对于已进行资格预审的，投标人应是符合资格预审条件，收到招标人发出投标邀请书的单位；对于未进行资格预审的，应按照相关内容详细规定投标人资格要求。

⑤ 费用承担。应说明投标人准备和参加投标活动发生的费用自理。

⑥ 保密。要求参加招标投标活动的各方应对招标文件和投标文件中的商业和技术等秘密保密，违者应对由此造成的后果承担法律责任。

⑦ 语言文字。可要求招标投标文件使用的语言文字为中文。专用术语使用外文的，应附有中文注释。

⑧ 计量单位。所有计量均采用中华人民共和国法定计量单位。

⑨ 踏勘现场。“投标人须知”前附表规定组织踏勘现场的，招标人按“投标人须知”前附表规定的时间、地点组织投标人踏勘项目现场。招标人不得组织单个或者部分潜在投标人踏勘项目现场。

投标人踏勘现场发生的费用自理。除招标人的原因外，投标人自行负责在踏勘现场中所发生的人员伤亡和财产损失。

招标人在踏勘现场中介绍的工程场地和相关的周边环境情况，供投标人在编制投标文件时参考，招标人不对投标人据此做出的判断和决策负责。

⑩ 投标预备会。“投标人须知”前附表规定召开投标预备会的，招标人按“投标人须知”前附表规定的时间和地点召开投标预备会，澄清投标人提出的问题。

投标人应在“投标人须知”前附表规定的时间前，以书面形式将提出的问题送达招标人，以便招标人在会议期间澄清。

投标预备会后，招标人在“投标人须知”前附表规定的时间内，将对投标人所提问题的澄清，以书面形式通知所有购买招标文件的投标人。该澄清内容为招标文件的组成部分。

⑪ 偏离。偏离即《评标委员会和评标方法暂行规定》中的偏差。“投标人须知”前附表允许投标文件偏离招标文件某些要求的，偏离应当符合招标文件规定的偏离范围和幅度。

（3）招标文件

招标文件是对招标投标活动具有法律约束力的最主要文件。“投标人须知”应该阐明招标文件的组成、招标文件的澄清和修改。“投标人须知”中没有载明具体内容的，不构成招标文件的组成部分，对招标人和投标人没有约束力。

① 招标文件的组成内容包括：招标公告（或投标邀请书，视情况而定）；投标人须知；评标办法；合同条款及格式；工程量清单；图纸；技术标准和要求；投标文件格式；“投标人须知”前附表规定的其他材料。

招标人根据项目具体特点来判定，“投标人须知”前附表中载明需要补充的其他材料。

② 招标文件的澄清。投标人应仔细阅读和检查招标文件的全部内容。如发现缺页或附件不全，应及时向招标人提出，以便补齐。如有疑问，应在“投标人须知”前附表规定的时间前以书面形式（包括信函、电报、传真等可以有形地表现所载内容的形式，下同），要求招标人对招标文件予以澄清。

招标文件的澄清将以书面形式发给所有购买招标文件的投标人，但不指明澄清问题的来源。如果澄清发出的时间距“投标人须知”前附表规定的投标截止时间不足 15 天，并且澄清内容影响投标文件编制的，将相应延长投标截止时间。

投标人在收到澄清后，应在“投标人须知”前附表规定的时间内以书面形式通知招标人，确认已收到该澄清。

③ 招标文件的修改。招标人可以书面形式修改招标文件，并通知所有已购买招标文件的投标人。但如果修改招标文件的时间距投标截止时间不足 15 天，并且修改内容影响投标文件编制的，将相应延长投标截止时间。

投标人收到修改内容后，应在“投标人须知”前附表规定的时间内以书面形式通知招标人，确认已收到该修改。

（4）投标文件

投标文件是投标人响应和依据招标文件向招标人发出的要约文件。招标人在投标须知中对投标文件的组成、投标报价、投标有效期、投标保证金、资格审查资料和投标文件的编制提出明确要求。

（5）投标

投标主要包括投标文件的密封和标记、投标文件的递交、投标文件的修改和撤回等规定。

（6）开标

包括开标时间和地点、开标程序、开标异议等规定。

（7）评标

包括评标委员会、评标原则和评标方法等规定。

（8）合同授予

评标主要包括定标方式、中标候选人公示、中标通知、履约担保和签订合同。

① 定标方式。定标方式通常有两种：招标人授权评标委员会直接确定中标人；评标委员会推荐 1～3 名中标候选人，由招标人依法确定中标人。

② 中标候选人公示。招标人在“投标人须知”前附表规定的媒介公示中标

候选人。

③ 中标通知。中标人确定后，在投标有效期内，招标人以书面形式向中标人发出中标通知书，并同时将中标结果通知所有未中标的投标人。

④ 履约担保。签订合同前，中标人应按照招标文件规定的担保形式、金额和履约担保格式向招标人提交履约担保，除“投标人须知”前附表另有规定外，履约担保金额为中标合同金额的10%。履约担保的主要目的有两个：担保中标人按照合同约定正常履约，在中标人未能圆满实施合同时，招标人有权得到资金赔偿；约束招标人按照合同约定正常履约。

中标人不能按要求提交履约担保的，视为放弃中标，其投标保证金不予退还，给招标人造成的损失超过投标保证金数额的，中标人还应当对超过部分予以赔偿。

⑤ 签订合同。“投标人须知”中应就签订合同做出如下规定：

a. 签订时限。招标人和中标人应当自中标通知书发出之日起30日内，按照招标文件和中标人的投标文件订立书面合同。

b. 未签订合同的后果。中标人无正当理由拒签合同的，招标人取消其中标资格，其投标保证金不予退还；给招标人造成的损失超过投标保证金数额的，中标人还应当对超过部分予以赔偿。发出中标通知书后，招标人无正当理由拒签合同的，招标人向中标人退还投标保证金；给中标人造成损失的，还应当赔偿损失。

（9）纪律和监督

纪律和监督可分别包括对招标人的纪律要求、对投标人的纪律要求、对评标委员会成员的纪律要求、对与评标活动有关的工作人员的纪律要求以及投诉。

（10）需要补充的其他内容

（11）电子招标投标

采用电子招标投标，应对投标文件的编制、密封和标记、递交、开标、评标等提出具体要求。

（12）附表格式

附表格式包括招标活动中需要使用的表格文件格式：开标记录表，问题澄清通知，问题的澄清、中标通知书，中标结果通知书，确认通知等。

2.6.2.3 园林工程评标办法

园林工程招标文件中“评标办法”主要包括选择评标方法、确定评审因素和标准以及确定评标程序三方面。《行业标准施工招标文件》中的评标方法包括经评审的最低投标价法、综合评估法。招标文件应针对初步评审和详细评审分别制定相应的评审因素和标准。园林工程招标文件的一般评标程序如下：

（1）评标准备

① 评标委员会成员签到。评标委员会成员到达评标现场时应在签到表上签

到以证明其出席。

② 评标委员会的分工。评标委员会首先推选一名评标委员会主任。招标人也可以直接指定评标委员会主任。评标委员会主任负责评标活动的组织领导工作。评标委员会主任在与其他评标委员会成员协商的基础上，可以将评标委员会划分为技术组和商务组。

③ 熟悉文件资料。

a. 评标委员会主任应组织评标委员会成员认真研究招标文件，了解和熟悉招标目的、招标范围、主要合同条件、技术标准和要求、质量标准和工期要求等，掌握评标标准和方法，熟悉评标办法及附件中包括的评标表格的使用，如果评标办法及附件所附的表格不能满足评标所需时，评标委员会应补充编制评标所需的表格，尤其是用于详细分析计算的表格。未在招标文件中规定的标准和方法不得作为评标的依据。

b. 招标人或招标代理机构应向评标委员会提供评标所需的信息和数据，包括招标文件，未在开标会上当场拒绝的各投标文件，开标会记录，资格预审文件及各投标人在资格预审阶段递交的资格预审申请文件（适用于已进行资格预审的），招标控制价或标底（如果有），工程所在地工程造价管理部门颁布的工程造价信息、定额（如作为计价依据时），有关的法律、法规、规章、国家标准以及招标人或评标委员会认为必要的其他信息和数据。

④ 暗标编号（适用于对施工组织设计进行暗标评审，仅适用于综合评估法）。

“投标人须知”前附表第 10.3 款要求对施工组织设计采用“暗标”评审方式且“投标文件格式”中对施工组织设计的编制有暗标要求，则在评标工作开始前，招标人将指定专人负责编制投标文件暗标编码，并就暗标编码与投标人的对应关系作好暗标记录。暗标编码按随机方式编制。在评标委员会全体成员均完成暗标部分评审并对评审结果进行汇总和签字确认后，招标人方可向评标委员会公布暗标记录。暗标记录公布前必须妥善保管并予以保密。

⑤ 对投标文件进行基础性数据分析和整理工作（清标）。

a. 在不改变投标人投标文件实质性内容的前提下，评标委员会应当对投标文件进行基础性数据分析和整理（简称为“清标”），从而发现并提取其中可能存在的对招标范围理解的偏差，投标报价的算术性错误、错漏项，投标报价构成不合理、不平衡报价等存在明显异常的问题，并就这些问题整理形成清标成果。评标委员会对清标成果审议后，决定需要投标人进行书面澄清、说明或补正的问题，形成质疑问卷，向投标人发出问题澄清通知（包括质疑问卷）。

b. 在不影响评标委员会成员的法定权利的前提下，评标委员会可委托由招标人专门成立的清标工作小组完成清标工作。在这种情况下，清标工作可以在评标工作开始之前完成，也可以与评标工作平行进行。清标工作小组成员应为具备相应执业资格的专业人员，且应当符合有关法律法规对评标专家的回避规定和要求，不得与任何投标人有利益、上下级等关系，不得代行依法应当由评标委员会及其成员行使的权利。清标成果应当经过评标委员会的审核确认，经过评标委员会审核确认的清标成果视同是评标委员会的工作成果，并由评标委员会以书面方式追加对清标工作小组的授权，书面授权委托书必须由评标委员会全体成员签名。

c. 投标人接到评标委员会发出的问题澄清通知后，应按评标委员会的要求提供书面澄清资料并按要求进行密封，在规定的时间递交到指定地点。投标人递交的书面澄清资料由评标委员会开启。

（2）初步评审

① 形式评审。评标委员会根据评标办法前附表中规定的评审因素和评审标准，对投标人的投标文件进行形式评审，并记录评审结果。

② 资格评审。

a. 评标委员会根据评标办法前附表中规定的评审因素和评审标准，对投标人的投标文件进行资格评审，并记录评审结果（适用于未进行资格预审的）。

b. 当投标人资格预审申请文件的内容发生重大变化时，评标委员会依据资格预审文件中规定的标准和方法，对照投标人在资格预审阶段递交的资格预审文件中的资料以及在投标文件中更新的资料，对其更新的资料进行评审（适用于已进行资格预审的）。其中：

（a）资格预审采用“合格制”的，投标文件中更新的资料应当符合资格预审文件中规定的审查标准，否则其投标作废标处理；

（b）资格预审采用“有限数量制”的，投标文件中更新的资料应当符合资格预审文件中规定的审查标准，其中以评分方式进行审查的，其更新的资料按照资格预审文件中规定的评分标准评分后，其得分应当保证即便在资格预审阶段仍然能够获得投标资格且没有对未通过资格预审的其他资格预审申请人构成不公平，否则其投标作废标处理。

③ 响应性评审。

a. 评标委员会根据评标办法前附表中规定的评审因素和评审标准，对投标人的投标文件进行响应性评审，并记录评审结果。

b. 投标人投标价格不得超出（不含等于）按照本章前附表的规定计算的“拦标价”，凡投标人的投标价格超出“拦标价”的，该投标人的投标文件不能通过响应性评审（适用于设立拦标价的情形）。

c. 投标人投标价格不得超出（不含等于）按照“投标人须知”前附表第10.2款载明的招标控制价，凡投标人的投标价格超出招标控制价的，该投标人的投标文件不能通过响应性评审（适用于设立招标控制价的情形）。

④ 施工组织设计和项目管理机构评审（仅适用于经评审的最低投标价法）。

评标委员会根据评标办法前附表中规定的评审因素和评审标准，对投标人的施工组织设计和项目管理机构进行评审，并记录评审结果。

⑤ 判断投标是否为废标。

a. 判断投标人的投标是否为废标的全部条件，并在“废标条件”集中列示。

b. 集中列示的废标条件不应与“投标人须知”和“废标条件”抵触，如果出现相互矛盾的情况，以“投标人须知”和“废标条件”的规定为准。

c. 评标委员会在评标（包括初步评审和详细评审）过程中，依据“废标条件”判断投标人的投标是否为废标。

⑥ 算术错误修正。评标委员会依据本章中规定的相关原则对投标报价中存在的算术错误进行修正，并根据算术错误修正结果计算评标价。

⑦ 澄清、说明或补正。在初步评审过程中，评标委员会应当就投标文件中不明确的内容要求投标人进行澄清、说明或者补正。投标人应当根据问题澄清通知要求，以书面形式予以澄清、说明或者补正。

（3）详细评审

只有通过了初步评审、被判定为合格的投标方可进入详细评审。详细评审主要可以分为经评审的最低投标价法和综合评估法。

① 经评审的最低投标价法的详细评审。

a. 价格折算。评标委员会根据评标办法前附表，“评标价计算方法”中规定的程序、标准和方法，以及算术错误修正结果，对投标报价进行价格折算，计算出评标价，并记录评标价折算结果。

b. 判断投标报价是否低于成本。根据相关规定，评标委员会根据相关规定的程序、标准和方法，判断投标报价是否低于其成本。由评标委员会认定投标人以低于成本竞标的，其投标作废标处理。

c. 澄清、说明或补正。在初步评审过程中，评标委员会应当就投标文件中不明确的内容要求投标人进行澄清、说明或者补正。投标人应当根据问题澄清通知要求，以书面形式予以澄清、说明或者补正。澄清、说明或补正根据相关规定进行。

② 综合评估法的详细评审。

a. 详细评审的程序。评标委员会按照相关规定的程序进行详细评审：

（a）施工组织设计评审和评分。

（b）项目管理机构评审和评分。

（c）投标报价评审和评分，并对明显低于其他投标报价的投标报价，或者在设有标底时明显低于标底的投标报价，判断是否低于其个别成本。

（d）其他因素评审和评分。

（e）汇总评分结果。

b. 施工组织设计评审和评分。按照评标办法前附表中规定的分值设定、各项评分因素、评分标准，对施工组织设计进行评审和评分，并记录对施工组织设计的评分结果，施工组织设计的得分记录为 A。

c. 项目管理机构评审和评分。按照评标办法前附表中规定的分值设定、各项评分因素、评分标准，对项目管理机构进行评审和评分，并记录对项目管理机构的评分结果，项目管理机构的得分记录为 B。

d. 投标报价评审和评分（仅按投标总报价进行评分）。

(a) 按照评标办法前附表中规定的方法计算“评标基准价”。

(b) 按照评标办法前附表中规定的方法，计算各个已通过了初步评审、施工组织设计评审和项目管理机构评审并且经过评审认定为不低于其成本的投标报价的“偏差率”。

(c) 按照评标办法前附表中规定的评分标准，对照投标报价的偏差率，分别对各个投标报价进行评分，并记录对投标报价的评分结果，投标报价的得分记录为 C。

e. 投标报价评审和评分（按投标总报价中的分项报价分别进行评分）。

(a) 投标报价按以下项目的分项投标报价分别进行评审和评分：

a) 投标总报价减去以下分别进行评分的各个分项投标报价以后的部分。

b) ____。

c) ____。

d) ____。

e) ____。

(b) 按照评标办法前附表中规定的方法，分别计算各个分项投标报价的“评标基准价”。

(c) 按照评标办法前附表中规定的方法，分别计算各个分项投标报价与对应的分项投标报价评标基准价之间的“偏差率”。

(d) 按照评标办法前附表中规定的评分标准，对照分项投标报价的偏差率，分别对各个分项投标报价进行评分，汇总各个分项投标报价的得分，并记录对各个投标报价的评分结果，投标报价的得分记录为 C。

f. 其他因素的评审和评分。根据评标办法前附表中规定的分值设定、各项评分因素和相应的评分标准，对其他因素（如果有）进行评审和评分，并记录对其他因素的评分结果，其他因素的得分记录为 D。

g. 判断投标报价是否低于成本。根据相关规定，评标委员会根据“投标人成本评标办法”中规定的程序、标准和方法，判断投标报价是否低于其成本。由评标委员会认定投标人以低于成本竞标的，其投标作废标处理。

h. 澄清、说明或补正。在详细评审过程中，评标委员会应当就投标文件中不明确的内容要求投标人进行澄清、说明或者补正。投标人对此以书面形式予以澄清、说明或者补正。澄清、说明或补正根据相关规定执行。

i. 汇总评分结果。

(a) 评标委员会成员应按规定的格式填写详细评审评分汇总表。

(b) 详细评审工作全部结束后，按照规定的格式汇总各个评标委员会成员的详细评审评分结果，并按照详细评审最终得分由高至低的次序对投标人进行排序。

(4) 推荐中标候选人或者直接确定中标人

① 汇总评标结果（仅适用于经评审的最低投标价法）。投标报价评审工作全部结束后，评标委员会应填写评标结果汇总表。

② 推荐中标候选人（仅适用于经评审的最低投标价法）。

a. 除“投标人须知”前附表授权直接确定中标人外，评标委员会在推荐中标候选人时，应遵照以下原则：

(a) 评标委员会对有效的投标按照评标价由低至高的次序排列，根据“投标人须知”前附表第 7.1 款的规定推荐中标候选人。

(b) 如果评标委员会根据“废标条件”的规定作废标处理后，有效投标不足三个，且少于“投标人须知”前附表第 7.1 款规定的中标候选人数量的，则评标委员会可以将所有有效投标按评标价由低至高的次序作为中标候选人向招标人推荐。如果因有效投标不足三个使得投标明显缺乏竞争的，评标委员会可以建议招标人重新招标。

b. 投标截止时间前递交投标文件的投标人数量少于三个或者所有投标被否决的，招标人应当依法重新招标。

③ 推荐中标候选人（仅适用于综合评估法）。

a. 除“投标人须知”前附表第 7.1 款授权直接确定中标人外，评标委员会在推荐中标候选人时，应遵照以下原则：

(a) 评标委员会按照最终得分由高至低的次序排列，并根据“投标人须知”前附表第 7.1 款规定的中标候选人数量，将排序在前的投标人推荐为中标候选人。

(b) 如果评标委员会根据本章的规定作废标处理后，有效投标不足三个，且少于“投标人须知”前附表第 7.1 款规定的中标候选人数量的，则评标委员会可以将所有有效投标按最终得分由高至低的次序作为中标候选人向招标人推荐。如果因有效投标不足三个使得投标明显缺乏竞争的，评标委员会可以建议招标人重新招标。

b. 投标人数量少于三个或者所有投标被否决的，招标人应当依法重新招标。

④ 直接确定中标人。“投标人须知”前附表授权评标委员会直接确定中标人的，评标委员会对有效的投标按照评标价由低至高的次序排列，并确定排名第一的投标人为中标人。

⑤ 编制及提交评标报告。评标委员会根据相关的规定向招标人提交评标报

告。评标报告应当由全体评标委员会成员签字，并于评标结束时抄送有关行政监督部门。评标报告应当包括以下内容：

a. 基本情况和数据表。

b. 评标委员会成员名单。

c. 开标记录。

d. 符合要求的投标一览表。

e. 废标情况说明。

f. 评标标准、评标方法或者评标因素一览表。

g. 经评审的价格一览表（包括评标委员会在评标过程中所形成的所有记载评标结果、结论的表格、说明、记录等文件）。

h. 经评审的投标人排序。

i. 推荐的中标候选人名单（如果“投标人须知”前附表授权评标委员会直接确定中标人，则为“确定的中标人”）与签订合同前要处理的事宜。

j. 澄清、说明或补正事项纪要。

（5）特殊情况的处置程序

① 暗标评审的评审程序规定（适用于对施工组织设计进行暗标评审，仅适用于综合评估法）。如果“投标人须知”前附表第 10.3 款要求对施工组织设计采用“暗标”评审方式且“投标文件格式”中对施工组织设计的编制有暗标要求，评标委员会需对施工组织设计进行暗标评审的，则评标委员会需将施工组织设计（暗标）评审提前到初步评审之前进行。施工组织设计评审结果封存后再进行形式评审、资格评审、响应性评审和项目管理机构评审。项目管理机构评审完成后再公开暗标编码与投标人名称之间的对应关系。

② 关于评标活动暂停。

a. 评标委员会应当执行连续评标的原则，按评标办法中规定的程序、内容、方法、标准完成全部评标工作。只有发生不可抗力导致评标工作无法继续时评标活动方可暂停。

b. 发生评标暂停情况时，评标委员会应当封存全部投标文件和评标记录，待不可抗力的影响结束且具备继续评标的条件时，由原评标委员会继续评标。

③ 关于评标中途更换评标委员会成员。

a. 除非发生下列情况之一，评标委员会成员不得在评标中途更换：

（a）因不可抗拒的客观原因，不能到场或需在评标中途退出评标活动。

（b）根据法律法规规定，某个或某几个评标委员会成员需要回避。

b. 退出评标的评标委员会成员，其已完成的评标行为无效。由招标人根据本招标文件规定的评标委员会成员产生方式另行确定替代者进行评标。

④ 记名投票。在任何评标环节中，需评标委员会就某项定性的评审结论做出表决的，由评标委员会全体成员按照少数服从多数的原则，以记名投票方式表决。

2.6.2.4 园林工程合同条款及格式

(1) 园林工程合同条款

园林工程招标文件中的合同协议条款，是招标人单方面提出的关于招标人、投标人、监理工程师等各方权利义务关系的设想和意愿，是对合同签订、履行过程中遇到的工程进度、质量、检验、支付、索赔、争议、仲裁等问题的示范性、定式性阐释。

通用合同条款（通用条款）和合同协议条款（专用条款）是园林工程招标文件的重要组成部分。招标人在招标文件中应说明本招标工程采用的合同条件和对合同条件的修改、补充或不予采用的意见。投标人对招标文件中的说明是否同意，对合同条件的修改、补充或不予采用的意见，也要在投标文件中一一列明。中标后，双方协商一致的合同条款，是双方统一意愿的体现，成为合同文件的组成部分。

(2) 园林工程合同格式

园林工程合同格式是招标人在招标文件中拟定好的具体格式，在定标后由招标人与中标人达成一致协议后签署。投标人投标时不填写。

园林工程招标文件中的合同格式，主要包括：合同协议书、预付款担保、承包人履约担保书以及发包人支付担保等。园林工程的合同格式可参照《行业标准施工招标文件》中推荐使用的合同格式（表 2-5～表 2-8）。

表 2-5 合同协议书范例

合同协议书

编号：________

发包人(全称)：________________________________

法定代表人：________________________________

法定注册地址：________________________________

承包人(全称)：________________________________

法定代表人：________________________________

法定注册地址：________________________________

发包人为建设________________(以下简称“本工程”)，已接受承包人提出的承担本工程的施工、竣工、交付并维修其任何缺陷的投标。依照《中华人民共和国招标投标法》、《中华人民共和国合同法》、《中华人民共和国建筑法》，及其他有关法律、行政法规，遵循平等、自愿、公平和诚实信用的原则，双方共同达成并订立如下协议。

一、工程概况

工程名称：________________(项目名称)________________标段

工程地点：________________________________

工程内容：________________________________

群体工程应附“承包人承揽工程项目一览表”

工程立项批准文号：________________________________

资金来源：________________________________

续表

二、工程承包范围
承包范围：____
三、合同工期
计划开工日期：________年________月________日
计划竣工日期：________年________月________日
工期总日历天数________天，自监理人发出的开工通知中载明的开工日期起算。
四、质量标准
工程质量标准：
五、合同形式
本合同采用________________________________合同形式。
六、签约合同价
金额（大写）：________________________________元（人民币）
（小写）￥：________________________________元
其中：安全文明施工费：________________________________元
暂列金额：________________元（其中计日工金额________________元）
材料和工程设备暂估价：________________________________元
专业工程暂估价：________________________________元
七、承包人项目经理：
姓名：________________；　职称：________________；
身份证号：________________；　建造师执业资格证书号：________________；
建造师注册证书号：________________________________。
建造师执业印章号：________________________________。
安全生产考核合格证书号：________________________________。
八、合同文件的组成
下列文件共同构成合同文件：
1. 本协议书；
2. 中标通知书；
3. 投标函及投标函附录；
4. 专用合同条款；
5. 通用合同条款；
6. 技术标准和要求；
7. 图纸；
8. 已标价工程量清单；
9. 其他合同文件。
上述文件互相补充和解释，如有不明确或不一致之处，以合同约定次序在先者为准。
九、本协议书中有关词语定义与合同条款中的定义相同。
十、承包人承诺按照合同约定进行施工、竣工、交付并在缺陷责任期内对工程缺陷承担维修责任。
十一、发包人承诺按照合同约定的条件、期限和方式向承包人支付合同价款。
十二、本协议书连同其他合同文件正本一式两份，合同双方各执一份；副本一式________份，其中一份在合同报送建设行政主管部门备案时留存。
十三、合同未尽事宜，双方另行签订补充协议，但不得背离本协议第八条所约定的合同文件的实质性内容。补充协议是合同文件的组成部分。
发包人：________________（盖单位章）　承包人：________________（盖单位章）
法定代表人或其委托代理人：________（签字）　法定代表人或其委托代理人：________（签字）
______年______月______日　　______年______月______日
签约地点：____

表 2-6 预付款担保范例

<table>
<tr><td>

预付款担保

保函编号：________

__________（发包人名称）：

鉴于你方作为发包人已经与__________（承包人名称）（以下称“承包人”）于____年____月____日签订了__________（工程名称）施工承包合同（以下称“主合同”）。

鉴于该主合同规定，你方将支付承包人一笔金额为__________（大写：__________）的预付款（以下称“预付款”），而承包人须向你方提供与预付款等额的不可撤销和无条件兑现的预付款保函。

我方受承包人委托，为承包人履行主合同规定的义务做出如下不可撤销的保证：

我方将在收到你方提出要求收回上述预付款金额的部分或全部的索偿通知时，无须你方提出任何证明或证据，立即无条件地向你方支付不超过__________（大写：__________）或根据本保函约定递减后的其他金额的任何你方要求的金额，并放弃向你方追索的权力。

我方特此确认并同意：我方受本保函制约的责任是连续的，主合同的任何修改、变更、中止、终止或失效都不能削弱或影响我方受本保函制约的责任。

在收到你方的书面通知后，本保函的担保金额将根据你方依主合同签认的进度付款证书中累计扣回的预付款金额作等额调减。

本保函自预付款支付给承包人起生效，至你方签发的进度付款证书说明已抵扣完毕止。除非你方提前终止或解除本保函。本保函失效后请将本保函退回我方注销。

本保函项下所有权利和义务均受中华人民共和国法律管辖和制约。

担 保 人：____________________（盖单位章）
法定代表人或其委托代理人：________________（签字）
地　　址：____________________
邮政编码：____________________
电　　话：____________________
传　　真：____________________

年　　月　　日

</td></tr>
</table>

备注：本预付款担保格式可采用经发包人认可的其他格式，但相关内容不得违背合同文件约定的实质性内容。

表 2-7 承包人履约保函范例

<table>
<tr><td>

承包人履约保函

__________（发包人名称）：

鉴于你方作为发包人已经与__________（承包人名称）（以下称“承包人”）于____年____月____日签订了__________（工程名称）施工承包合同（以下称“主合同”），应承包人申请，我方愿就承包人履行主合同约定的义务以保证的方式向你方提供如下担保：

一、保证的范围及保证金额

我方的保证范围是承包人未按照主合同的约定履行义务，给你方造成的实际损失。

我方保证的金额是主合同约定的合同总价款的____%，数额最高不超过人民币______元（大写）。

二、保证的方式及保证期间

我方保证的方式为：连带责任保证。

我方保证的期间为：自本合同生效之日起至主合同约定的工程竣工日期后________日内。

你方与承包人协议变更工程竣工日期的，经我方书面同意后，保证期间按照变更后的竣工日期做相应调整。

三、承担保证责任的形式

我方按照你方的要求以下列方式之一承担保证责任：

</td></tr>
</table>

续表

(1)由我方提供资金及技术援助，使承包人继续履行主合同义务，支付金额不超过本保函第一条规定的保证金额。

(2)由我方在本保函第一条规定的保证金额内赔偿你方的损失。

四、代偿的安排

你方要求我方承担保证责任的，应向我方发出书面索赔通知及承包人未履行主合同约定义务的证明材料。索赔通知应写明要求索赔的金额，支付款项应到达的账号，并附有说明承包人违反主合同造成你方损失情况的证明材料。

你方以工程质量不符合主合同约定标准为由，向我方提出违约索赔的，还需同时提供符合相应条件要求的工程质量检测部门出具的质量说明材料。

我方收到你方的书面索赔通知及相应证明材料后，在_____个工作日内进行核定后按照本保函的承诺承担保证责任。

五、保证责任的解除

1. 在本保函承诺的保证期间内，你方未书面向我方主张保证责任的，自保证期间届满次日起，我方保证责任解除。

2. 承包人按主合同约定履行了义务的，自本保函承诺的保证期间届满次日起，我方保证责任解除。

3. 我方按照本保函向你方履行保证责任所支付的金额达到本保函保证金额时，自我方向你方支付(支付款项从我方账户划出)之日起，保证责任即解除。

4. 按照法律法规的规定或出现应解除我方保证责任的其他情形的，我方在本保函项下的保证责任亦解除。

我方解除保证责任后，你方应自我方保证责任解除之日起_____个工作日内，将本保函原件返还我方。

六、免责条款

1. 因你方违约致使承包人不能履行义务的，我方不承担保证责任。

2. 依照法律法规的规定或你方与承包人的另行约定，免除承包人部分或全部义务的，我方亦免除其相应的保证责任。

3. 你方与承包人协议变更主合同的(符合主合同合同条款第 15 条约定的变更除外)，如加重承包人责任致使我方保证责任加重的，需征得我方书面同意，否则我方不再承担因此而加重部分的保证责任。

4. 因不可抗力造成承包人不能履行义务的，我方不承担保证责任。

七、争议的解决

因本保函发生的纠纷，由贵我双方协商解决，协商不成的，任何一方均可提请_____仲裁委员会仲裁。

八、保函的生效

本保函自我方法定代表人(或其授权代理人)签字或加盖公章并交付你方之日起生效。

本条所称交付是指：____。

担 保 人：______________________(盖单位章)

法定代表人或其委托代理人：______________________(签字)

地　　址：______________________

邮政编码：______________________

电　　话：______________________

传　　真：______________________

年　　月　　日

备注：本履约担保格式可以采用经发包人同意的其他格式，但相关内容不得违背合同约定的实质性内容。

表 2-8 发包人支付保函范例

发包人支付保函

____________(发包人名称)：

鉴于你方作为承包人已经与____________(发包人名称)(以下称“发包人”)于____年____月____日签订了______________(工程名称)施工承包合同(以下称“主合同”)，应发包人的申请，我方愿就发包人履行主合同约定的工程款支付义务以保证的方式向你方提供如下担保：

续表

一、保证的范围及保证金额

我方的保证范围是主合同约定的工程款。

本保函所称主合同约定的工程款是指主合同约定的除工程质量保证金以外的合同价款。

我方保证的金额是主合同约定的工程款的______%，数额最高不超过人民币________元(大写)。

二、保证的方式及保证期间

我方保证的方式为：连带责任保证。

我方保证的期间为：自本合同生效之日起至主合同约定的工程款支付之日后______日内。

你方与发包人协议变更工程款支付日期的，经我方书面同意后，保证期间按照变更后的支付日期做相应调整。

三、承担保证责任的形式

我方承担保证责任的形式是代为支付。发包人未按主合同约定向你方支付工程款的，由我方在保证金额内代为支付。

四、代偿的安排

你方要求我方承担保证责任的，应向我方发出书面索赔通知及发包人未支付主合同约定工程款的证明材料。索赔通知应写明要求索赔的金额，支付款项应到达的账号。

在出现你方与发包人因工程质量发生争议，发包人拒绝向你方支付工程款的情形时，你方要求我方履行保证责任代为支付的，还需提供项目总监理工程师、监理人或符合相应条件要求的工程质量检测机构出具的质量说明材料。

我方收到你方的书面索赔通知及相应证明材料后，在______个工作日内进行核定后按照本保函的承诺承担保证责任。

五、保证责任的解除

1. 在本保函承诺的保证期间内，你方未书面向我方主张保证责任的，自保证期间届满次日起，我方保证责任解除。

2. 发包人按主合同约定履行了工程款的全部支付义务的，自本保函承诺的保证期间届满次日起，我方保证责任解除。

3. 我方按照本保函向你方履行保证责任所支付金额达到本保函保证金额时，自我方向你方支付(支付款项从我方账户划出)之日起，保证责任即解除。

4. 按照法律法规的规定或出现应解除我方保证责任的其他情形的，我方在本保函项下的保证责任亦解除。

我方解除保证责任后，你方应自我方保证责任解除之日起_____个工作日内，将本保函原件返还我方。

六、免责条款

1. 因你方违约致使发包人不能履行义务的，我方不承担保证责任。

2. 依照法律法规的规定或你方与发包人的另行约定，免除发包人部分或全部义务的，我方亦免除其相应的保证责任。

3. 你方与发包人协议变更主合同的(符合主合同合同条款第15条约定的变更除外)，如加重发包人责任致使我方保证责任加重的，需征得我方书面同意，否则我方不再承担因此而加重部分的保证责任。

4. 因不可抗力造成发包人不能履行义务的，我方不承担保证责任。

七、争议的解决

因本保函发生的纠纷，由贵我双方协商解决，协商不成的，任何一方均可提请______仲裁委员会仲裁。

八、保函的生效

本保函自我方法定代表人(或其授权代理人)签字或加盖公章并交付你方之日起生效。

本条所称交付是指：____。

担 保 人：______________________________(盖单位章)

法定代表人或其委托代理人：______________________(签字)

地　　址：________________________________

邮政编码：________________________________

电　　话：________________________________

传　　真：________________________________

年　　月　　日

备注：本支付担保格式可采用经承包人同意的其他格式，但相关约定应当与履约担保对等。

2.6.2.5 园林工程工程量清单

（1）园林工程量清单说明

园林工程量清单是对合同规定要实施的园林工程的全部项目和内容按园林工程部位、性质等列在一系列表内。

园林工程量清单的用途主要有以下几方面：

① 供投标者报价时使用，为投标者提供了一个共同的竞争性投标的基础。投标者根据施工图纸和技术规范的要求以及拟定的施工方法，通过单价分析并参照本公司以往的经验，对表中各栏目进行报价，并逐项汇总为各部位以及整个工程的投标报价。

② 工程实施过程中，每月结算时可按照表中序号、已实施的项目的单价或价格来计算应付给承包商的款项。

③ 在园林工程变更增加新项目或索赔时，可以选用或参照工程量表中的单价来确定新项目或索赔项目的单价和价格。

园林工程量清单和招标文件中的图纸一样，随着设计进度和深度的不同而不同，当施工详图已完成时，就可以编得比较细致。

（2）园林工程量清单与计价表

根据《行业标准施工招标文件》以及《建设工程工程量清单计价规范》（GB 50500—2013）的规定，园林工程量清单与计价表格格式范例如下所示。

① 封面，见表2-9。

表2-9 招标工程量清单封面

______________工程 招标工程量清单 招 标 人：______________________ （单位盖章） 造价咨询人：______________________ （单位盖章） ××年×月×日

② 扉页，见表 2-10。

表 2-10　招标工程量清单扉页

<table>
<tr><td colspan="2">

____________工程

招标工程量清单

招标人：____________
（单位盖章）

造价咨询人：____________
（单位资质专用章）

法定代表人
或其授权人：____________
（签字或盖章）

法定代表人
或其授权人：____________
（签字或盖章）

编制人：____________
（造价人员签字盖专用章）

复核人：____________
（造价工程师签字盖专用章）

编制时间：　年　月　日

复核时间：　年　月　日

</td></tr>
</table>

③ 总说明，见表 2-11。

表 2-11　总说明

工程名称：　　　　　　　　　　　　　　　　第　页共　页

④ 分部分项工程和单价措施项目清单与计价表，见表 2-12。

表 2-12 分部分项工程和单价措施项目清单与计价表

工程名称： 标段： 第 页共 页

序号	项目编码	项目名称	项目特征描述	计量单位	工程量	金额/元		
						综合单价	合价	其中
								暂估价
本页小计								
合计								

注：为计取规费等的使用，可在表中增设其中：“定额人工费”。

⑤ 总价措施项目清单与计价表，见表 2-13。

表 2-13 总价措施项目清单与计价表

工程名称： 标段： 第 页共 页

序号	项目编码	项目名称	计算基础	费率/%	金额/元	调整费率/%	调整后金额/元	备注
		安全文明施工费						
		夜间施工增加费						
		二次搬运费						
		冬雨季施工增加费						
		已完工程及设备保护费						
合计								

编制人（造价人员）： 复核人（造价工程师）：

注：1.“计算基础”中安全文明施工费可为“定额基价”、“定额人工费”或“定额人工费＋定额机械费”，其他项目可为“定额人工费”或“定额人工费＋定额机械费”。

2. 按施工方案计算的措施费，若无“计算基础”和“费率”的数值，也可只填“金额”数值，但应在备注栏说明施工方案出处或计算方法。

⑥ 其他项目清单与计价汇总表，见表 2-14。

表 2-14　其他项目清单与计价汇总表

工程名称：　　　　　　　　　　　　　标段：　　　　　　　　　　　　　第　页共　页

序号	项目名称	金额/元	结算金额/元	备　注
1	暂列金额			明细详见表 2-15
2	暂估价			
2.1	材料(工程设备)暂估价/结算价	—	—	明细详见表 2-16
2.2	专业工程暂估价/结算价			明细详见表 2-17
3	计日工			明细详见表 2-18
4	总承包服务费			明细详见表 2-19
5				
合计				—

注：材料（工程设备）暂估价进入清单项目综合单价，此处不汇总。

a. 暂列金额明细表，见表 2-15。

表 2-15　暂列金额明细表

工程名称：　　　　　　　　　　　　　标段：　　　　　　　　　　　　　第　页共　页

序号	项目名称	计量单位	暂定金额/元	备　注
1				
2				
3				
4				
5				
6				
合计				—

注：此表由招标人填写，如不能详列，也可只列暂定金额总额，投标人应将上述暂列金额计入投标总价中。

b. 材料（工程设备）暂估单价及调整表，见表2-16。

表2-16 材料（工程设备）暂估单价及调整表

工程名称： 标段： 第 页共 页

序号	材料(工程设备)名称、规格、型号	计量单位	数量		暂估/元		确认/元		差额±/元		备注
			暂估	确认	单价	合价	单价	合价	单价	合价	
合计											

注：此表由招标人填写“暂估单价”，并在备注栏说明暂估价的材料、工程设备拟用在哪些清单项目上，投标人应将上述材料暂估单价计入工程量清单综合单价报价中。

c. 专业工程暂估价及结算价表，见表2-17。

表2-17 专业工程暂估价及结算价表

工程名称： 标段： 第 页共 页

序号	工程名称	工程内容	暂估金额/元	结算金额/元	差额±/元	备注
合计						

注：此表“暂估金额”由招标人填写，投标人应将“暂估金额”计入投标总价中，结算时按合同约定结算金额填写。

d. 计日工表，见表2-18。

表 2-18 计日工表

工程名称：　　　　　　　　　　　　标段：　　　　　　　　　　　　第　页共　页

编号	项目名称	单位	暂定数量	实际数量	综合单价/元	合价/元	
						暂定	实际
一	人工						
1							
2							
人工小计							
二	材料						
1							
2							
材料小计							
三	施工机械						
1							
2							
施工机械小计							
四、企业管理费和利润							
总计							

注：此表“项目名称”、“暂定数量”由招标人填写，编制招标控制价时，单价由招标人按有关计价规定确定；投标时，单价由投标人自主报价，按暂定数量计算合价计入投标总价中。结算时，按发承包双方确认的实际数量计算合价。

e. 总承包服务费计价表，见表 2-19。

表 2-19 总承包服务费计价表

工程名称：　　　　　　　　　　　　标段：　　　　　　　　　　　　第　页共　页

序号	项目名称	项目价值/元	服务内容	计算基础	费率/%	金额/元
1	发包人发包专业工程					
2	发包人供应材料					
	合计	—	—		—	

注：此表项目名称、服务内容有招标人填写，编制招标控制价时，费率及金额由招标人按有关计价规定确定；投标时，费率及金额由投标人自主报价，计入投标总价中。

⑦ 规费、税金项目计价表，见表 2-20。

表 2-20 规费、税金项目计价表

工程名称： 标段： 第 页共 页

序号	项目名称	计算基础	计算基数	计算费率/%	金额/元
1	规费	定额人工费			
1.1	社会保险费	定额人工费			
(1)	养老保险费	定额人工费			
(2)	失业保险费	定额人工费			
(3)	医疗保险费	定额人工费			
(4)	工伤保险费	定额人工费			
(5)	生育保险费	定额人工费			
1.2	住房公积金	定额人工费			
1.3	工程排污费	按工程所在地环境保护部门收取标准，按实计入			
2	税金	分部分项工程费＋措施项目费＋其他项目费＋规费－按规定不计税的工程设备金额			
合计					

编制人（造价人员）： 复核人（造价工程师）：

⑧ 主要材料、工程设备一览表，见表 2-21～表 2-23。

表 2-21 发包人提供材料和工程设备一览表

工程名称： 标段： 第 页共 页

序号	材料（工程设备）名称、规格、型号	单位	数量	单价/元	交货方式	送达地点	备注

注：此表由招标人填写，供投标人在投标报价、确定总承包服务费时参考。

表 2-22　承包人提供主要材料和工程设备一览表

（适用于造价信息差额调整法）

工程名称：　　　　　　　　　　　　标段：　　　　　　　　　　　　第　页共　页

序号	名称、规格、型号	单位	数量	风险系数/%	基准单价/元	投标单价/元	发承包人确认单价/元	备注

注：1. 此表由招标人填写除“投标单价”栏的内容，投标人在投标时自主确定投标单价。

2. 投标人应优先采用工程造价管理机构发布的单价作为基准单价，未发布的，通过市场调查确定其基准单价。

表 2-23　承包人提供主要材料和工程设备一览表

（适用于价格指数差额调整法）

工程名称：　　　　　　　　　　　　标段：　　　　　　　　　　　　第　页共　页

序号	名称、规格、型号	变值权重 B	基本价格指数 F_0	现行价格指数 F_t	备注
	定值权重 A		—	—	
合计		1	—	—	

注：1.“名称、规格、型号”、“基本价格指数”栏由招标人填写，基本价格指数应首先采用工程造价管理机构发布的价格指数，没有时，可采用发布的价格代替。如人工、机械费也采用本法调整由招标人在“名称”栏填写。

2.“变值权重”栏由投标人根据该项人工、机械费和材料、工程设备值在投标总报价中所占的比例填写，1减去其比例为定值权重。

3.“现行价格指数”按约定的付款证书相关周期最后一天的前42天的各项价格指数填写，该指数应首先采用工程造价管理机构发布的价格指数，没有时，可采用发布的价格代替。

2.6.2.6　园林工程图纸

图纸是园林工程招标文件和合同的重要组成部分，是投标者在拟定施工方案、确定施工方法以至提出替代方案、计算投标报价必不可少的资料。

图纸的详细程度取决于设计的深度与合同的类型。详细的设计图纸能使投标者比较准确地计算报价。但实际上，在园林工程实施中常常需要陆续补充和修改图纸。这些补充和修改的图纸均需经工程师签字后正式下达，方可作为施工及结算的依据。

在招标文件中，除了附上招标图纸外，还应该列明图纸目录。图纸目录一般包括：序号、图名、图号、版本、出图日期以及备注等。图纸目录以及相对应的图纸将对施工过程的合同管理以及争议解决发挥重要作用。

2.6.2.7 园林工程技术标准和要求

技术标准和要求也是构成合同文件的组成部分。技术标准的内容主要包括各项工艺指标、施工要求、材料检验标准，以及各分部、分项工程施工成型后的检验手段和验收标准等。有些项目根据所属行业的习惯，也将工程子目的计量支付内容写进技术标准和要求中。项目的专业特点和所引用的行业标准的不同，决定了不同项目的技术标准和要求存在区别，同样的一项技术指标，可引用的行业标准和国家标准可能不止一个，招标文件编制者应结合本项目的实际情况加以引用，如果没有现成的标准可以引用，有些大型项目还有必要将其作为专门的科研项目来研究。

2.6.2.8 园林工程投标文件格式

招标人在园林工程招标文件中，要对园林工程投标文件提出明确的要求，并拟定一套投标文件的参考格式，供投标人投标时填写。园林工程投标文件的参考格式主要包括：投标书及投标书附录、工程量清单与报价表以及辅助资料表等。其中，工程量清单与报价表格式，在采用综合单价和工料单价时有所不同，并同时要注意对综合单价投标报价或工料单价投标报价进行说明。

投标文件格式的主要作用是为投标人编制投标文件提供固定的格式和编排顺序，以规范投标文件的编制，同时便于投标委员会评标。

园林工程投标文件格式中的详细内容参见第 3 章。

2.6.3 园林工程招标标底编制

标底是指招标人根据招标项目的具体情况，编制的完成招标项目所需的全部费用，是国家规定的计价依据和计价办法计算出来的工程造价。标底是园林招标工程的预期价格，工程施工招标必须编制标底。标底由招标单位自行编制或委托主管部门认定的具有编制标底能力的咨询、监理单位编制。招标人设有标底的招标工程，其标底必须保密，评标组织在评标时应相应的参考标底，标底对评标的过程和结果具有重要的影响。

标底必须报经招标投标管理机构进行审定。标底一经审定则应密封保存，直至开标，所有接触标底的人员均负有保密的责任，不得对外泄露。

2.6.3.1 园林工程标底的作用

招标制度的本质就是竞争，而价格上的竞争则是投标竞争的最重要因素之一。在国际工程项目招标过程中，尤其是在世行贷款项目中，如果其他各项条件均满足招标文件的要求，大都明确要求价格最低的报价中标。然而目前我国各施工企业大多采用常规的方法施工，拥有专利施工技术、工艺的单位较少，同一资质等级的企业在施工能力方面差异不大。由于我国建筑行业竞争激烈，为防止投标人以低于成本的报价展开恶性竞争，因此，一般工程项目施工招标中大多设置标底，招标标底在招标过程中发挥的作用主要有以下几点：

① 标底价格可以使发包人预先了解自己在拟建工程中应当承担的经济义务，同样也是发包人筹款、用款的客观依据。

② 标底价格是发包人选择投标人的参考价格或基准价，是衡量投标单位价格的准绳，是评标的重要尺度，更是决标的重要依据。

2.6.3.2　园林工程标底文件组成

园林工程招标标底文件主要是指有关标底价格的文件，园林工程招标标底文件主要由标底报审表和标底正文两部分组成。

(1) 标底报审表

标底报审表是招标文件和标底正文内容的综合摘要，见表 2-24。

表 2-24　标底报审表（工料单价法）

<table>
<tr><td>建设单位</td><td></td><td>工程名称</td><td></td><td>报建建筑面积/m²</td><td></td><td>层数</td><td></td><td>结构类型</td><td></td></tr>
<tr><td>标底价格编制单位</td><td colspan="2"></td><td>编制人员</td><td></td><td>报审时间</td><td>年　月　日</td><td>工程类别</td><td colspan="2"></td></tr>
<tr><td rowspan="10">报送标底价格</td><td colspan="2">建筑面积/m²</td><td colspan="2"></td><td rowspan="10">审定标底价格</td><td colspan="2">建筑面积/m²</td><td colspan="2"></td></tr>
<tr><td colspan="2">项目</td><td>单方价/(元/m²)</td><td>合价/元</td><td colspan="2">项目</td><td>单方价/(元/m²)</td><td>合价/元</td></tr>
<tr><td colspan="2">工程直接费合计</td><td></td><td></td><td colspan="2">工程直接费合计</td><td></td><td></td></tr>
<tr><td colspan="2">工程间接费</td><td></td><td></td><td colspan="2">工程间接费</td><td></td><td></td></tr>
<tr><td colspan="2">利润</td><td></td><td></td><td colspan="2">利润</td><td></td><td></td></tr>
<tr><td colspan="2">其他费</td><td></td><td></td><td colspan="2">其他费</td><td></td><td></td></tr>
<tr><td colspan="2">税金</td><td></td><td></td><td colspan="2">税金</td><td></td><td></td></tr>
<tr><td colspan="2">标底价格总价</td><td></td><td></td><td colspan="2">标底价格总价</td><td></td><td></td></tr>
<tr><td rowspan="2">主要材料总量</td><td>钢材/t</td><td>木材/m³</td><td>水泥/t</td><td rowspan="2">主要材料总量</td><td>钢材/t</td><td>木材/m³</td><td>水泥/t</td></tr>
<tr><td></td><td></td><td></td><td></td><td></td><td></td></tr>
<tr><td colspan="5">审定意见</td><td colspan="5">审定说明</td></tr>
<tr><td colspan="2">增加项目
小计　　元</td><td colspan="3">减少项目
小计　　元</td><td colspan="5" rowspan="2"></td></tr>
<tr><td colspan="5">合计　　元</td></tr>
<tr><td>审定人</td><td></td><td>复核人</td><td colspan="2"></td><td colspan="2">审定单位盖章</td><td>审定时间</td><td colspan="2">年　月　日</td></tr>
</table>

标底报审表的内容通常包括以下几点：

① 招标工程综合说明。招标工程综合说明主要包括：招标工程的名称、报建建筑面积施工质量要求、定额工期、计划工期结构类型、建筑物层数以及计划开工竣工时间等，必要时应附上招标工程（单项工程、单位工程等）一览表。

② 标底价格。标底价格主要包括：招标工程的总造价、单方造价以及钢材、木材、水泥等主要材料的总用量及其单方用量。

③ 招标工程总造价中各项费用的说明。招标工程总造价中各项费用的说明主要包括对包干系数、不可预见费用、工程特殊技术措施费等的说明，以及对增加或减少项目的审定意见和说明。

由于工料单价和综合单价的标底报审表在内容（栏目设置）上存在差异，此处仅以工料单价为例。

（2）标底正文

标底正文是详细反映招标人对工程价格、工期等预期控制数据和具体要求的部分。标底正文的内容一般包括以下几点。

① 总则。总则主要是用来说明标底编制单位的名称、持有的标底编制资质等级证书、标底编制人员及其执业资格证书、标底具备的条件、编制标底的原则和方法、标底的审定机构、对标底的封存以及保密要求等内容。

② 标底的要求及其编制说明。标底的要求及其编制说明主要是用来说明招标人在方案、质量、期限、价格、方法、措施等方面的综合性预期控制指标或要求，并且要阐释其依据、包括及不包括的内容、各有关费用的计算方式等。

在标底的要求中，值得注意的是明确各单项工程、单位工程、室外工程的名称、建筑面积、方案要点、质量、工期、单方造价（或技术经济指标）以及总造价，明确钢材、木材、水泥等材料的总用量及单方用量，甲方供应的设备、构件与特殊材料的用量，明确分部与分项直接费、其他直接费、工资及主材的调价、企业经营费、利税取费等。

③ 标底价格计算用表。

④ 施工方案及现场条件。施工方案及现场条件主要是用来说明施工方法给定条件、工程建设地点现场条件、临时设施布置及临时用地表等。

2.6.3.3 园林工程标底文件编制

（1）标底文件编制的依据和要求

① 根据拟建园林工程的设计图纸及有关资料、招标文件，参照国家规定的技术、经济标准定额及规范，确定工程量和编制标底。

② 标底价格应由成本、利润、税金三部分组成，通常应控制在批准的总概算及投资包干的限额内。

③ 标底价格作为建设单位的期望计划价，应力求与市场的实际变化相吻合，既要有利于竞争，节省投资，又要保证工程质量。

④ 标底价格中的成本还应充分考虑人工、材料、机械台班、不可预见费、包干费和措施费等价格变动因素。

⑤ 一个园林工程只能编制一个标底。

(2) 标底文件的编制程序

① 招标文件相关条款（标底计价内容及计算方法、工程量清单、材料设备清单、施工方案或施工组织设计、临时设施布置、临时用地表、工程类别取费标准等）一经确定，即可进入标底价格编制阶段。

② 编制标底的人员应参加现场勘察和标前答疑会，对招标文件的澄清、修改和补充内容都应在编制标底过程中予以考虑。

③ 编制标底。编制标底的人员应在投票截止日期前适当的时间内完成标底的编制工作，并且应给发包人审核和批准标底留出适当的时间。

④ 审核标底。发包人应结合现场因素、施工图纸、施工方法、施工措施测算明细、材料设备清单、工程量清单、标底价格计算书、标底价格汇总表等多方面材料进行标底审核。审核的内容包括：

a. 标底价格计价内容。

b. 标底价格组成内容。

c. 标底价格相关费用。

⑤ 在开标前应充分做好标底保密工作。

(3) 标底文件编制方法

① 以施工图预算为基础，根据设计图纸和技术说明，应按相应的估价表或预算定额，计算出工程预期总造价（即标底）。

② 以最终成品单位造价包干为基础。具体工程的标底以包干为基础，并根据现场条件、工期要求等因素来确定。

③ 复合标底。复合标底就是招标单位不做标底，在参加投标工程或其中某一标段的所有投标单位的标值（即投标工程或其中某一标段的总报价）中，根据投标单位多少，去掉一至两个最高和最低值，然后取其平均值作为标底。若招标单位事先做有标底，在复合标底计算时将其纳入，作为一个标值对待。另一种做法是将投标单位所报标值的平均值，与招标单位做的标底相加，再取平均值作为复合标底。复合标底是在开标后计算得出的，事先具有不确定性，不会出现泄密或人为因素干扰，比较公正、公平、公开，同时也比较符合园林绿化建设的市场行情，近几年在园林绿化工程招投标活动中经常采用。

2.7 园林工程招标控制价的编制

2.7.1 园林工程招标控制价概述

招标控制价是招标人根据国家或省级、行业建设主管部门颁发的有关计价依据和办法，是按设计施工图纸计算的，对招标工程限定的最高工程造价。国有资金投资的工程建设项目应实行工程量清单招标，并应编制招标控制价。

2.7.1.1 园林工程招标控制价编制一般规定

（1）国有资金投资的园林工程招标，招标人必须编制招标控制价。

我国对国有资金投资项目的投资控制实行的是投资概算审批制度，国有资金投资的工程原则上不能超过批准的投资概算。

国有资金投资的园林工程实行工程量清单招标，为了客观、合理地评审投标报价和避免哄抬标价，避免造成国有资产流失，招标人必须编制招标控制价，规定最高投标限价。

（2）招标控制价应由具有编制能力的招标人或受其委托具有相应资质的工程造价咨询人编制和复核。

（3）园林工程造价咨询人接受招标人委托编制招标控制价，不得在就同一工程接受投标人委托编制投标报价。

（4）园林工程招标控制价应按照规定编制，不应上调或下浮。

（5）当园林工程招标控制价超过批准的概算时，招标人应将其报原概算审批部门审核。

（6）招标人应在发布招标文件时公布招标控制价，同时应将招标控制价及有关资料报送工程所在地或有该工程管辖权的行业管理部门工程造价管理机构备查。

园林工程招标控制价的作用决定了招标控制价不同于标底，无需保密。为体现招标的公平、公正性，防止招标人有意抬高或压低工程造价，招标人应在招标文件中如实公布招标控制价，同时，招标人应将招标控制价上报工程所在地或有该工程管辖权的行业管理部门的工程造价管理机构备查。

2.7.1.2 园林工程招标控制价编制与复核

（1）园林工程招标控制价应根据下列依据编制与复核：

①《建设工程工程量清单计价规范》（GB 50500—2013）。

② 国家或省级、行业建设主管部门颁发的计价定额和计价办法。

③ 建设工程设计文件及相关资料。

④ 拟定的园林工程招标文件及招标工程量清单。

⑤ 与园林建设项目相关的标准、规范、技术资料。

⑥ 园林工程施工现场情况、工程特点及常规施工方案。

⑦ 园林工程造价管理机构发布的工程造价信息，当工程造价信息没有发布时，参照市场价。

⑧ 其他的相关资料。

（2）综合单价中应包括招标文件中划分的应由投标人承担的风险范围及其费用。招标文件中没有明确的，如是工程造价咨询人编制，应提请招标人明确；如是招标人编制，应予明确。

(3) 园林工程分部分项工程和措施项目中的单价项目，应根据拟定的招标文件和招标工程量清单项目中的特征描述及有关要求确定综合单价计算。

(4) 措施项目中的总价项目应根据拟定的招标文件和常规施工方案采用综合单价计价。措施项目中的安全文明施工费必须按国家或省级、行业建设主管部门的规定计算。不得作为竞争性费用。

(5) 园林工程其他项目应按下列规定计价：

① 暂列金额应按招标工程量清单中列出的金额填写。

② 暂估价中的材料、工程设备单价应按招标工程量清单中列出的单价计入综合单价。

③ 暂估价中的专业工程金额应按招标工程量清单中列出的金额填写。

④ 计日工应按招标工程量清单中列出的项目根据工程特点和有关计价依据确定综合单价计算。

⑤ 总承包服务费应根据招标工程量清单列出的内容和要求估算。

⑥ 规费和税金应按国家或省级、行业建设主管部门的规定计算，不得作为竞争性费用。

2.7.1.3 园林工程招标控制价编制注意问题

(1) 投标人经复核认为招标人公布的招标控制价未按照《建设工程工程量清单计价规范》(GB 50500—2013) 的规定进行编制的，应在招标控制价公布后5日内向招投标监督机构和工程造价管理机构投诉。

(2) 投诉人投诉时，应当提交由单位盖章和法定代表人或其委托人签名或盖章的书面投诉书，投诉书应包括下列内容：

① 投诉人与被投诉人的名称、地址及有效联系方式。

② 投诉的招标工程名称、具体事项及理由。

③ 投诉依据及相关证明材料。

④ 相关的请求及主张。

(3) 投诉人不得进行虚假、恶意投诉，阻碍投标活动的正常进行。

(4) 工程造价管理机构在接到投诉书后应在2个工作日内进行审查，对有下列情况之一的，不予受理：

① 投诉人不是所投诉招标工程招标文件的收受人。

② 投诉书提交的时间不符合 (1) 规定的。

③ 投诉书不符合 (2) 条规定的。

④ 投诉事项已进入行政复议或行政诉讼程序的。

(5) 工程造价管理机构应在不迟于结束审查的次日将是否受理投诉的决定书面通知投诉人、被投诉人以及负责该工程招投标监督的招投标管理机构。

(6) 工程造价管理机构受理投诉后，应立即对招标控制价进行复查，组织投诉人、被投诉人或其委托的招标控制价编制人等单位人员对投诉问题逐一核对。有关当事人应当予以配合，并应保证所提供资料的真实性。

（7）工程造价管理机构应当在受理投诉的10日内完成复查，特殊情况下可适当延长，并做出书面结论通知投诉人、被投诉人及负责该工程招投标监督的招投标管理机构。

（8）当招标控制价复查结论与原公布的招标控制价误差大于±3％时，应当责成招标人改正。

（9）招标人根据招标控制价复查结论需要重新公布招标控制价的，其最终公布的时间至招标文件要求提交投标文件截止时间不足15日的，应相应延长投标文件的截止时间。

2.7.2 园林工程招标控制价的编制

本节根据《行业标准施工招标文件》以及《建设工程工程量清单计价规范》（GB 50500—2013）的规定，以某园区园林绿化工程招标控制价为例介绍园林工程招标控制价的编制表格形式以及表格填制要求。

2.7.2.1 封面

样例见表2-25。

表2-25 招标控制价封面

某园区园林绿化 工程 招标控制价 招　标　人：××公司 （单位盖章） 造价咨询人：××工程造价咨询企业 （单位盖章） ××年×月×日

2.7.2.2 扉页

样例见表 2-26。

表 2-26 招标控制价扉页

某园区园林绿化 工程

招标控制价

招标控制价(小写): 183962.38

(大写): 壹拾捌万叁仟玖佰陆拾贰元叁角捌分

招标人: ××公司 (单位盖章)	造价咨询人: ××工程造价咨询企业 (单位资质专用章)
法定代表人 或其授权人: ××公司代表人 (签字或盖章)	法定代表人 或其授权人: ××工程造价咨询企业代表人 (签字或盖章)
编制人: ××造价工程师或造价员 (造价人员签字盖专用章)	复核人: ××造价工程师 (造价工程师签字盖专用章)
编制时间:××年×月×日	复核时间:××年×月×日

2.7.2.3 总说明

编制招标控制价的总说明内容应包括：采用的计价依据；采用的施工组织设计；采用的材料价格来源；综合单价中的风险因素、风险范围（幅度)；其他。样例见表 2-27。

表 2-27 总说明

1. 工程概况:本园区位于××区,交通便利,园区中建筑与市政建设均已完成。园林绿化面积约为 850m^2,整个工程由圆形花坛、伞亭、连座花坛、花架、八角花坛以及绿地等组成。栽种的植物主要有桧柏、垂柳、龙爪槐、金银木、珍珠海、月季等。合同工期为 60d。

2. 招标报价包括范围:为本次招标的施工图范围内的园林绿化工程。

3. 招标报价编制依据:

(1)招标工程量清单;

(2)招标文件中有关计价的要求;

(3)施工图;

(4)省建设主管部门颁发的计价定额和计价办法及相关计价文件;

(5)材料价格采用工程所在地工程造价管理机构××年×月工程造价信息发布的价格,对于工程造价信息没有发布价格信息的材料,其价格参照市场价。单价中已包括≤5%的价格波动风险。

4. 其他(略)。

2.7.2.4 招标控制价汇总表

由于编制招标控制价和投标控制价包含的内容相同，只是对价格的处理不同，因此，对招标控制价和投标报价汇总表的设计使用同一表格。实践中，招标控制价或投标报价可分别印制该表格。招标控制价汇总表样例见表2-28～表2-30。

表2-28 建设项目招标控制价汇总表

工程名称：某园区园林绿化工程　　　第　页共　页

序号	单项工程名称	金额/元	其中/元		
			暂估价	安全文明施工费	规费
1	某园区园林绿化工程	183962.38	10000.00	8077.36	20051.15
合计		183962.38	10000.00	8077.36	20051.15

注：本表适用于建设项目招标控制价或投标报价的汇总。

表2-29 单项工程招标控制价汇总表

工程名称：某园区园林绿化工程　　　第　页共　页

序号	单位工程名称	金额/元	其中/元		
			暂估价	安全文明施工费	规费
1	某园区园林绿化工程	183962.38	10000.00	8077.36	20051.15
合计		183962.38	10000.00	8077.36	20051.15

注：本表适用于单项工程招标控制价或投标报价的汇总。暂估价包括分部分项工程中的暂估价和专业工程暂估价。

表2-30 单位工程招标控制价汇总表

工程名称：某园区园林绿化工程　　　第　页共　页

序号	汇总内容	金额/元	其中:暂估价/元
1	分部分项	81984.58	10000.00
0501	绿化工程	24658.29	
0502	园路、园桥、假山工程	20698.90	
0503	园林景观工程	36627.39	
2	措施项目	29524.07	—
0117	其中:安全文明施工费	8077.36	—
3	其他项目	46300.00	—

续表

序号	汇总内容	金额/元	其中：暂估价/元
3.1	其中：暂列金额	10000.00	—
3.2	其中：专业工程暂估价	10000.00	—
3.3	其中：计日工	22300.00	—
3.4	其中：总承包服务费	4000.00	—
4	规费	20051.15	—
5	税金	6102.58	—
招标控制价合计＝1＋2＋3＋4＋5		183962.38	10000.00

注：本表适用于单位工程招标控制价或投标报价的汇总，单项工程也使用本表汇总。

2.7.2.5 分部分项工程和单价措施项目清单与计价表

编制招标控制价时，其“项目编码”、“项目名称”、“项目特征”、“计量单位”、“工程量”栏不变，对“综合单价”、“合价”以及“其中：暂估价”按相关规定填写。样例见表2-31。

表2-31 分部分项工程和单价措施项目清单与计价表

工程名称：某园区园林绿化工程　　标段：　　第　页共　页

序号	项目编码	项目名称	项目特征描述	计量单位	工程量	金额/元		
						综合单价	合价	其中：暂估价
		0501 绿化工程						
1	050101010001	整理绿化用地	整理绿化用地，普坚土	株	834.36	1.21	1009.58	
2	050102001001	栽植乔木	桧柏，高1.2～1.5m，土球苗木	株	4	69.54	278.16	
3	050102001002	栽植乔木	垂柳，胸径4.0～5.0m，露根乔木	株	7	50.80	355.60	
4	050102001003	栽植乔木	龙爪槐，胸径3.5～4m，露根乔木	株	6	73.12	438.72	
5	050102001004	栽植乔木	大叶黄杨，胸径1～1.2m，露根乔木	株	6	82.15	492.90	
6	050102001005	栽植乔木	珍珠海，高1～1.2m，露根灌木	株	62	22.48	1393.76	
7	050102002001	栽植灌木	金银木，高1.5～1.8m，露根灌木	株	92	30.12	2771.04	
8	050102008001	栽植花卉	月季，各色月季，二年生，露地花卉	株	124	19.50	2418.00	
9	050102012001	铺种草皮	野牛草，草皮	m^2	468	19.15	8962.20	
10	050103001001	喷灌管线安装	主线管、挖土深度1m，支线管挖土深度0.6m，二类土。主管管长21m，支管管长98.6m	m	75.89	42.24	3205.59	

续表

序号	项目编码	项目名称	项目特征描述	计量单位	工程量	金额/元		
						综合单价	合价	其中 暂估价
11	050103001001	喷灌配件安装	5004型喷头41个，P33型快速取水阀10个，水表1组截止阀	m	78.90	42.24	3332.74	
		分部小计					24658.29	
		0502 园路、路桥、假山工程						
12	050201001001	园路	200mm厚砂垫层，150mm厚3∶7灰土垫层，水泥方格砖路面	m^2	180.60	60.23	10877.54	
13	010101002001	挖一般土方	普坚土，挖土平均厚度350mm，弃土运距100m	m^3	61.81	26.18	1618.19	
14	050201003001	路牙铺设	3∶7灰土垫层150mm厚，花岗石	m^3	96.27	85.21	8203.17	
		分部小计					20698.90	
		0503 园林景观工程						
15	050304002001	预制混凝土花架柱、梁	柱6根，高2.2m	m^3	2.42	375.36	908.37	
16	050305005001	预制混凝土桌凳	C20预制混凝土座凳，水磨石面	个	8	34.05	272.40	
17	011203001001	零星项目一般抹灰	檀架抹水泥砂浆	m^2	60.80	15.88	965.50	
18	010101003001	挖沟槽土方	挖八角花坛土方，人工挖地槽，土方运距100m	m^3	10.84	29.55	320.32	
19	010101003002	挖沟槽土方	连座花坛土方，平均挖土深度870mm，普坚土，弃土运距100m	m^3	9.32	29.22	272.33	
20	010101003003	挖沟槽土方	挖座凳土方，平均挖土深度80mm，普坚土，弃土运距100m	m^3	0.06	24.10	1.45	
21	010101003004	挖沟槽土方	挖花台土方，平均挖土深度640mm，普坚土，弃土运距100m	m^3	6.75	24.00	162.00	
22	010101003005	挖沟槽土方	挖花墙花台土方，平均深度940mm，普坚土，弃土运距100m	m^3	11.83	28.25	334.20	
23	010101003006	挖沟槽土方	挖圆形花坛土方，平均深度800mm，普坚土，弃土运距100m	m^3	3.92	26.99	105.80	
24	010507007001	其他构件	八角花坛混凝土池壁，C10混凝土现浇	m^3	7.36	350.24	2577.77	
25	010507007002	其他构件	连座花坛混凝土花池，C25混凝土现浇	m^3	2.78	318.25	884.74	
26	010507007003	其他构件	花台混凝土花池，C25混凝土现浇	m^3	2.82	324.21	914.27	

续表

序号	项目编码	项目名称	项目特征描述	计量单位	工程量	金额/元		
						综合单价	合价	其中
								暂估价
27	010507007004	其他构件	圆形花坛混凝土池壁，C25 混凝土现浇	m^3	2.73	364.58	995.30	
28	011204001001	石材墙面	圆形花坛混凝土池壁贴大理石	m^2	11.12	284.80	3166.98	
29	011204001002	石材墙面	花台混凝土花池池面贴花岗石	m^2	4.66	2864.23	13347.32	
30	011204001003	石材墙面	花墙花台墙面贴青石板	m^2	27.83	100.88	2807.49	
31	011204001004	石材墙面	圆形花坛混凝土池壁贴大理石	m^2	10.05	286.45	2878.82	
32	010501003001	现浇混凝土独立基础	3：7 灰土垫层，100m 厚	m^3	1.16	452.32	524.69	
33	010401003002	现浇混凝土独立基础	3：7 混凝土垫层，300mm 厚	m^3	1.06	10.00	10.60	
34	011202001001	柱面一般抹灰	混凝土柱水泥砂浆抹面	m^2	10.23	13.03	133.30	
35	010401003001	实心砖墙	M5 混合砂浆砌筑，普通砖	m^3	4.97	195.06	969.45	
36	010401003002	实心砖墙	砖砌花台，M5 混合砂浆，普通砖	m^3	2.47	195.48	482.84	
37	010401003003	实心砖墙	砖砌花台，M5 混合砂浆，普通砖	m^3	8.29	194.54	1612.74	
38	010501002001	现浇混凝土带形基础	花墙花台混凝土基础，C25 混凝土现浇	m^3	1.35	234.25	316.24	
39	010606013001	零星钢构件	花墙花台铁花式，－60×6，2.83kg/m	t	0.12	4525.23	543.03	
40	010502001001	现浇混凝土矩形柱	凝土柱，C25 混凝土现浇	m^3	1.90	309.56	588.16	
41	011202001001	柱面一般抹灰	混凝土柱水泥砂浆抹面	m^2	10.30	13.02	134.11	
42	011205002001	块料柱面	混凝土柱面镶贴块料面层	m^2	10.30	38.56	397.17	
		分部小计					36627.39	
合计							81984.58	

注：为计取规费等的使用，可在表中增设其中："定额人工费"。

2.7.2.6 综合单价分析表

编制招标控制价，应填写使用的省级或行业建设主管部门发布的计价定额名称。

综合单价分析表一般随投标文件一同提交，作为已标价工程量清单的组成部分，以便中标后，作为合同文件的附属文件。"投标人须知"中需要就该分析表提交的方式做出规定，该规定需要考虑是否有必要对该分析表的合同地位给予定义。一般而言，该分析表所载明的价格数据对投标人是有约束力的，但是投标人能否以此作为投标报价中的错报和漏报等的依据而寻求招标人的补偿是实践中值得注意的问题。比较恰当的做法应当是，通过评标过程中的清标、质疑、澄清、说明和补正机制，不但解决工程量清单综合单价的合理性问题，而且将合理化的综合单价反馈到综合单价分析表中，形成相互衔接、相互呼应的最终成果，在这种情况下，即便是将综合单价分析表定义为有合同约束力的文件，上述顾虑也就没有必要了。

编制综合单价分析表对辅助性材料不必细列，可归并到其他材料费中以金额表示。

综合单价分析表样例见表 2-32。

表 2-32 综合单价分析表

工程名称：某园区园林绿化工程　　　　标段：　　　　第　页共　页

项目编码	050102001002	项目名称	栽植乔木,垂柳		计量单位		株		工程量		7
清单综合单价组成明细											
定额编号	定额项目名称	定额单位	数量	单价				合价			
				人工费	材料费	机械费	管理费和利润	人工费	材料费	机械费	管理费和利润
EA0921	普坚土种植垂柳	株	1	5.38	12.85	0.31	2.09	5.38	12.85	0.31	2.09
EA0961	垂柳后期管理费	株	1	11.71	12.13	2.21	4.13	11.71	12.13	2.21	4.13
人工单价		小计						17.09	24.98	2.51	6.22
41.8 元/工日		未计价材料费									
清单项目综合单价								50.80			
材料费明细	主要材料名称、规格、型号				单位	数量		单价/元	合价/元	暂估单价/元	暂估合价/元
	垂柳				株	1		10.60	10.60		
	毛竹竿				根	1.100		10.49	11.54		
	水费				t	0.680		3.20	2.18		
	其他材料费							—	0.66	—	
	材料费小计							—	24.98	—	

注：1. 如不使用省级或行业建设主管部门发布的计价依据，可不填定额编号、名称等。

2. 招标文件提供了暂估单价的材料，按暂估的单价填入表内“暂估单价”栏及“暂估合价”栏。

（其他综合单价分析表略。）

2.7.2.7 总价措施项目清单与计价表

总价措施项目清单与计价表样例见表2-33。

表2-33 总价措施项目清单与计价表

工程名称：某园区园林绿化工程　　标段：　　第 页共 页

序号	项目编码	项目名称	计算基础	费率/%	金额/元	调整费率/%	调整后金额/元	备注
1	050405001001	安全文明施工费	直接费	0.66	8077.36			
2	050405002001	夜间施工增加费	定额人工费	3	1432.46			
3	050405004001	二次搬运费	定额人工费	2	10000.00			
4	050405005001	冬雨季施工增加费	人工费	1.8	1860.41			
5	050405008001	已完工程及设备保护费			8153.84			
合计					29524.07			

编制人（造价人员）：　　复核人（造价工程师）：

注：1. “计算基础”中安全文明施工费可为“定额基价”、“定额人工费”或“定额人工费＋定额机械费”，其他项目可为“定额人工费”或“定额人工费＋定额机械费”。

2. 按施工方案计算的措施费，若无“计算基础”和“费率”的数值，也可只填“金额”数值，但应在备注栏说明施工方案出处或计算方法。

2.7.2.8 其他项目清单与计价汇总表

编制招标控制价时，应按有关计价规定估算“计日工”和“总承包服务费”。如招标工程量清单中未列“暂列金额”，应按有关规定编列。样例见表2-34。

表2-34 其他项目清单与计价汇总表

工程名称：某园区园林绿化工程　　标段：　　第 页共 页

序号	项目名称	金额/元	结算金额/元	备 注
1	暂列金额	10000.00		明细详见表2-35
2	暂估价	10000.00		
2.1	材料暂估价	—		
2.2	专业工程暂估价	10000.00		明细详见表2-36
3	计日工	22300.00		明细详见表2-37
4	总承包服务费	4000.00		明细详见表2-38
5				
合计		46300.00		—

注：材料（工程设备）暂估价进入清单项目综合单价，此处不汇总。

(1) 暂列金额明细表

暂列金额明细表样例见表2-35。

表 2-35 暂列金额明细表

工程名称：某园区园林绿化工程　　　　标段：　　　　第　页共　页

序号	项目名称	计量单位	暂定金额/元	备　注
1	工程量偏差和设计变更	项	4000.00	
2	政策性调整和材料价格波动	项	4000.00	
3	其他	项	2000.00	
4				
5				
合计			10000.00	—

注：此表由招标人填写，如不能详列，也可只列暂定金额总额，投标人应将上述暂列金额计入投标总价中。

(2) 专业工程暂估价及结算价表

专业工程暂估价项目及其表中列明的专业工程暂估价，是指分包人实施专业工程的含税金后的完整价（即包含了该专业工程中所有供应、安装、完工、调试、修复缺陷等全部工作），除了合同约定的发包人应承担的总包管理、协调、配合和服务责任所对应的总承包服务费用以外，承包人为履行其总包管理、配合、协调和服务等所需发生的费用应该包括在投标报价中。

专业工程暂估价及结算价表样例见表2-36。

表 2-36 专业工程暂估价及结算价表

工程名称：某园区园林绿化工程　　　　标段：　　　　第　页共　页

序号	工程名称	工程内容	暂估金额/元	结算金额/元	差额±/元	备注
1	消防工程	合同图纸中标明的以及消防工程规范和技术说明中规定的各系统中的设备、管道、阀门、线缆等的供应、安装和调试工作	10000.00			
合计			10000.00			

注：此表“暂估金额”由招标人填写，投标人应将“暂估金额”计入投标总价中，结算时按合同约定结算金额填写。

(3) 计日工表

编制招标控制价的“计日工表”时，人工、材料、机械台班单价由招标人按有关计价规定填写并计算合价。样例见表 2-37。

表 2-37　计日工表

工程名称：某园区园林绿化工程　　　　标段：　　　　第　页共　页

编号	项目名称	单位	暂定数量	实际数量	综合单价/元	合价/元	
						暂定	实际
一	人工						
1	技工	工日	50.00		45.00	2250.00	
2							
3							
人工小计							
二	材料						
1	42.5 级普通水泥	t	16.00		290.00	4640.00	
2							
3							
材料小计							
三	施工机械						
1	汽车起重机 20t	台班	6.00		2400.00	14400.00	
2							
3							
施工机械小计							
四、企业管理费和利润	按人工费 20%计					1010.00	
总计						22300.00	

注：此表“项目名称”、“暂定数量”由招标人填写，编制招标控制价时，单价由招标人按有关计价规定确定；投标时，单价由投标人自主报价，按暂定数量计算合价计入投标总价中。结算时，按发承包双方确认的实际数量计算合价。

(4) 总承包服务费计价表

编制招标控制价的“总承包服务费计价表”时，招标人应按有关计价规定计价。样例见表 2-38。

2.7.2.9　规费、税金项目计价表

规费、税金项目计价表样例见表 2-39。

表 2-38 总承包服务费计价表

工程名称：某园区园林绿化工程　　　　标段：　　　　第　页共　页

序号	项目名称	项目价值/元	服务内容	计算基础	费率/%	金额/元
1	发包人发包专业工程	206500	1. 为消防工程承包人提供施工工作面并对施工现场进行统一管理，对竣工资料进行统一整理汇总 2. 为消防工程承包人提供垂直运输机械和焊接电源接入点，并承担垂直运输费和电费	项目价值	1	2065
2	发包人供应材料	645000	对发包人供应的材料进行验收及保管和使用发放	项目价值	0.3	1935
	合计	—	—		—	4000

注：此表"项目名称"、"服务内容"有招标人填写，编制招标控制价时，费率及金额由招标人按有关计价规定确定；投标时，费率及金额由投标人自主报价，计入投标总价中。

表 2-39 规费、税金项目计价表

工程名称：某园区园林绿化工程　　　　标段：　　　　第　页共　页

序号	项目名称	计算基础	计算基数	计算费率/%	金额/元
1	规费	定额人工费			20051.15
1.1	社会保险费	定额人工费	(1)+…+(5)		12512.15
(1)	养老保险费	定额人工费		3.5	3578.17
(2)	失业保险费	定额人工费		2	2044.67
(3)	医疗保险费	定额人工费		6	6134.00
(4)	工伤保险费	定额人工费		0.5	511.17
(5)	生育保险费	定额人工费		0.14	244.14
1.2	住房公积金	定额人工费		6	6134.00
1.3	工程排污费	按工程所在地环境保护部门收取标准，按实计入		—	1405.00
2	税金	分部分项工程费＋措施项目费＋其他项目费＋规费－按规定不计税的工程设备金额		3.431	6102.58
合计					26153.73

编制人（造价人员）：　　　　复核人（造价工程师）：

Chapter

3

园林工程投标

3.1 园林工程投标概述

3.1.1 园林工程项目投标类型

3.1.1.1 按效益分类

投标按效益的不同园林工程投标项目可分为盈利标、保本标和亏损标三种，具体内容见表 3-1。

表 3-1 按效益分类

序号	类别	内容说明
1	盈利标	如果招标工程既是本企业的强项，又是竞争对手的弱项；或建设单位意向明确；或本企业任务饱满，利润丰厚，才考虑让企业超负荷运转。此种情况下的投标，称投盈利标
2	保本标	当企业无后继工程，或已出现部分窝工，必须争取投标中标。但招标的工程项目对于本企业又无优势可言，竞争对手又是“强手如林”的局面，此时，宜投保本标，至多投薄利标
3	亏损标	亏损标是一种非常手段，一般是在下列情况下采用，即：本企业已大量窝工，严重亏损，若中标后至少可以使部分人工、机械运转、减少亏损；或者为在对手林立的竞争中夺得头标，不惜血本压低标价；或是为了在本企业一统天下的地盘里，为挤垮企图插足的竞争对手；或为打入新市场，取得拓宽市场的立足点而压低标价。以上这些，虽然是不正常的。但在激烈的投标竞争中有时也这样做

3.1.1.2　按性质分类

投标按性质的不同园林工程投标项目可分为风险标和保险标两种，具体见表 3-2。

表 3-2　按性质分类

序号	类别	内容说明
1	风险标	是指明知工程承包难度大、风险大，且技术、设备、资金上都有未解决的问题，但由于队伍窝工，或因为工程盈利丰厚，或为了开拓新技术领域而决定参加投标，同时设法解决存在的问题，即为风险标。投标后，如果问题解决得好，可取得较好的经济效益；可锻炼出一支好的施工队伍，使企业更上一层楼。否则，企业的信誉、准备金就会因此受到损害，严重者将导致企业严重亏损甚至破产。因此，投风险标必须审慎从事
2	保险标	保险标是指对可以预见的情况，包括技术、设备、资金等重大问题都有了解决的对策之后再投标。企业经济实力较弱，经不起失误的打击，则往往投保险标。当前，我国施工企业多数都愿意投保险标，特别是在国际工程承包市场上去投保险标

3.1.2　园林工程投标的程序

园林工程投标的工作程序应与招标程序相配合、相适应。为了取得投标的成功，已经具备投标资格并愿意进行投标的投标人，应首先了解如图 3-1 所示的投标基本工作程序流程图及其各个阶段的工作步骤。投标的具体工作程序如下：

(1) 获取投标信息。

(2) 在招投标交易中心网上投标报名。

(3) 投标前期决策。

(4) 申报资格预审（当资格预审通过后）。

我国建设工程招标中，通常在允许投标人参加投标前都要进行资格审查，并且投标人的申报资格审查，应当严格按照招标公告或投标邀请书的要求，向招标人提供有关资料。经招标人审查后，报建设工程招标投标管理机构复查。复查合格后，方可具有参加投标的资格。

但资格审查的具体内容和要求是有所区别的。公开招标一般要按照招标人编制的资格预审文件进行资格审查。邀请招标一般是通过对投标人按照投标邀请书的要求提交或出示的有关文件和资料进行验证，确认所掌握的有关投标人的情况是否可靠、有无变化。

(5) 参加招标会议，获取招标文件与施工图纸。

(6) 组建投标班子。

(7) 进行投标前的市场调查，进行现场勘察。

投标人拿到招标文件后，应进行全面、细致的调查研究。若有问题应在收到招标文件后的 7d 内以书面形式向招标人提出。为及时获取与编制投标文件有关的重要信息，投标人应按照招标文件中注明的时间按时参加现场勘察和投标预备会。所以，现场踏勘是投标人编制、递交投标文件前必须参加的一个重要的准备

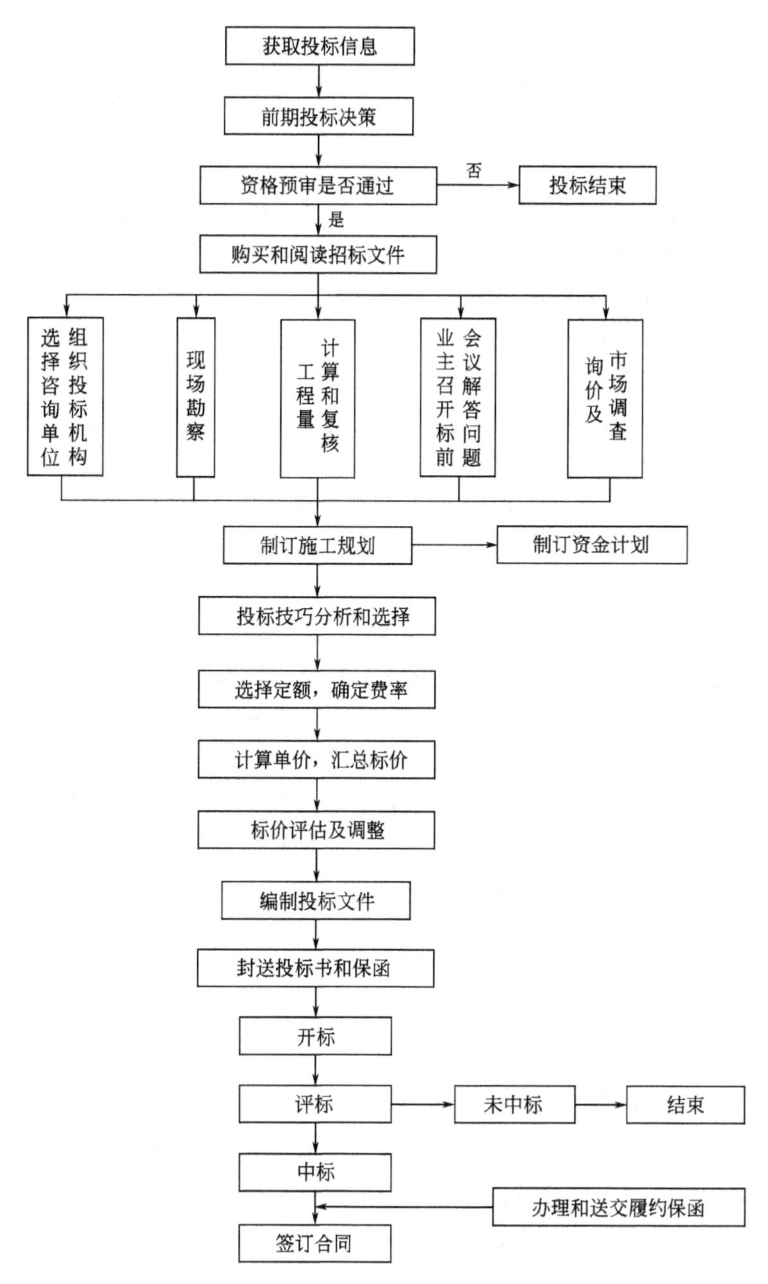

图 3-1 投标程序

工作，投标人必须高度重视。

(8) 分析与研究招标文件，会审施工图纸。

(9) 投标中期决策。

(10) 计算分部分项工程量，选取定额与主材价格，确定费率，汇总报价(采用施工图预算报价的)。

计算与复核工程量清单，确定分部分项工程量清单、措施项目清单与其他项目清单的综合单价，确定费率与税金，汇总报价（采用工程量清单报价的）。

(11) 编制施工规划（技术标）。

(12) 编制投标文件（综合标）。

投标书是投标人的投标文件，是对招标文件提出的要求和条件做出实质性响应的文本。经过现场踏勘和投标预备会后，投标人可以着手编制投标文件。

(13) 办理投标担保手续。

(14) 报送投标文件。

(15) 参加开标会议。

参加开标会议对投标人来说，既是权利也是义务。投标人在编制、递交了投标文件后，应积极准备并出席开标会议。不参加开标会议的投标人，视为弃权，其投标文件将不予启封，不予唱标，不允许参加评标。投标人参加开标会议时，应注意其投标文件是否被正确启封、宣读，对于被错误地认定为无效的投标文件或唱标出现的错误，投标人应当场提出异议。

(16) 如果中标，接受中标通知书，与招标人签订合同。

经过评标，被确定为中标人的投标人应接受招标人发出的中标通知书。未中标的投标人有权要求招标人退还其投标保证金。中标人收到中标通知书后，应在规定的时间及地点与招标人签订合同。在合同正式签订之前，应先将合同草案报招标投标管理机构审查。经审查通过后，中标人与招标人应在规定的期限内签订合同，并按照招标文件的要求，提交履约保证金或履约保函。同时招标人还应退还中标人的投标保证金。若中标人拒绝在规定的时间内签订合同和提交履约担保，招标人可报请招标投标管理机构批准同意后取消其中标资格，并按规定不退还其投标保证金，并考虑在其余投标人中重新确定中标人，并与之签订合同，或重新招标。中标人与招标人正式签订合同后，应按要求将合同副本送至有关主管部门备案。

3.1.3 园林工程投标的主要工作

投标过程主要是指从投标人填写资格预审申报资格预审时开始，至将正式投标文件递交招标人为止所进行的全部工作。招标过程中通常需要完成以下工作：

(1) 投标初步决策　企业管理层分析工程类型、中标概率、盈利情况决定是否参与投标。

(2) 成立投标团队　投标团队的成员主要包括：经营管理类人才、专业技术人才、财经类人才。

(3) 参加资格预审，购买标书　投标企业按照招标公告或投标邀请函的要求向招标企业提交相关资料。资格预审通过后，购买投标书及工程资料。

(4) 参加现场踏勘和投标预备会　现场踏勘是指招标人组织投标人对项目实施现场的地理、地质、气候等客观条件和环境进行的现场调查。

（5）进行工程所在地环境调查　主要进行自然环境和人文环境调查，了解拟建工程当地的风土人情、经济发展情况以及建筑材料的采购运输等。

（6）编制施工组织设计　施工组织设计是针对投标工程具体施工中的具体设想和安排，主要有人员机构、施工机具、安全措施、技术措施、施工方案以及节能降耗措施等。

（7）编制施工图预算　根据招标文件的规定，翔实认真地做出施工图预算，仔细核对，确保其无误，并注意保密，供决策层参考。

（8）投标最终决策　企业高层根据收集到的招标人情况、竞争环境、主观因素、法律法规以及招标条件等信息，做出最终投标报价和响应性条款的决策。

（9）投标书成稿　投标团队汇总所有投标文件，按照招标文件的规定整理成稿，并检查遗漏和瑕疵。

（10）标书装订和密封　对已经成稿的投标书进行美工设计，装订成册，按照商务标和技术标分开装订。为了保守商业秘密，应在商务标密封前由企业高层手工填写决策后的最终投标报价。

（11）递交投标书、保证金，参加开标会　《招标投标法》规定投标截止时间即是开标时间。为了投标顺利，通常的做法是在投标截止时间前1～2个小时递交投标书及投标保证金，然后准时参加开标会议。

3.2 园林工程投标决策与技巧

3.2.1 园林工程投标决策的内容

园林工程投标决策主要包括以下三方面内容：

① 针对项目决定投标或者不投标。一定时期内，企业可能同时面临多个项目的投标机会，受施工能力所限，企业不可能实践所有的投标机会，而应在多个项目中进行选择；就某一具体项目而言，从效益的角度看有盈利标、保本标和亏损标，企业需根据项目特点和企业现实状况决定采取何种投标方式，以实现企业的既定目标，诸如：获取盈利，占领市场，树立企业新形象等。

② 如果去投标，决定投什么性质的标。投标按性质划分，为风险标和保险标。从经济学的角度看，某项事业的收益水平与其风险程度成正比，企业需在高风险的可能的高收益与低风险的低收益之间进行抉择。

③ 投标中企业需要制定扬长避短的策略与技巧，达到战胜竞争对手的目的。投标决策是投标活动的首要环节，科学的投标决策是承包商战胜竞争对手，并取得较好的经济效益与社会效益的前提。

3.2.2 园林工程投标策略

园林工程投标策略是指园林工程承包商为了达到中标目的而在投标进程中所

采用的手段和方法。其主要方法有：知彼知己，把握形势；以长制短，以优胜劣；随机应变，争取主动。

投标策略是能否中标的关键，也是提高中标效益的基础。投标企业首先根据企业的内外部情况及项目情况慎重考虑，做出是否参与投标的决策，然后选用合适的投标策略。

常见投标策略有以下几种：

① 做好施工组织设计，采取先进的工艺技术和机械设备；优选各种植物及其他造景材料；合理安排施工进度；选择可靠的分包单位，力求最大限度地降低工程成本，以技术与管理优势取胜。

② 尽量采用新技术、新工艺、新材料、新设备、新施工方案，以降低工程造价，提高施工方案的科学性，赢得投标。

③ 投标报价是投标策略的关键。在保证企业相应利润的前提下，实事求是地以低报价取胜。

④ 为争取未来的市场空间，宁可目前少赢利或不赢利，以成本报价在招标中获胜，为今后占领市场打下基础。

3.2.3 园林工程投标技巧

园林工程投标报价技巧是指园林工程承包商在投标过程中所形成的各种操作技能和诀窍。园林工程投标活动的关键和核心是报价，因此，园林工程投标报价的技巧至关重要。常见的投标报价技巧主要有以下几点。

(1) 扩大标价法　扩大标价法是指除按正常的已知条件编制标价外，对工程中变化较大或没有把握的工作项目，采用增加不可预见费的方法，扩大标价，以减少风险。这种做法的优点是中标价即为结算价，减少了价格调整等麻烦，而缺点则是总价过高。

(2) 不平衡报价方法　不平衡报价方法（前重后轻法）是指在总报价基本确定的前提下，调整内部各个子项的报价，以达到既不影响总报价，又在中标后满足资金周转的需要，获得较理想的经济效益。其做法通常为：

① 对预计今后工程量可能会增加的项目，单价可适当报高些，而对于工程量可能减少的项目，单价可适当报低些。

② 对能早日结账收回工程款的土方、基础等前期工程项目，单价可适当报高些，而对水电设备安装、装饰等后期工程项目，单价可适当报低些。

③ 对设计图纸内容不明确或有错误，估计修改后工程量要增加的项目，单价可适当报高些，而对工程内容明确的项目，单价可适当报低些。

④ 对没有工程量只填单价的项目，或招标人要求采用包干报价的项目，单价宜报高些，而对其余的项目，单价可适当报低些。

⑤ 对暂定项目（任意项目或选择项目）中实施的可能性大的项目，单价可报高些，而对预计不一定实施的项目，单价可适当报低些。

（3）突然降价法　突然降价法是指为迷惑竞争对手而采用的一种竞争方法。其通常的做法是，在准备投标报价的过程中预先考虑好降价的幅度，然后有意散布一些假情报，在临近投标截止日期前，突然前往投标，并降低报价，以达到战胜竞争对手的目的。

（4）多方案报价法　承包商决定采用多方案报价法，通常有以下两种情况：

① 如发现设计图纸中存在某些不合理并可以改进的地方，可以利用某项新技术、新工艺、新材料替代的地方，或者发现自己的技术和设备满足不了招标文件中设计图纸的要求，可以先按设计图纸的要求报一个价，然后再另附上一个修改设计的比较方案或说明在修改设计的情况下，报价可降低多少。此类情况通常也称作修改设计法。

② 若发现招标文件中的工程范围很不具体、很不明确，条款内容很不清楚、很不公正或对技术规范的要求过于苛刻，可先按招标文件中的要求报个价，然后再说明若招标人对合同要求作某些修改，报价的可调整范围。

3.2.4 影响投标决策的因素

3.2.4.1 企业内部因素

影响投标决策的企业内部因素主要包括以下几个方面。

（1）技术方面

① 有精通本行业的估算师、建筑师、工程师、会计师和管理专家组成的组织机构。

② 有工程项目设计、施工专业特长，能解决技术难度大的问题和各类工程施工中的技术难题的能力。

③ 具有同类工程的施工经验。

④ 有一定技术实力的合作伙伴，如实力强的分包商、合营伙伴和代理人等。

技术实力是实现较低的价格、较短的工期、优良的工程质量的保证，直接关系到企业投标中的竞争能力。

（2）经济方面

① 具有一定的垫付资金的能力。

② 拥有一定的同定资产和机具设备，并能投入所需资金。

③ 拥有一定的资金转用来支付施工用款。因为，对已完成的工程量需要监理工程师确认后并经过一定手续、一定的时间后才能将工程款拨入。

④ 承担国际工程尚需筹集承包工程所需的外汇。

⑤ 具有支付各种担保的能力。

⑥ 具有支付各种税款和保险的能力。

⑦ 由于不可抗力带来的风险。即使是属于业主的风险，承包商也会有损失；如果不属于业主的风险，则承包商损失更大。要有财力承担不可抗力带来的风险。

⑧ 承担国际工程往往需要重金聘请有丰富经验或有较高地位的代理人．以及其他“佣金”，需要承包商具有这方面的支付能力。

(3) 管理方面

拥有高素质的项目管理人员，特别是懂技术、会经营、善管理的项目经理人选。能够根据合同的要求。高效率地完成项目管理的各项目标，通过项目管理活动为企业创造较好的经济效益和社会效益。

(4) 信誉方面

承包商一定要有良好的信誉，这是投标中标的一条重要标准。要建立良好的信誉，就必须遵守法律和行政法规，或按国际惯例办事。同时，要认真履约，保证工程的施工安全、工期和质量，而且各方面的实力要雄厚。

3.2.4.2 企业外部因素

影响投标决策的企业外部因素主要包括以下几个方面。

(1) 业主和监理工程师的情况

主要应考虑业主的合法地位、支付能力、履约信誉；监理工程师处理问题的公正性、合理性及与本企业间的关系等。

(2) 竞争对手和竞争形势

是否投标，应注意竞争对手的实力、优势及投标环境的优劣情况。另外，竞争对手的在建工程情况也十分重要。如果对手的在建工程即将完工，可能获得新承包项目心切，投标报价不会很高；如果对手在建工程规模大、时间长，如仍参加投标，则标价可能很高。从总的竞争形势来看，大型工程的承包公司技术水平高，善于管理大型复杂工程，其适应性强，可以承包大型工程；中小型工程由中小型工程公司或当地的工程公司承包可能性大。因为，当地中小型公司在当地有自已熟悉的材料、劳力供应渠道，管理人员相对比较少，有自己惯用的特殊施工方法等优势。

(3) 法律、法规的情况

对于国内工程承包，自然适用本国的法律和法规。而且，其法制环境基本相同。因为，我国的法律、法规具有统一或基本统一的特点。如果是国际工程承包，则有一个法律适用问题。法律适用的原则主要包括以下几点：

① 强制适用工程所在地法的原则。

② 意思自治原则。

③ 最密切联系原则。

④ 适用国际惯例原则。

⑤ 国际法效力优于国内法效力的原则。

(4) 风险问题

工程承包，特别是国际工程承包，由于影响因素众多，因而存在很大的风险。从来源的角度看，风险可分为政治风险、经济风险、技术风险、商务及公共关系风险和管理方面的风险等。投标决策中对拟投标项目的各种风险进行深入研究，进行风险因素辨识，以便有效规避各种风险，避免或减少经济损失。

3.3 园林工程投标文件编制

3.3.1 园林工程投标文件的编制原则

（1）依法投标。严格按照《招标投标法》、《招标投标法实施条例》等国家法律、法规的规定编制投标文件。

（2）诚实信用的原则。对提供的数据准确可靠，对做出的承诺负责履行不打折扣。

（3）按照招标文件要求的原则。对提供的所有资料和材料，必须从形式到内容都响应和满足招标文件的要求。

（4）用语言文字上力求准确、严密、周到、细致，切不可模棱两可。

（5）从实际出发，在依法投标的前提下，可以充分运用和发挥投标竞争的方法和策略。

3.3.2 园林工程投标文件编制内容

园林工程建设施工项目投标文件一般主要包括两部分：一是商务标，二是技术标。投标人应当按照招标文件的要求编制投标文件。投标文件应当对招标文件提出的实质性要求和条件做出响应。招标项目属于建设施工的，投标文件的内容应当包括拟派出的项目负责人与主要技术人员的简历、业绩和拟用于完成招标项目的机械设备等。投标人根据招标文件载明的项目实际情况，拟在中标后将中标项目的部分非主体、非关键性工作进行分包的，应当在投标文件中载明。

按此原则，国务院有关部门对不同类型项目的投标文件内容及构成进行了具体规定。

3.3.2.1 投标文件基本内容

（1）投标函及投标函附录。

（2）法定代表人身份证明或附有法定代表人身份证明的授权委托书。

（3）联合体协议书。

（4）投标保证金或保函。

（5）已标价工程量清单。

（6）施工组织设计。

（7）项目管理机构（施工组织机构表和主要管理人员简历）。

（8）拟分包项目情况表。

（9）资格审查资料。

（10）“投标人须知”前附表规定的其他材料。

以上投标文件的内容、表格等全部填写完毕后，即将其密封，按照招标人在招标文件中指定的时间、地点递送。

3.3.2.2 商务标的内容

商务标分为商务文件和价格文件。商务文件是用来证明投标人是否履行合法手续及招标人用来了解投标人商业资信、合法性的文件。而价格文件是与投标人的投标报价相关的文件。商务标的内容主要包括以下几点。

(1) 投标函及投标函附录

① 投标函。投标函是指按照招标文件的要求，投标人向招标人或招标代理单位所致信函。其一般按照招标文件中所给的标准格式填写，主要内容为对此次招标的理解和对有关条款的承诺。最后，在落款处加盖企业法人印鉴和法定代表人或其委托代理人印鉴。

② 投标函附录。其内容主要为投标函中未体现的、招标文件中有要求的条款。

《中华人民共和国简明标准施工招标文件（2012 年版）》（以下简称《标准施工招标文件》）中投标函的格式范例见表 3-3，建设工程施工投标函附录的格式范例见表 3-4。

表 3-3 投标函的格式范例

投标函

__________(招标人名称)：

1. 我方已仔细研究了__________(项目名称)招标文件的全部内容，愿意以人民币(大写)__________(¥________)的投标总报价，工期______日历天，按合同约定实施和完成承包工程，修补工程中的任何缺陷，工程质量达到__________。

2. 我方承诺在招标文件规定的投标有效期内不修改、撤销投标文件。

3. 随同本投标函提交投标保证金一份，金额为人民币(大写)__________(¥__________)。

4. 如我方中标：

(1)我方承诺在收到中标通知书后，在中标通知书规定的期限内与你方签订合同。

(2)随同本投标函递交的投标函附录属于合同文件的组成部分。

(3)我方承诺按照招标文件规定向你方递交履约担保。

(4)我方承诺在合同约定的期限内完成并移交全部合同工程。

5. 我方在此声明，所递交的投标文件及有关资料内容完整、真实和准确。

6. ______________________________(其他补充说明)。

投标人：__________________(盖单位章)

法定代表人或其委托代理人：____________(签字)

地址：____________________

网址：____________________

电话：____________________

传真：____________________

邮政编码：__________________

________年________月________日

表 3-4 建设工程施工投标函附录的格式范例

序号	单项工程名称	合同条款号	约定内容	备注
1	项目经理		（姓名）	
2	工期		天数：____日历天	
3	缺陷责任期			
4	履约担保金额			
5	发出开工通知期限			
6	逾期竣工违约金			
7	逾期竣工违约金限额			
8	提前竣工的奖金			
9	提前竣工的奖金限额			
10	价格调整的差额计算		（见价格指数权重表）	
11	开工预付款			
12	材料、设备预付款			
13	进度预付款最低限额			
14	进度付款支付期限			
15	逾期付款违约金			
16	质量保证金百分比			
17	—			
18	最终付款支付期限			
19	保修期			

投标人：____________（盖单位章）

投标文件签署人签字：

（2）法定代表人身份证明书

法定代表人身份证明书可采用营业执照或按招标文件要求的格式填写。

（3）投标文件授权委托书

法定代表人授权企业内部人员代表其参加有关此项目的招标活动，以书面形式下达，这样，代理人员就可以代表企业法定代表人签署有关文件，并具有法律效应。

（4）投标保证金

明确投标保证金的支付时间、支付金额及责任。

（5）已标价工程量清单（或单位工程预算书）

按照招标文件的要求以工程量清单报价形式或工程预算书形式详细表述组成该工程项目的各项费用总和。

（6）资格审查资料

为向招标人方证明企业有能力承担该项目施工的证据，展示企业的实力和社会信誉。资格审查资料通常应包括：投标人基本情况表、近年财务状况表、近年完成的类似项目情况表、正在实施的以及新承接的项目情况表、其他资格审查资料。

《标准施工招标文件》中资格审查资料包括：投标人基本情况表、近年完成的类似项目情况表、正在实施的和新承接的项目情况表格式范例分别见表 3-5～表 3-7。

表 3-5　投标人基本情况表

<table>
<tr><td>投标人名称</td><td colspan="9"></td></tr>
<tr><td>注册地址</td><td colspan="5"></td><td>邮政编码</td><td colspan="3"></td></tr>
<tr><td rowspan="2">联系方式</td><td>联系人</td><td colspan="4"></td><td>电话</td><td colspan="3"></td></tr>
<tr><td>传真</td><td colspan="4"></td><td>网址</td><td colspan="3"></td></tr>
<tr><td>组织结构</td><td colspan="9"></td></tr>
<tr><td>法定代表人</td><td>姓名</td><td></td><td colspan="2">技术职称</td><td colspan="3"></td><td>电话</td><td></td></tr>
<tr><td>技术负责人</td><td>姓名</td><td></td><td colspan="2">技术职称</td><td colspan="3"></td><td>电话</td><td></td></tr>
<tr><td>成立时间</td><td colspan="2"></td><td colspan="7">员工总人数：</td></tr>
<tr><td>企业资质等级</td><td colspan="2"></td><td rowspan="5">其中</td><td colspan="4">项目经理</td><td colspan="2"></td></tr>
<tr><td>营业执照号</td><td colspan="2"></td><td colspan="4">高级职称人员</td><td colspan="2"></td></tr>
<tr><td>注册资金</td><td colspan="2"></td><td colspan="4">中级职称人员</td><td colspan="2"></td></tr>
<tr><td>开户银行</td><td colspan="2"></td><td colspan="4">初级职称人员</td><td colspan="2"></td></tr>
<tr><td>账号</td><td colspan="2"></td><td colspan="4">技工</td><td colspan="2"></td></tr>
<tr><td>经营范围</td><td colspan="9"></td></tr>
<tr><td>备注</td><td colspan="9"></td></tr>
</table>

表 3-6　近年完成的类似项目情况表

项目名称	
项目所在地	
发包人名称	
发包人地址	
发包人电话	
合同价格	
开工日期	
竣工日期	
承担的工作	
工程质量	
项目经理	
技术负责人	
项目描述	
备注	

表 3-7 正在实施的和新承接的项目情况表

项目名称	
项目所在地	
发包人名称	
发包人地址	
发包人电话	
签约合同价	
开工日期	
计划竣工日期	
承担的工作	
工程质量	
项目经理	
技术负责人	
项目描述	
备注	

3.3.2.3 技术标的内容

在工程建设投标中，技术文件即施工组织建议书。技术文件应包括全部施工组织设计内容。该文件用来评价投标人的技术实力和经验的标识。而对投标人而言，则是投标人中标后的项目施工组织方案。技术复杂的项目对技术文件的编写内容及格式均有详细的要求，投标人应当认真按照要求编制。

（1）施工组织设计

投标人编制施工组织设计的要求主要有以下几点：

① 编制时应简明扼要地说明施工方法、工程质量、安全生产、文明施工、环境保护、冬雨季施工、工程进度、技术组织等主要措施。

② 以图表形式阐明该项目的施工总平面、进度计划以及拟投入主要施工设备、劳动力、项目管理机构等。

（2）项目管理机构

一般要求投标企业把对拟投标工程的管理机构以表格的形式表达出来。通常需要编制项目管理机构组成表以及项目经理简历表，其目的主要是考察投标人的实力及拟担任管理人员的以往业绩。

3.3.3 园林工程投标文件的修改与撤回

投标文件的修改是指投标人对投标文件中遗漏和不足部分进行增补，对已有的内容进行修订。而投标文件的撤回是指投标人收回全部投标文件、放弃投标或以新的投标文件重新投标。

园林工程投标文件的修改或撤回必须在投标文件递交截止时间之前进行。投标人在招标文件要求提交投标文件的截止时间之前，可以补充、修改或者撤回已提交的投标文件，并书面通知招标人。

投标人修改或撤回已递交投标文件的书面通知应按照要求签字或盖章。招标人收到书面通知后，向投标人出具签收凭证。修改的内容为投标文件的组成部分。修改的投标文件应按照规定进行编制、密封、标记和递交，并标明“修改”字样。投标截止时间之后至投标有效期满之前，投标人对投标文件的任何补充、修改，招标人不予接受。

3.3.4 园林工程投标文件的密封与标记

(1) 投标文件应进行包装、加贴封条，并在封套的封口处加盖投标人单位章。

(2) 投标文件封套上应写明的内容见“投标人须知”前附表。

(3) 未按规定要求密封和加写标记的投标文件，招标人应予拒收。

3.3.5 园林工程投标文件的送达与签收

(1) 投标人应在规定的投标截止时间前递交投标文件。

(2) 投标人递交投标文件的地点：见“投标人须知”前附表。

(3) 除“投标人须知”前附表另有规定外，投标人所递交的投标文件不予退还。

(4) 招标人收到投标文件后，向投标人出具签收凭证。

(5) 逾期送达的或者未送达指定地点的投标文件，招标人不予受理。

3.3.6 园林工程投标有效期

投标有效期是指招标文件中规定一个适当的有效期限，在此期限内投标文件对投标人具有法律约束力。

(1) 投标有效期的确定　园林工程招标文件应当规定一个适当的投标有效期，以保证招标人有足够的时间完成评标和与中标人签订合同。投标有效期从招标文件规定的提交投标文件截止之日起计算。

(2) 投标有效期的延长　在原投标有效期结束之前，招标人可以通知所有投标人延长投标有效期。拒绝延长投标有效期的投标人有权收回投标保证金。同意延长投标有效期的投标人应当相应延长其投标担保的有效期，但不得修改投标文件的实质性内容。招标项目的评标和定标工作应当在投标有效期结束日 30 个工作日前完成，如不能完成则招标人应当通知所有投标人延长投标有效期。

通常情况下，除“投标人须知”前附表另有规定外，投标有效期为 60 天；在投标有效期内，投标人撤销或修改其投标文件的，应承担招标文件和法律规定的责任。

3.3.7 园林工程投标保证金

（1）投标保证金的提交　投标保证金作为投标文件的有效组成部分，其递交的时间应与投标文件的提交时间要求一致，即在投标文件提交截止时间之前送达。投标保证金送达的含义根据投标保证金形式而异，通过电汇、转账、电子汇兑等形式的应以款项实际到账时间作为送达时间，以现金或见票即付的票据形式提交的则以实际交付时间作为送达时间。投标人不按要求提交投标保证金的，评标委员会将否决其投标。

（2）投标保证金的有效期　投标保证金的有效期通常自投标文件提交截止时间之前，保证金实际提交之日起开始计算，投标保证金的有效期限应覆盖或超出投标有效期。从投标保证金的用途可以看出，其有效期原则上不应少于规定的投标有效期。不同类型的招标项目，对投标保证金有效期的规定各有不同。在招投标实践中，应根据招标项目类型，按照其适用的法规来确定投标保证金的有效期。

《工程建设项目施工招标投标办法》第 37 条规定，投标保证金有效期应当超出投标有效期 30 天。《招标投标法实施条例》第 26 条规定，投标保证金有效期应当与投标有效期一致。

（3）投标保证金的金额　投标保证金的金额通常有相对比例金额和固定金额两种方式。相对比例是取投标总价作为计算基数。为避免招标人设置过高的投标保证金额度，不同类型招标项目对投标保证金的最高额度均有相关规定。《招标投标法实施条例》第 26 条规定，招标人在招标文件中要求投标人提交投标保证金的，投标保证金不得超过招标项目估算价的 2%。

《工程建设项目施工招标投标办法》第 37 条规定，投标保证金一般不得超过投标总价的 2%，最高不得超过 80 万元人民币。

（4）投标保证金的没收与退还

① 投标保证金的没收　招标人在投标人违反招标文件规定的下述条件时，可以没收投标人的投标保证金：

a. 投标人在规定的投标有效期内撤销或修改其投标文件。

b. 投标人在收到中标通知书后，无正当理由拒签合同或未按招标文件规定提交履约担保。

同时，招标人还可根据项目的具体特点和管理方面要求，在招标文件中增加没收投标保证金的其他情形。

② 投标保证金的退还　《工程建设项目施工招标投标办法》规定，招标人与中标人签订合同后 5 个工作日内，应当向未中标的投标人退还投标保证金。

《招标投标实施条例》第 35 条规定："投标人撤回已提交的投标文件，应当在投标截止时间前书面通知招标人。招标人已收取投标保证金的，应当自收到投标人书面撤回通知之日起 5 日内退还。投标截止后投标人撤销投标文件的，招标人可以不退还投标保证金。”

《标准施工招标文件》规定，招标人与中标人签订合同后5日内，向未中标的投标人和中标人退还投标保证金及同期银行存款利息。

《标准施工招标文件》中工程投标保证金保函格式范例见表3-8。

表3-8 工程投标保证金保函格式范例

投标保证金

________(招标人名称)：

鉴于________(投标人名称)(以下称“投标人”)于____年____月____日参加________(项目名称)的投标，________(担保人名称，以下简称“我方”)保证：投标人在规定的投标文件有效期内撤销或修改其投标文件的，或者投标人在收到中标通知书后无正当理由拒签合同或拒交规定履约担保的，我方承担保证责任。收到你方书面通知后，在7日内向你方支付人民币(大写)________。

本保函在投标有效期内保持有效。要求我方承担保证责任的通知应在投标有效期内送达我方。

担保人名称：________________(盖单位章)

法定代表人或其委托代理人：____________(签字)

地　　址：________________

邮政编码：________________

电　　话：________________

传　　真：________________

________年________月________日

3.4 园林工程投标报价的编制

3.4.1 园林工程投标报价的特点和编制依据

投标价应由投标人或受其委托具有相应资质的工程造价咨询人编制。投标报价不得低于工程成本。投标人必须按招标工程量清单填报价格，项目编码、项目名称、项目特征、计量单位、工程量必须与招标工程量清单一致。投标人的投标报价高于招标控制价的应予废标。

3.4.1.1 工程投标报价的特点

(1)《建设工程工程量清单计价规范》(GB 50500—2013)和国家或省级、行业建设主管部门颁发的计价办法应当执行。

(2) 使用定额应是企业定额，也可以使用国家或省级、行业建设主管部门颁发的计价定额。

(3) 采用价格应是市场价格，也可以使用工程造价管理机构发布的工程造价信息。

3.4.1.2 工程投标价的编制依据

(1) 投标报价应根据下列依据编制和复核：

①《建设工程工程量清单计价规范》（GB 50500—2013）。

② 国家或省级、行业建设主管部门颁发的计价办法。

③ 企业定额，国家或省级、行业建设主管部门颁发的计价定额和计价办法。

④ 招标文件、招标工程量清单及其补充通知、答疑纪要。

⑤ 建设工程设计文件及相关资料。

⑥ 施工现场情况、工程特点及投标时拟定的施工组织设计或施工方案。

⑦ 建设项目相关的标准、规范等技术资料。

⑧ 市场价格信息或工程造价管理机构发布的工程造价信息。

⑨ 其他的相关资料。

（2）综合单价中应包括招标文件中划分的应由投标人承担的风险范围及其费用，招标文件中没有明确的，应提请招标人明确。

（3）分部分项工程和措施项目中的单价项目，应根据招标文件和招标工程量清单项目中的特征描述确定综合单价计算。

（4）措施项目中的总价项目金额应根据招标文件和投标时拟定的施工组织设计或施工方案应采用综合单价计价的规定自主确定。其中安全文明施工费应按国家或省级、行业建设主管部门的规定计算，不得作为竞争性费用。

（5）其他项目费应按下列规定报价：

① 暂列金额应按招标工程量清单中列出的金额填写。

② 材料、工程设备暂估价应按招标工程量清单中列出的单价计入综合单价。

③ 专业工程暂估价应按招标工程量清单中列出的金额填写。

④ 计日工应按招标工程量清单中列出的项目和数量，自主确定综合单价并计算计日工金额。

⑤ 总承包服务费应根据招标工程量清单中列出的内容和提出的要求自主确定。

（6）规费和税金应按国家或省级、行业建设主管部门的规定计算。不得作为竞争性费用。

（7）招标工程量清单与计价表中列明的所有需要填写单价和合价的项目，投标人均应填写且只允许有一个报价。未填写单价和合价的项目，可视为此项费用已包含在已标价工程量清单中其他项目的单价和合价之中。当竣工结算时，此项目不得重新组价予以调整。

（8）投标总价应当与分部分项工程费、措施项目费、其他项目费和规费、税金的合计金额一致。

3.4.2 工程量清单投标报价的编制

本节以某公园木桥、架空栈道工程工程量投标报价的编制为例，介绍工程量清单投标报价的编制表格以及表格的填制说明。

3.4.2.1 封面

应填写投标工程的具体名称，投标人应盖单位公章。样例见表 3-9。

表 3-9 投标总价封面

某公园木桥、架空栈道 工程
投标总价
投标人：××园林公司 （单位盖章）
××年×月×日

3.4.2.2 扉页

投标人编制投标报价时，由投标人单位注册的造价人员编制，投标人盖单位公章，法定代表人或其授权人签字或盖章，编制的造价人员（造价工程师或造价员）签字盖执业专用章。样例见表 3-10。

表 3-10 投标总价扉页

投标总价
招标人：××开发区管委会 工程名称：某公园木桥、架空栈道工程 投标总价(小写)：756345.72 (大写)：柒拾伍万陆仟叁佰肆拾伍元柒角贰分
投标人：××园林公司 （单位盖章）
法定代表人 或其授权人：××× （签字或盖章）
编制人：××× （造价人员签字盖专用章）
编制时间：××年×月×日

3.4.2.3 总说明

编制投标报价的总说明内容应包括：采用的计价依据；采用的施工组织设计；综合单价中的风险因素、风险范围（幅度）；措施项目的依据；其他有关内容的说明等。样例见表 3-11。

表 3-11 总说明

工程名称：某公园木桥、架空栈道工程　　　　第　页共　页

1. 工程概况：本生态园区位于××区，交通便利，园区中建筑与市政建设均已完成。生态园区面积约为 1060m²，招标计划工期为 100 日历天，投标工期为 80 日历天。

2. 投标报价包括范围：为本次招标的施工图范围内的木桥、架空栈道工程。

3. 投标报价编制依据：

(1)建设方提供的工程施工图、《某公园木桥、架空栈道工程投标邀请书》、《投标须知》、《某公园木桥、架空栈道工程招标答疑》等一系列招标文件。

(2)××市建设工程造价管理站××××年第×期发布的材料价格，并参照市场价格。

4. 报价需要说明的问题：

(1)该工程因无特殊要求，故采用一般施工方法。

(2)因考虑到市场材料价格近期波动不大，故主要材料价格在××市建设工程造价管理站××××年第×期发布的材料价格基础上下浮 3%。

5. 综合公司经济现状及竞争力，公司所报费率如下：(略)

6. 税金按 3.413%计取。

3.4.2.4 投标控制价汇总表

与招标控制价的表样一致，此处需要说明的是，投标报价汇总表与投标函中投标报价金额应当一致。就投标文件的各个组成部分而言，投标函是最重要的文件，其他组成部分都是投标函的支持性文件，投标函是必须经过投标人签字盖章，并且在开标会上必须当众宣读的文件。如果投标报价汇总表的投标总价与投标函填报的投标总价不一致，应当以投标函中填写的大写金额为准。实践中，对该原则一直缺少一个明确的依据，为了避免出现争议，可以在“投标人须知”中给予明确，用在招标文件中预先给予明示约定的方式来弥补法律法规依据的不足。投标控制价汇总表样例见表 3-12～表 3-14。

表 3-12 建设项目投标报价汇总表

工程名称：某公园木桥、架空栈道工程　　　　第　页共　页

序号	单项工程名称	金额/元	其中：/元		
			暂估价	安全文明施工费	规费
1	某公园木桥、架空栈道工程	756345.72	106350.00	44833.25	14463.98
合计		756345.72	106350.00	44833.25	14463.98

注：本表适用于建设项目招标控制价或投标报价的汇总。

表 3-13　单项工程投标报价汇总表

工程名称：某公园木桥、架空栈道工程　　　　第　页共　页

序号	单项工程名称	金额/元	其中:/元		
			暂估价	安全文明施工费	规费
1	某公园木桥、架空栈道工程	756345.72	109050.00	44833.25	14463.98
	合计	756345.72	109050.00	44833.25	14463.98

注：本表适用于单项工程招标控制价或投标报价的汇总。暂估价包括分部分项工程中的暂估价和专业工程暂估价。

表 3-14　单位工程投标报价汇总表

工程名称：某公园木桥、架空栈道工程　　　　第　页共　页

序号	汇总内容	金额/元	其中:暂估价/元
1	分部分项	595066.28	109050.00
0101	土(石)方工程	31629.42	
0105	混凝土及钢筋混凝土工程	160085.41	103650.00
0107	木结构工程	882.03	
0106	金属结构工程	7997.85	5400.00
0111	楼地面装饰工程	379982.25	
0112	墙柱面装饰与隔断、幕墙工程	2374.21	
0114	油漆、涂料、裱糊工程	8106.61	
0502	园路、园桥工程	4008.50	
2	措施项目	63081.77	
0117	其中:安全文明施工费	44833.25	
3	其他项目	56522.79	
3.1	其中:暂列金额	50000.00	
3.2	其中:计日工	6522.79	
3.3	其中:总承包服务费	—	
4	其中:规费	14463.98	
5	其中:税金	27210.90	
投标报价合计=1+2+3+4+5		756345.72	109050.00

注：本表适用于单位工程招标控制价或投标报价的汇总，如无单位工程划分，单项工程也使用本表汇总。

3.4.2.5 分部分项工程和单价措施项目清单与计价表

编制投标报价时，招标人对表中的“项目编码”、“项目名称”、“项目特征”、“计量单位”、“工程量”均不应作改动。“综合单价”、“合价”自主决定填写，对其中的“暂估价”栏，投标人应将招标文件中提供了暂估材料单价的暂估价进入综合单价，并应计算出暂估单价的材料栏“综合单价”其中的“暂估价”。样例见表 3-15。

表 3-15 分部分项工程和单价措施项目清单与计价表

工程名称：某公园木桥、架空栈道工程　　　标段：　　　　第　页共　页

序号	项目编码	项目名称	项目特征描述	计量单位	工程量	金额/元		
						综合单价	合价	其中 暂估价
		0101 土石方工程						
1	010101002001	挖一般土方	原土打夯机夯实	m^3	430.10	16.15	6946.12	
2	010101002002	挖一般土方	三类土，弃土运距<7km	m^3	20.97	6.29	131.90	
3	010101002003	挖一般土方	架空栈道人工挖基础土方一、二类土	m^3	3064.42	7.96	24392.78	
4	010101001001	平整场地	木桥平整场地	m^2	72.10	2.20	158.62	
		分部小计					31629.42	
	0105 混凝土及钢筋混凝土工程							
5	010501003001	独立基础	C20 钢筋混凝土独立柱基础现场搅拌	m^3	125.12	197.72	24738.73	
6	010502001001	矩形柱	C20 钢筋混凝土矩形柱断面尺寸 200mm×200mm	m^3	0.39	236.59	92.27	
7	010502001002	矩形柱	栈道矩形柱 200mm×200mm	m^3	11.54	236.59	2730.25	
8	010515001001	现浇构件钢筋	ϕ10mm 以内	t	0.44	5857.16	2577.15	2000.00
9	010515001002	现浇构件钢筋	ϕ10mm 以外	t	21.80	5758.34	126203.69	100000.00
10	010516001001	螺栓	—	t	0.17	5779.62	982.54	750.00
11	010516002001	预埋铁件	—	t	0.200	5651.54	1130.31	900.00
12	010515006001	预应力钢丝	$10^{\#}$钢丝绳拉结	t	0.24	6793.62	1630.47	
		分部小计					160085.41	

续表

序号	项目编码	项目名称	项目特征描述	计量单位	工程量	金额/元		
						综合单价	合价	其中
								暂估价
	0107 木结构工程							
13	010702001001	木柱	木柱 200mm 直径	m^3	0.42	2100.07	882.03	
		分部小计					882.03	
	0106 金属结构工程							
14	010602002001	钢托架	木桥钢托架 14# 槽钢	t	0.78	5241.43	4088.32	2500.00
15	010603003001	钢管柱	—	t	0.59	6626.33	3909.53	200.00
		分部小计					7997.85	2700.00
	0115 其他装饰工程							
16	011503002001	硬木扶手	硬木扶手带栏杆、栏板	m	674.00	81.06	54634.44	
17	011104002001	竹木地板	木质桥面板 150mm×150mm 美国南方松木板	m^2	1436.45	188.46	270713.37	
18	011503002002	硬木扶手	硬木扶手(美国南方松)、不锈钢螺栓连接	m	674.00	81.06	54634.44	
		分部小计					379982.25	
	0112 墙、柱面装饰与隔断、幕墙工程							
19	011202001001	柱、梁面一般抹灰	—	m^2	213.70	11.11	2374.21	
		分部小计					2374.21	
	0114 油漆、涂料、裱糊工程							
20	011405001001	金属面油漆	—	m^2	756.92	10.71	8106.61	
		分部小计					8106.61	
	0502 园路、园桥工程							
21	050201014001	木质步桥	木质美国南方松木桥面板 150mm×50mm	m^2	0.58	6911.21	4008.50	
		分部小计					4008.50	
		合计					591547.70	109050.00

3.4.2.6　综合单价分析表

编制投标报价时，应填写使用的企业定额名称，也可填写使用的省级或行业建设主管部门发布的计价定额，如不使用则不填写。样例见表 3-16。

表 3-16 综合单价分析表

工程名称：某公园木桥、架空栈道工程　　　　标段：　　　　　　　　第　页共　页

<table>
<tr><td>项目编码</td><td colspan="2">010515001001</td><td colspan="2">项目名称</td><td colspan="2">现浇构件钢筋</td><td colspan="2">计量单位</td><td>t</td><td>工程量</td><td>0.44</td></tr>
<tr><td colspan="12">综合单价组成明细</td></tr>
<tr><td rowspan="2">定额编号</td><td rowspan="2" colspan="2">定额名称</td><td rowspan="2">定额单位</td><td rowspan="2">数量</td><td colspan="4">单价/元</td><td colspan="3">合价/元</td></tr>
<tr><td>人工费</td><td>材料费</td><td>机械费</td><td>管理费和利润</td><td>人工费</td><td>材料费</td><td>机械费</td><td>管理费和利润</td></tr>
<tr><td>08-99</td><td colspan="2">现浇螺纹钢筋制作安装</td><td>t</td><td>1.00</td><td>294.75</td><td>5397.70</td><td>62.42</td><td>102.29</td><td>294.75</td><td>5397.70</td><td>62.42</td><td>102.29</td></tr>
<tr><td></td><td colspan="2"></td><td></td><td></td><td></td><td></td><td></td><td></td><td></td><td></td><td></td><td></td></tr>
<tr><td colspan="3">人工单价</td><td colspan="6">小计</td><td>294.75</td><td>5397.70</td><td>62.42</td><td>102.29</td></tr>
<tr><td colspan="3">25元/工日</td><td colspan="6">未计价材料费</td><td colspan="4"></td></tr>
<tr><td colspan="9">清单项目综合单价</td><td colspan="4">5857.16</td></tr>
<tr><td rowspan="6">材料费明细</td><td colspan="5">主要材料名称、规格、型号</td><td>单位</td><td>数量</td><td>单价/元</td><td>合价/元</td><td>暂估单价/元</td><td>暂估合价/元</td></tr>
<tr><td colspan="5">螺纹钢筋，Q235，ϕ14</td><td>t</td><td>1.07</td><td></td><td></td><td>1869.16</td><td>2000.00</td></tr>
<tr><td colspan="5">焊条</td><td>kg</td><td>8.640</td><td>4.00</td><td>34.56</td><td></td><td></td></tr>
<tr><td colspan="5"></td><td></td><td></td><td></td><td></td><td></td><td></td></tr>
<tr><td colspan="7">其他材料费</td><td>—</td><td>13.14</td><td>—</td><td></td></tr>
<tr><td colspan="7">材料费小计</td><td>—</td><td>47.70</td><td>—</td><td>2000.00</td></tr>
</table>

注：1. 如不使用省级或行业建设主管部门发布的计价依据，可不填定额编号、名称等。
2. 招标文件提供了暂估单价的材料，按暂估的单价填入表内“暂估单价”栏及“暂估合价”栏。

（其他工程综合单价分析表略）

3.4.2.7 总价措施项目清单与计价表

编制投标报价时，除“安全文明施工费”必须按《建设工程工程量清单计价规范》（GB 50500—2013）的强制性规定，按省级或行业建设主管部门的规定记取外，其他措施项目均可根据投标施工组织设计自主报价。样例见表 3-17。

表 3-17 总价措施项目清单与计价表

工程名称：某公园木桥、架空栈道工程　　　　标段：　　　　　　　　第　页共　页

序号	项目编码	项目名称	计算基础	费率/%	金额/元	调整费率/%	调整后金额/元	备注
1	050405001001	安全文明施工费	人工费	30	49402.15			
2	050405002001	夜间施工增加费	人工费	1.5	1125.00			
3	050405004001	二次搬运费						
4	050405005001	冬雨季施工增加费	人工费	8	12084.62			

续表

序号	项目编码	项目名称	计算基础	费率/%	金额/元	调整费率/%	调整后金额/元	备注
5	050405008001	已完工程及设备保护			470			
合计					63081.77			

编制人（造价人员）： 复核人（造价工程师）：

注：1. “计算基础”中安全文明施工费可为“定额基价”、“定额人工费”或“定额人工费＋定额机械费”，其他项目可为“定额人工费”或“定额人工费＋定额机械费”。

2. 按施工方案计算的措施费，若无“计算基础”和“费率”的数值，也可只填“金额”数值，但应在备注栏说明施工方案出处或计算方法。

3.4.2.8 其他项目清单与计价汇总表

编制投标报价时，应按招标工程量清单提供的“暂估金额”和“专业工程暂估价”填写金额，不得变动。“计日工”、“总承包服务费”自主确定报价。样例见表 3-18。

表 3-18 其他项目清单与计价汇总表

工程名称：某公园木桥、架空栈道工程 标段： 第 页共 页

序号	项 目 名 称	金额/元	结算金额/元	备 注
1	暂列金额	50000.00		明细见表 3-13
2	暂估价			
2.1	材料(工程设备)暂估价/结算价			明细见表 3-14
2.2	专业工程暂估价/结算价			
3	计日工	6522.79		明细见表 3-15
4	总承包服务费			
5	索赔与现场签证			
合计		56522.79		

注：材料（工程设备）暂估单价进入清单项目综合单价，此处不汇总。

(1) 暂列金额明细表

暂列金额明细表样例见表 3-19。

表 3-19 暂列金额明细表

工程名称：某公园木桥、架空栈道工程　　　　标段：　　　　　　　第　页共　页

序号	项 目 名 称	计算单位	暂定金额/元	备 注
1	政策性调整和材料价格风险	项	45000.00	
2	其他	项	5000.00	
合计			50000.00	—

注：此表由招标人填写，如不能详列，也可只列暂定金额总额，投标人应将上述暂列金额计入投标总价中。

（2）材料（工程设备）暂估单价及调整表

材料（工程设备）暂估单价及调整表样例见表 3-20。

表 3-20 材料（工程设备）暂估单价及调整表

工程名称：某公园木桥、架空栈道工程　　　　标段：　　　　　　　第　页共　页

序号	材料(工程设备)名称、规格、型号	计量单位	数量		暂估/元		确认/元		差额元±/元		备注
			暂估	确认	单价	合价	单价	合价	单价	合价	
1	美国南方松木板	m^3			1256.50						
2	美国南方松木板	m^3			78564.00						
合计											

注：此表由招标人填写“暂估单价”，并在备注栏说明暂估价的材料、工程设备拟用在哪些清单项目上，投标人应将上述材料，工程设备暂估单价计入工程量清单综合单价报价中。

（3）计日工表

计日工表样例见表 3-21。

表 3-21 计日工表

工程名称：某公园木桥、架空栈道工程　　　　标段：　　　　　　　第　页共　页

编号	项目名称	单位	暂定数量	实际数量	综合单价/元	合价/元	
						暂定	实际
一	人工						
1	技工	工日	15.00		30.00	450.00	
2							
3							
人工小计						450.00	
二	材料						
1	42.5 级普通水泥	t	13.00		279.95	3639.35	
2							

续表

编号	项目名称	单位	暂定数量	实际数量	综合单价/元	合价/元	
						暂定	实际
3							
材料小计						3639.35	
三	施工机械						
1	汽车起重机 20t	台班	4.00		608.36	2433.44	
2							
3							
施工机械小计						2433.44	
四、企业管理费和利润						—	
总计						6522.79	

注：此表项目名称、暂定数量由招标人填写，编制招标控制价时，单价由招标人按有关计价规定确定；投标时，单价由投标人自主报价，按暂定数量计算合价计入投标总价中。结算时，按承包双方确认的实际数量计算合价。

3.4.2.9 规费、税金项目计价表

规费、税金项目计价表样例见表 3-22。

表 3-22 规费、税金项目计价表

工程名称：某公园木桥、架空栈道工程　　　　标段：　　　　第　页共　页

序号	项目名称	计算基础	计算基数	费率/%	金额/元
1	规费	定额人工费			14463.98
1.1	社会保险费	定额人工费	(1)+…+(5)		8795.66
(1)	养老保险费	定额人工费		3.5	2548.56
(2)	失业保险费	定额人工费		2	1435.44
(3)	医疗保险费	定额人工费		6	4811.66
(4)	工伤保险费	定额人工费		0.5	576.66
(5)	生育保险费	定额人工费			
1.2	住房公积金	定额人工费		6	4811.66
1.3	工程排污费	按工程所在地环境保护部门收取标准，按实计入		0.14	280.00
2	税金	分部分项工程费＋措施项目费＋其他项目费＋规费－按规定不计税的工程设备金额		3.413	27210.90
合计					41674.88

编制人（造价人员）：　　　　复核人（造价工程师）：

3.4.2.10 总价项目进度款支付分解表

总价项目进度款支付分解表样例见表3-23。

表3-23 总价项目进度款支付分解表

工程名称：某公园木桥、架空栈道工程　　　　标段：　　　　第　页　共　页

序号	项目名称	总价金额/元	首次支付/元	二次支付/元	三次支付/元	四次支付/元	五次支付/元	
	安全文明施工费	49402.15	14820.65	14820.65	9880.42	9880.43		
	夜间施工增加费	1125.00	225	225	225	225	225	
	略							
	社会保险费	8795.66	1759.13	1759.13	1759.13	1759.13	1759.14	
	住房公积金	4811.66	962.33	962.33	962.33	962.33	962.34	
合计								

编制人（造价人员）：　　　　复核人（造价工程师）：

注：1. 本表应由承包人在投标报价时根据发包人在招标文件明确的进度款支付周期与报价填写，签订合同时，发承包双方可就支付分解协商调整后作为合同附件。

2. 单价合同使用本表，“支付”栏时间应与单价项目进度款支付周期相同。

3. 总价合同使用本表，“支付”栏时间应与约定的工程计量周期相同。

3.4.2.11 主要材料、工程设备一览表

主要材料、工程设备一览表样例见表3-24。

表3-24 发包人提供材料和工程设备一览表

工程名称：某公园木桥、架空栈道工程　　　　标段：　　　　第　页共　页

序号	材料(工程设备)名称、规格、型号	单位	数量	单价/元	交货方式	送达地点	备注
1	钢筋(规格见施工图现浇构件)	t	200	4000		工地仓库	

注：此表由招标人填写，供投标人在投标报价、确定总承包服务费时参考。

3.5 园林工程开标、评标

3.5.1 园林工程开标

园林工程开标是指招标人将所有投标人的投标文件启封揭晓。开标应当在招标通告中约定的地点，招标文件确定的提交投标文件截止时间的同一时间公开进行。开标由招标人主持，邀请所有投标人参加。开标时，要当众宣读投标人名称、投标价格、有无撤标情况以及招标单位认为合适的其他内容。

3.5.1.1 开标时间和开标地点

(1) 开标时间

开标时间及提交投标文件截止时间应为同一时间，其时间应具体确定到某年某月某日的几时几分，并应在招标文件中明示。

招标人和招标代理机构必须按照招标文件中的规定，按时开标，不得擅自提前或拖后开标，更不能不开标就进行评标。

(2) 开标地点

开标地点可以是招标人的办公地点或指定的其他地点，且开标地点应在招标文件中具体明示。开标地点应具体确定到要进行开标活动的房间，以便于投标人和有关人员准时参加开标。

若招标人需要修改开标的时间和地点，则应以书面形式通知所有招标文件的收受人。招标文件的澄清和修改均应在通知招标文件收受人的同时，报工程所在地的县级以上地方人民政府建设行政主管部门备案。

3.5.1.2 开标程序

开标时，由投标人或者其推选的代表检查投标文件的密封情况，也可以由招标人委托的公证机构检查并公证；经确认无误后，由工作人员当众拆封，宣读投标人名称、投标价格和投标文件的其他主要内容。招标人在招标文件要求提交投标文件的截止时间前收到的所有投标文件，开标时都应当当众予以拆封、宣读。开标过程应当记录，并存档备查。

园林工程开标的基本程序如下。

(1) 主持人通常按下列程序进行开标：

① 宣布开标纪律。

② 公布在投标截止时间前递交投标文件的所有投标人名称，并点名确认投标人是否派人到场。

③ 宣布开标人、唱标人、记录人、监标人等有关人员姓名。

④ 按照“投标人须知”前附表规定检查投标文件的密封情况。

⑤ 按照“投标人须知”前附表的规定确定并宣布投标文件开标顺序。

⑥ 设有标底的，公布标底。

⑦ 按照宣布的开标顺序当众开标，公布投标人名称、投标保证金的递交情况、投标报价、质量目标、工期及其他内容，并记录在案。

⑧ 规定最高投标限价计算方法的，计算并公布最高投标限价。

⑨ 投标人代表、招标人代表、监标人、记录人等有关人员在开标记录上签字确认。

⑩ 主持人宣布开标会议结束，进入评标阶段。

（2）具有下列情况之一者，其投标文件可判为无效，并不能进入评标阶段：

① 投标文件未按照招标文件的要求予以密封。

② 投标文件中的投标函未加盖投标人的企业及企业法定代表人印章，或者企业法定代表人委托代理人没有合法、有效的委托书及委托代理人盖章。

③ 投标文件的关键内容字迹模糊、无法辨认。

④ 投标人未按照招标文件的要求提供投标保函或者投标保证金。

⑤ 投标文件未按规定的时间、地点送达。

⑥ 组成联合体投标，其投标文件却未附联合体各方共同投标协议。联合体各方必须指定牵头人，授权其代表所有联合体成员负责投标和合同实施阶段的主办、协调工作，并应向招标人提交由所有联合体成员法定代表人签署的授权书。此外联合体投标，应当在联合体各方或者联合体中牵头人的名义提交投标保证金。以联合体中牵头人名义提交的投标保证金，对联合体各成员具有约束力。

3.5.1.3 开标的主要内容

（1）密封情况检查

由投标人或者其推选的代表，当众检查投标文件密封情况。若招标人委托了公证机构对开标情况进行公证，也可以由公证机构检查并公证。若投标文件未密封或存在拆开过的痕迹，则不能进入后续的程序。

（2）拆封

招标人或者其委托的招标代理机构的工作人员，应当对所有在投标文件截止时间之前收到的合格的投标文件，在开标现场当众拆封。

（3）唱标

经检查密封情况完好的投标文件，由工作人员当众逐一启封，当场高声宣读各投标人的投标要素（如名称、投标价格和投标文件的其他主要内容），视为唱标。这主要是为了保证投标人及其他参加人了解所有投标人的投标情况，增加开标程序的透明度。

开标会议上一般不允许提问或作任何解释，但允许记录或录音。投标人或其代表应在会议签到簿上签名以证明其在场。

在招标文件要求提交投标文件的截止时间前收到的所有投标文件（已经有效撤回的除外），其密封情况被确定无误后，均应向在场者公开宣布。开标后，不得要求也不允许对投标进行实质性修改。

(4) 会议过程记录长期存档

唱标完毕，开标会议即结束。

招标人对开标的整个过程需要做好记录，形成开标记录或纪要，并存档备查。开标记录一般应记载以下事项，并由主持人和其他工作人员签字确认：开标日期、时间、地点；开标会议主持者；出席开标会议的全体工作人员名单；招标项目的名称、招标号、标号或标段号；到场的投标人代表和各有关部门代表名单；截标前收到的标书，收到日期和时间及其报价一览表；对截标后收到的投标文件（如果有的话）的处理；其他必要的事项等。

开标记录表格式范例见表 3-25。

表 3-25 ______（项目名称）开标记录表

开标时间：____年____月____日____时____分

序号	投标人	密封情况	投标保证金	投标报价/元	质量标准	工期	备注	签名
招标人编制的标底/最高限价								

招标人代表：________　记录人：________　监标人：________

____年____月____日

(5) 无效的投标

投标单位法定代表人或授权代表未参加开标会议的视为自动弃权。投标文件有下列情形之一的将视为无效：

① 投标文件未按照招标文件的要求予以密封的。

② 投标文件中的投标函未加盖投标人的企业及企业法定代表人印章的，或者企业法定代表人委托代理人没有合法、有效的委托书（原件）及委托代理人印章的。

③ 投标文件的关键内容字迹模糊、无法辨认的。

④ 投标人未按照招标文件的要求提供投标保函或者投标保证金的。

⑤ 组成联合体投标的，投标文件未附联合体各方共同投标协议的。

⑥ 逾期送达。对未按规定送达的投标书，应视为废标，原封退回。但对于因非投标者的过失（因邮政、战争、罢工等原因）而在开标之前未送达的，投标单位可考虑接受该迟到的投标书。

3.5.2 园林工程评标

园林工程评标是指按照规定的评标标准和方法，对各投标人的投标文件进行评价比较和分析，从中选出最佳投标人的过程。评标是招标投标活动中十分重要的阶段，评标决定着整个招标投标活动的公平和公正与否。评标的质量决定着能否从众多投标竞争者中选出最能满足招标项目各项要求的中标者。

3.5.2.1 评标机构

（1）评标专家

《招标投标法》第37条规定："评标专家应当从事相关领域工作满八年并具有高级职称或者具有同等专业水平，由招标人从国务院有关部门或者省、自治区、直辖市人民政府有关部门提供的专家名册或者招标代理机构的专家库内的相关专业的专家名单中确定。评标委员会成员的名单在中标结果确定前应当保密。"

《招标投标法实施条例》第45条规定："国家实行统一的评标专家专业分类标准和管理办法。具体标准和办法由国务院发展改革部门会同国务院有关部门制定。省级人民政府和国务院有关部门应当组建综合评标专家库。"

评标专家应满足的条件。为规范评标活动，保证评标活动的公平、公正，提高评标质量，评标专家一般应满足以下条件：

① 从事相关领域工作满8年并具有高级职称或者具有同等专业水平。从事相关领域工作满8年，是对专家实际工作经验和业务熟悉程度的要求，具有高级职称或者具有同等专业水平，是对专家的专业水准和职称的要求。两个条件的限制，为评标工作的顺利进行提供了素质保证。

② 熟悉有关招标投标的法律法规。根据《评标委员会评标方法暂行规定》的规定，评标专家应熟悉有关招标投标的法律法规。

③ 能够认真、公正、诚实、廉洁地履行职责。《评标委员会和评标方法暂行规定》、《评标专家和评标专家库管理暂行办法》均规定，评标专家应能够认真、公正、诚实、廉洁地履行职责。

④ 身体健康，能够承担评标工作。评标专家应具有能够胜任评标工作的健康条件。

（2）评标委员会

《招标投标法》第37条规定："依法必须进行招标的项目，其评标委员会由招标人的代表和有关技术、经济等方面的专家组成，成员人数为5人以上单数，其中技术、经济等方面的专家不得少于成员总数的2/3。"

《招标投标实施条例》第48条中规定："评标过程中，评标委员会成员有回避事由、擅离职守或者因健康等原因不能继续评标的，应当及时更换。被更换的评标委员会成员做出的评审结论无效，由更换后的评标委员会成员重新进行评审。"

① 评标委员会的组成。评标委员会独立评标，是我国招标投标活动中重要的法律制度。评标委员会不是常设机构，需要在每个具体的招标投标项目中，临时依法组建。招标人是负责组建评标委员会的主体。实际招标投标活动中，也有

招标人委托其招标代理机构承办组建评标委员会具体工作的情况。依法必须招标的项目，评标委员会由招标人的代表和有关技术、经济等方面的专家组成。

a. 招标人的代表。可以是招标人本单位的代表，也可以包括委托招标的招标代理机构代表。

b. 有关技术、经济等方面专家。由于评标是一种复杂的专业活动，非专业人员无法对投标文件进行评审和比较，所以，依法必须招标的项目，评标委员会中还应有有关技术、经济等方面的专家，且比例不得少于成员总数的2/3。《房屋建筑和市政基础设施工程施工招标投标管理办法》第36条规定："评标委员会由招标人的代表和有关技术、经济等方面的专家组成，成员人数为5人以上单数，其中招标人、招标代理机构以外的技术、经济等方面专家不得少于成员总数的2/3。"

② 评标委员会成员的权利和义务。《招标投标法》第40条规定："评标委员会应当按照招标文件确定的评标标准和方法，对投标文件进行评审和比较；设有标底的，应当参考标底。评标委员会完成评标后，应当向招标人提出书面评标报告，并推荐合格的中标候选人。招标人根据评标委员会提出的书面评标报告和推荐的中标候选人确定中标人。招标人也可以授权评标委员会直接确定中标人。国务院对特定招标项目的评标有特别规定的，从其规定。"

评标委员会是一个由评标委员会成员组成的临时权威机构。评标委员会的法定权利和义务，并不能等同于其成员个人的权利义务，但是需要其每个成员在评标活动中通过其个人行为实现。所以评标委员会成员的权利和义务，直接与评标委员会的法定权利和义务紧密相关，包括一系列明示及默示的内容。评标委员会成员，特别是评标专家的权利和义务可以概括为以下几个方面：

a. 依法对投标文件进行评审和比较，出具个人评审意见。评标委员会成员最基本的权利，同时也是其主要义务，即依法按照招标文件确定的评标标准和方法，运用个人相关的能力、知识和信息，对投标文件进行全面评审和比较，在评标工作中发表并出具个人评审意见，行使评审表决权。评标委员会成员应对其参加评标的工作及出具的评审意见，依法承担个人责任。

b. 签署评标报告。评标委员会直接的工作成果体现为评标报告。评标报告汇集、总结了评标委员会全部成员的评审意见，由每个成员签字认定后，以评标委员会的名义出具。虽然有关规章中没有详细明示，但是，签署评标报告，也是每个成员的基本义务。

c. 需要时配合质疑和投诉处理工作。通常完成并向招标人提交了评标报告之后，评标委员会即告解散。但是，在招标投标活动中，有的招标项目还会发生质疑和投诉的情况。对于评标工作和评标结果发生的质疑和投诉，招标人、招标代理机构及有关主管部门依法处理质疑和投诉时，往往会需要评标委员会成员做出解释，包括评标委员会对某些问题所作结论的理由和依据等。

d. 客观、公正、诚实、廉洁地履行职责。评标委员会成员在投标文件评审直至提出评标报告的全过程中，均应恪守职责，认真、公正、诚实、廉洁地履行职责，这是每个成员最根本的义务。评标委员会成员不得与任何投标人或者与招标结果有利害关系的人进行私下接触，不得收受投标人、中介人、其他利害关系人的财物或者其他好处，不得彼此之间进行私下串通，不得向招标人征询确定中标人的意向，不得接受任何单位或者个人明示或者暗示提出的倾向或者排斥特定投标人的要求，不得有其他不客观、不公正履行职务的行为。《招标投标法》和相关部门规章均规定了该类义务。如果违反该类义务，将直接导致评标委员会成员承担相应的法律责任。

此外，评标委员会成员如果发现存在依法不应参加评标工作的情况，还应立即披露并提出回避。

e. 遵守保密、勤勉等评标纪律。对评标工作的全部内容保守秘密，也是评标委员会成员的主要义务之一。评标委员会成员和参与评标的有关工作人员不得私自透露对投标文件的评审和比较、中标候选人的推荐情况以及与评标有关的其他情况。此外，每个成员还应遵守包括勤勉等评标工作纪律。应认真阅读研究招标文件、评标标准和方法，全面地评审和比较全部投标文件。同时，应遵守评标工作时间和进度安排。

f. 接受参加评标工作的劳务报酬。评标工作实际上也是一种劳务活动。所以，个人参加评标承担相应的工作和责任，有权依法接受劳务报酬。

g. 其他相关权利和义务。评标委员会成员还享有并承担其他与评标工作相关的权利和义务。包括协助、配合有关行政监督部门的监督和检查工作，对发现的违规违法情况加以制止，向有关方面反映、报告评标过程中的问题等。

③ 不得担任评标委员会成员的情况。《招标投标法》第 37 条规定：“与投标人有利害关系的人不得进入相关项目的评标委员会；已经进入的应当更换。”对不同类别的项目，相关部门规章对不得担任评标委员会成员的情况作了更具体的规定。

根据《评标委员会和评标方法暂行规定》的规定，有下列情形之一的，不得担任评标委员会成员：

a. 投标人或者投标人主要负责人的近亲属。

b. 项目主管部门或者行政监督部门的人员。

c. 与投标人有经济利益关系，可能影响对投标公正评审的。

d. 曾因在招标、评标以及其他与招标投标有关活动中从事违法行为而受过行政处罚或刑事处罚的。

评标委员会成员有前款规定情形之一的，应当主动提出回避。

3.5.2.2 评标原则

评标原则是招标投标活动中相关各方应遵守的基本规则。每个具体的招标项目，均涉及招标人、投标人、评标委员会、相关主管部门等不同主体，委托招标项目还涉及招标代理机构。评标原则主要是关于评标委员会的工作规则，但其他相关主体对涉及的原则也应严格遵守。根据有关法律规定，评标原则可以概括为四个方面：

① 公平、公正、科学、择优。为了体现“公平”和“公正”的原则，招标人和招标代理机构应在制作招标文件时，依法选择科学的评标方法和标准；招标人应依法组建合格的评标委员会；评标委员会应依法评审所有投标文件，择优推荐为中标候选人。

② 严格保密。招标人应当采取必要的措施，保证评标在严格保密的情况下进行。严格保密的措施涉及多方面，包括：评标地点保密；评标委员会成员的名单在中标结果确定之前保密；评标委员会成员在封闭状态下开展评标工作，评标期间不得与外界有任何接触，对评标情况承担保密义务；招标人、招标代理机构或相关主管部门等参与评标现场工作的人员，均应承担保密义务。

③ 独立评审。任何单位和个人不得非法干预、影响评标的过程和结果。评标是评标委员会受招标人委托，由评标委员会成员依法运用其知识和技能，根据法律规定和招标文件的要求，独立对所有投标文件进行评审和比较，以评标委员会的名义出具评标报告，推荐中标候选人的活动。评标委员会虽然由招标人组建并受其委托评标，但是，一经组建并开始评标工作，评标委员会即应依法独立开展评审工作。不论是招标人，还是有关主管部门，均不得非法干预、影响或改变评标过程和结果。

④ 严格遵守评标方法。评标委员会应当按照招标文件确定的评标标准和方法对投标文件进行评审和比较；设有标底的，应当参考标底。评标工作虽然在严格保密的情况下，由评标委员会独立评审，但是，评标委员会应严格遵守招标文件中确定的评标标准和方法。

3.5.2.3　评标程序

园林工程评标工作通常可以按以下程序进行：

① 招标人宣布评标委员会成员名单并确定主任委员。

② 招标人宣布有关评标纪律。

③ 在主任委员主持下，根据需要，讨论通过成立有关专业组和工作组。

④ 听取招标人介绍招标文件。

⑤ 组织评标人员学习评标标准和方法。

⑥ 提出需澄清的问题。经评标委员会讨论，并经 1/2 以上委员同意，提出需投标人澄清的问题，以书面形式送达投标人。

⑦ 澄清问题。对需要文字澄清的问题，投标人应当以书面形式送达评标委员会。

⑧ 评审、确定中标候选人。评标委员会按招标文件确定的评标标准和方法，

对投标文件进行评审，确定中标候选人推荐顺序。

⑨ 提出评标工作报告。在评标委员会 2/3 以上委员同意并签字的情况下，通过评标委员会工作报告，并报招标人。

3.5.2.4 评标的方法

对于通过资格预审的投标者，对他们的财务状况、技术能力、经验及信誉在评标时可不必再评审。评标时主要考虑报价、工期、施工方案、施工组织、质量保证措施、主要材料用量等方面的条件。对于在招标过程中未经过资格预审的，在评标中首先进行资格后审，剔除在财务、技术和经验方面不能胜任的投标者。在招标文件中应加入资格审查的内容，投标者在递交投标书时，同时递交资格审查的资料。

评标方法的科学性对于实施平等的竞争、公正合理地选择中标者是极端重要的。评标涉及的因素很多，应在分门别类、有主有次的基础上，结合工程的特点确定科学的评标方法。

评标的方法，目前国内外采用较多的是专家评议法、低标价法和打分法。

（1）专家评议法

评标委员会根据预先确定的评审内容，如报价、工期、施工方案、企业的信誉和经验以及投标者所建议的优惠条件等，对各标书进行认真的分析比较后，评标委员会的各成员进行共同的协商和评议，以投票的方式确定中选的投标者。这种方法实际上是定性的优选法。由于缺少对投标书的量化的比较，因而易产生众说纷纭，意见难于统一的现象。但是其评标过程比较简单，在较短时间内即可完成，一般适用于小型工程项目。

（2）低标价法

所谓低标价法，也就是以标价最低者为中标者的评标方法，世界银行贷款项目多采用这种方法。但该标价是指评估标价，也就是考虑了各评审要素以后的投标报价，而非投标者投标书中的投标报价。采用这种方法时，一定要采用严谨的招标程序，严格的资格预审，所编制招标文件一定要严密，详评时对标书的技术评审等工作要扎实全面。

这种评标办法有两种方式，一种方式是将所有投标者的报价依次排队，取其 3 或 4 个，对其低报价的投标者进行其他方面的综合比较，择优定标。另一种方式是“$A+B$ 值评标法”，即以低于标底一定百分数以内的报价的算术平均值为 A，以标底或评标小组确定的更合理的标价为 B，然后以“$A+B$”的均值为评标标准价，选出低于或高于这个标准价的某个百分数的报价的投标者进行综合分析比较，择优选定。

（3）打分法

打分法是由评标委员会事先将评标的内容进行分类，并确定其评分标准，然后由每位委员无记名打分，最后统计投标者的得分。得分超过及格标准分最高者为中标单位。这种定量的评标方法，是在评标因素多而复杂，或投标前未经资格预审就投标时，常采用的一种公正、科学的评标方法，能充分体现平等竞争、一视同仁的原则，定标后分歧意见较小。根据目前国内招标的经验，可按下式进行计算：

$$P=Q+\frac{B-b}{B}\times 200+\sum_{i=1}^{7}m_i \tag{3-1}$$

式中　P——最后评定分数；

Q——标价基数，一般取 40～70 分；

B——标底价格；

b——分析标价，分析标价—报价—优惠条件折价；

$\frac{B-b}{B}\times 200$——是指当报价每高于或低于标底 1%时，增加或扣减 2 分；该比例的大小，应根据项目招标时投标价格应占的权重来确定，此处仅是给予建议；

m_1——工期评定分数，分数上限一般取 15～40 分；当招标项目为盈利项目（如旅馆、商店、厂房等）时，工程提前交工，则业主可少付贷款利息并早日营业或投产，从而产生盈利，则工期权重可大些；

m_2，m_3——技术方案和管理能力评审得分，分数上限可分别为 10～20 分；当项目技术复杂、规模大时，权重可适当提高；

m_4——主要施工机械配备评审得分；如果工程项目需要大量的施工机械，如水电工程、土方开挖等，则其分数上限可取为 10～30 分，一般的工程项目，可不予考虑；

m_5——投标者财务状况评审得分，上限可为 5～15 分，如果业主资金筹措遇到困难，需承包者垫资时，其权重可加大；

m_6，m_7——投标者社会信誉和施工经验得分，其上限可分别为 5～15 分。

3.5.2.5　评标的主要工作

（1）评标准备工作

① 准备评标场地。招标人应当采取必要的措施，以确保评标在严格保密的情况下进行。任何单位和个人不得非法干预、影响评标的过程和结果。因此，落实一个适合秘密评标的场所，十分必要。

② 让评标委员会成员知悉招标情况。招标人或者其委托的招标代理机构应当向评标委员会提供评标所需的重要信息和数据。

评标委员会成员应了解和熟悉内容主要有以下几点：

a. 招标的目标。

b. 招标项目的范围和性质。

c. 招标文件中规定的主要技术要求、标准和商务条款。

d. 招标文件规定的评标标准、评标方法和在评标过程中考虑的相关因素。

③ 制定评标细则。大型复杂项目的评标，通常可以分为以下两个步骤进行：

a. 初步评审（简称初审），也称符合性审查。

b. 详细评审（简称详评或终评），也称商务和技术评审。

然而，中小型项目的评标也可合并为一次进行，但评标的标准和内容基本相同。

在开标前，招标人通常要按照招标文件规定，并结合项目特点，制定评标细则，并经评标委员会审定。在评标细则中，对影响质量、工期和投资的主要因素，评标委员会成员通常还要制定具体的评定标准和评分办法以及编制供评标使用的相应表格。

评标委员会应当根据招标文件规定的评标标准和方法，对投标文件进行系统的评审和比较。

招标人设有标底的，在评标时作为参考。

（2）初步评审工作

在正式评标前，招标人要对所有投标文件进行初步审查，也就是初步筛选。有些项目会在开标时对投标文件进行一般性符合检查，在评标阶段对投标文件的实质性内容进行符合性审查，判定是否满足招标文件要求。

初审的目的在于确定每一份投标文件是否完整、有效，在主要方面是否符合要求，以从所有投标文件中筛选出符合最低标准要求的投标人，淘汰那些基本不合格的投标文件，以避免在详评时浪费时间和精力。

评标委员会通常按照投标报价的高低或者招标文件规定的其他方法对投标文件排序。国内项目招标，通常是以多种货币报价的，同时，还应当按照中国银行在开标日公布的汇率中间价换算成人民币报价，然后按照以下几个方面依次进行初审。

① 投标人是否符合投标条件。未经资格预审的项目，在评标前须进行资格审查。若投标人已经通过资格预审，那么正式投标时投标的单位或组成联合体的各合伙人必须被列入预审合格的名单，且投标申请人未发生实质性改变，联合体成员未发生变化。

② 投标文件是否完整。审查投标文件的完整性主要应从以下几个方面进行：

a. 投标文件是否按照规定格式和方式递送、字迹是否清晰。

b. 投标文件中所有指定签字处是否均已由投标人的法定代表人或法定代表授权代理人签字。当招标人在其招标文件中规定，投标人授权他的代表代理签字，则应附交代理委托书，并对投标文件中附有的代理委托书的有无进行检查。

c. 若招标条件规定只向承包者或其正式授权的代理人招标，则应审查递送投标文件的人是否有承包者或其授权的代理人的身份证明。

d. 是否已按规定提交了一定金额和规定期限的有效保证。

e. 招标文件中规定应由投标人填写或提供的价格、数据、日期、图纸以及资料等是否已经填写或提供，是否符合规定。

在对投标文件作完整性检查时，通常应先拟出一份“完整性检查清单”，再对以上项目进行检查，并将检查结果以“是”或“否”填入该清单。

对于缺乏完整性的投标文件，不能一概予以拒绝，而应根据具体情况，进行酌情处理。

(a) 若实质性的内容不完整，例如未按规定提供投标保证金，则该投标文件应被认为不合格而予以拒绝。

(b) 若非实质性的内容不完整，例如投标人没有按要求提交足够的投标文件份数，则不应认为该投标文件是不合格的，这时招标人可要求投标人加以澄清。

③ 主要方面是否符合要求。若投标人违反了十分重要的要求，通常会被认为是未能对招标文件做出实质性响应，属于“重大偏差”（也称“重大偏离”），则该投标文件就应被拒绝（一般作废标处理）；有些要求则是次要的，投标人若违反这类要求则属于“细微偏差”（也称“较小的偏离”），该投标文件就不应被拒绝，而是要求投标人对有关的问题加以澄清。

判断一份标书对招标文件的要求是重大的偏离还是较小的偏离，最基本的原则是要考虑对其他投标人是否公平。若某种偏离已经或将损害所有参加竞争的投标人的均等机会和权利，则这种偏离就应被视为重大的偏离而构成拒绝这份投标文件的理由。

评标委员会通常要对照招标文件的要求，审查并逐项列出投标文件的全部投标偏差。

通常，属于重大偏差情形的主要有以下几种情况：

a. 没有按照招标文件要求提供投标担保或者所提供的投标担保有瑕疵。

b. 投标文件没有投标人授权代表签字和加盖公章，没有按照招标文件的规定提供授权代理人授权书。

c. 投标文件载明的招标项目完成期限超过招标文件规定的期限。

d. 明显不符合技术规格、技术标准的要求。

e. 投标文件载明的货物包装方式、检验标准和方法等不符合招标文件的要求。

f. 投标文件附有招标人不能接受的条件。

g. 以联合体形式投标时，没有提交联合体协议。

h. 未按招标文件要求编写或字迹模糊导致无法确认关键技术方案、关键工期、关键工程质量保证措施和投标价格。

i. 不符合招标文件中规定的其他实质性要求。

细微偏差是指投标文件在实质上响应招标文件要求，但在个别地方存在漏项或者提供了不完整的技术信息和数据等情况，并且补正这些遗漏或者不完整不会对其他投标人造成不公平的结果。细微偏差不影响投标文件的有效性。评标委员会通常会书面要求存在细微偏差的投标人在评标结束前予以补正。拒不补正的，在详评时通常按招标文件中的规定对细微偏差作不利于该投标人的量化。

④ 计算方面是否有差错。投标报价计算的依据是各类货物、服务以及工程的单价。招标文件通常规定：若单价与单项合计价不相符时，均应以单价为准。因此，当在乘积或计算总数时有算术性错误时，应以单价为准更正总数；若单价显然存在着印刷或小数点的差错，则应纠正单价。若表明金额的文字（大写金额）与数字（小写金额）不符，通常应以文字为准。

按招标文件规定的修正原则，对投标人报价的计算差错进行算术性修正。并且招标人应将相应修正通知投标人，并取得投标人对这项修改同意的确认；对于较大的错误，评标委员应视其性质，通知投标人亲自修改。若投标人不同意更正，那么招标人就会拒绝其投标，并且可以没收投标人所提供的投标保证金。

（3）详细评审工作

经初步评审合格的投标文件，评标委员会应当根据该招标文件确定的评标标准和方法，对其技术部分和商务部分作进一步评审、比较。

① 技术评审内容。技术评审的目的主要是在于确认备选的中标人完成本招标项目的技术能力以及其所提方案的可靠性。与资格评审不同的是，该评审的重点在于评审投标人将怎样实施本招标项目。技术评审的内容主要有以下几点：

a. 投标文件是否包括了招标文件所要求提交的各项技术文件，它们同招标文件中的技术说明或图纸是否一致。

b. 实施进度计划是否符合招标人的时间要求，这一计划是否科学和严谨。

c. 投标人准备用哪些措施来保证实施进度。

d. 如何控制和保证质量，这些措施是否可行。

e. 组织机构、专业技术力量和设备配置能否满足项目需要。

f. 如果投标人在正式投标时已列出拟与之合作或分包的单位名称，则这些合作伙伴或分包单位是否具有足够的能力和经验保证项目的实施和顺利完成。

g. 投标人对招标项目在技术上有何保留或建议，这些保留条件是否影响技术性能和质量，其建议的可行性和技术经济价值如何。根据招标文件的规定，允许投标人投备选标的，评标委员会可以对中标人所投的备选标进行评审，以决定是否采纳备选标。不符合中标条件的投标人的备选标不予考虑。

② 商务评审内容。商务评审的目的主要是在于从成本、财务以及经济分析等方面评定投标报价的合理性和可靠性，并估量授标给各投标人后的不同经济效果。商务评审的主要内容有：

a. 将投标报价与标底价进行对比分析，评价该报价是否可靠、合理。

b. 投标报价构成和水平是否合理，有无严重不平衡报价。

c. 审查所有保函是否被接受。

d. 进一步评审投标人的财务实力和资信程度。

e. 投标人对支付条件有何要求或给予招标人以何种优惠条件。对于划分有多个单项合同的招标项目，招标文件允许投标人为获得整个项目合同而提出优惠的，评标委员会可以对投标人提出的优惠进行审查，以决定是否将招标项目作为一个整体合同授予中标人。将招标项目作为一个整体合同授予的，整体合同中标人的投标应当最有利于招标人。

f. 分析投标人提出的财务和付款方面的建议的合理性。

g. 是否提出与招标文件中的合同条款相悖的要求，如：重新划分风险，增加招标人责任范围，减少投标人义务，提出不同的验收、计量办法和纠纷、事故处理办法，或对合同条款有重要保留等。

(4) 投标文件中问题的澄清

经过初审后，评标委员会将针对初审阶段被选出的几份投标文件中存在的问题（或含义不明确的内容），拟出问题清单，并且要求投标人对清单中的问题以书面的方式予以澄清、说明或者补正。澄清问题时，最简单的方法是将问题清单分别寄送给各投标人，由他们做出书面答复；也可以向投标人作口头询问——采用举行澄清会的办法，由投标人派出代表参加澄清会，当面澄清问题。

由于进入最终评审阶段后，哪一家可能中标是个非常敏感的问题，各投标人代表都将利用澄清会的机会，试图摸清评标人对选标的倾向性意见，评审人员应注意不得向任何人透露任何评审情况。

在开澄清会时，评审人员应向投标人代表提供经主谈人签字的完整的问题清单。在口头澄清后，投标人代表也应正式提出书面答复，并由授权代表正式签字。在澄清会期间，还可根据需要提出补充问题清单，再由投标人予以书面澄清。这些问题清单与书面答复均将作为正式文件，并具有与投标文件同等的效力。

(5) 评标中相关问题的处理

评标委员会在评标过程中发现的问题，应当及时做出处理或者向招标人提出处理建议，并作书面记录。评标工程中除了投标文件本身原因可能造成废标条件外，其他一些情况也可能使投标文件作废或被否决，以至于造成整个招标活动失败。

① 废标认定。在评标过程中，若评标委员会发现投标人以他人的名义投标、串通投标、以行贿手段谋取中标或者以其他弄虚作假方式投标的，该投标人的投标应作废标处理。

在评标过程中，评标委员会发现投标人的报价明显低于其他投标报价或者在设有标底时明显低于标底，使得其投标报价可能低于其个别成本的，应当要求该投标人做出书面说明并提供相关证明材料。投标人不能合理说明或者不能提供相关证明材料的，由评标委员会认定该投标人以低于成本报价竞标，其投标应作废标处理。

② 否决投标。投标人资格条件不符合国家有关规定和招标文件要求的，或者拒不按照要求对投标文件进行澄清、说明或者补正的，评标委员会可以否决其投标。

按规定否决不合格投标或者界定为废标后，因有效投标不足三个使得投标明显缺乏竞争的，评标委员会可以否决全部投标。即招标人拒绝全部投标文件，一个完整的招标投标活动没有产生中标人。

评标委员会经过评审，认为所有投标文件都不符合招标文件要求时，或最低评标价大大超过标底或合同估价、招标人无力接受的，可以否决所有投标。根据《建设工程勘察设计管理条例》的规定，招标人认为评标委员会推荐的候选建设工程勘察、设计方案不能最大限度满足招标文件规定的要求，也有权否决所有投标方案。

③ 评标延期。我国法律规定，评标和定标应当在投标有效期结束日 30 个工作日前完成。不能在投标有效期结束日 30 个工作日前完成评标和定标的，招标人应当通知所有投标人延长投标有效期。拒绝延长投标有效期的投标人有权收回投标保证金。同意延长投标有效期的投标人应当相应延长其投标担保的有效期，但不得修改投标文件的实质性内容。因延长投标有效期造成投标人损失的，招标人应当给予补偿，但因不可抗力需延长投标有效期的除外。

④ 重新招标。投标人少于 3 个或者所有投标被否决的，招标人应当依法重新招标。如重新招标，招标人应研究招标无效的原因，考虑对招标文件及技术要求进行修改，以期出现有效的竞争局面。修改后的招标文件，需重新备案。对已参加本次投标的单位，重新参加投标一般不再收取招标文件费。

由于招标人自身原因致使招标工作失败（包括未能如期签订合同），招标人应当按投标保证金双倍的金额赔偿投标人，同时退还投标保证金。

⑤ 在确定中标人之前，招标人与投标人的谈判。严格地说，在确定中标人之前，招标人与投标人是可以进行谈判的，只是这种谈判要符合一定的规则。包括：

a. 确定中标人之前，招标人与投标人的谈判要通过评标委员会进行。

b. 确定中标人之前，招标人与投标人的谈判必须是评标委员会的组织行为。

c. 谈判内容不得涉及实质性内容。

d. 谈判过程中不得透露对投标文件的评审情况。

e. 确定中标人之前，招标人与投标人的谈判只能由招标人一方自主提出，投标人不能要求进行谈判。

3.5.2.6 提交评标报告

评标委员会在对所有投标文件进行各方面评审之后，须编写一份评审结论报告——评标报告，提交给招标人，并抄送有关行政监督部门。该报告作为评审结论，应提出推荐意见和建议，并说明其授予合同的具体理由，供招标人作授标决定时参考。

评标委员会从合格的投标人中排序推荐的中标候选人必须符合下列条件之一：

① 能够最大限度满足招标文件中规定的各项综合评价标准。

② 能够满足招标文件的实质性要求，并且经评审的投标价格最低，但是投标价格低于成本的除外。

评标报告应当如实记载以下内容：

① 基本情况和数据表。

② 评标委员会成员名单。

③ 开标记录。

④ 符合要求的投标一览表。

⑤ 废标情况说明。

⑥ 评标标准、评标方法或者评标因素一览表。

⑦ 经评审的价格或者评分比较一览表。

⑧ 经评审的投标人排序。

⑨ 推荐的中标候选人名单与签订合同前要处理的事宜。

⑩ 澄清、说明、补正事项纪要。

评标报告由评标委员会全体成员签字。对评标结论持有异议的评标委员会成员可以书面方式阐述其不同意见和理由。评标委员会成员拒绝在评标报告上签字且不陈述其不同意见和理由的，视为同意评标结论。评标委员会应当对此做出书面说明并记录在案。

向招标人提交书面评标报告后，评标委员会即告解散。评标过程中使用的文件、表格以及其他资料应当及时归还招标人。

3.5.2.7　评标过程的注意事项

（1）标价合理

当前一般是以标底价格为中准价，采用接近标底的价格的报价为合理标价。如果采用低的报价中标者，应弄清下列情况：一是是否采用了先进技术确实可以降低造价或有自己的廉价建材采购基地，能保证得到低于市场价的建筑材料，或是在管理上有什么独到的方法；二是了解企业是否出于竞争的长远考虑，在一些非主要工程上让利承包，以便提高企业知名度和占领市场，为今后在竞争中获利打下基础。

（2）工期适当

国家规定的建设工程工期定额是建设工期参考标准，对于盲目追求缩短工期的现象要认真分析，是否经济合理。要求提前工期，必须要有可靠的技术措施和经济保证。要注意分析投标企业是否是为了中标而迎合业主无原则要求缩短工期的情况。

(3) 要注意尊重业主的自主权

在社会主义市场经济的条件下，特别是在建设项目实行业主负责制的情况下，业主不仅是工程项目的建设者，投资的使用者，而且也是资金的偿还者。评标组织是业主的参谋，要对业主负责，业主要根据评标组织的评标建议做出决策，这是理所当然的。但是评标组织要防止来自行政主管部门和招标管理部门的干扰。政府行政部门、招投标管理部门应尊重业主的自主权，不应参加评标决标的具体工作，主要从宏观上监督和保证评标决标工作的公正、科学、合理、合法，为招投标市场的公平竞争创造一个良好的环境。

(4) 注意研究科学的评标方法

评标组织要依据本工程特点，研究科学的评标方法，保证评标不“走过场”，防止假评暗定等不正之风出现。

3.6 园林工程中标与签约

3.6.1 中标

3.6.1.1 中标人的确定原则

(1) 确定中标人的权利归属原则

招标人根据评标委员会提出的书面评标报告和推荐的中标候选人确定中标人。一般情况下，评标委员会只负责推荐合格中标候选人，中标人应当由招标人确定。确定中标人的权利，招标人可以自己直接行使，也可以授权评标委员会直接确定中标人。

(2) 确定中标人的权利受限原则

虽然确定中标人的权利属于招标人，但这种权利受到很大限制。按照国家有关部门规章规定，使用国有资金投资或者国家融资的工程建设勘察设计和货物招标项目、依法必须进行招标的工程建设施工招标项目、政府采购货物和服务招标项目等，招标人只能确定排名第一的中标候选人为中标人。

3.6.1.2 中标人的确定程序

(1) 评标委员会推荐合格中标候选人

① 依法必须招标的工程建设项目，评标委员会推荐的中标候选人应当限定在1～3人，并标明排列顺序。

② 政府采购货物和服务招标，评标委员会推荐中标候选供应商数量应当根据采购需要确定，但必须按顺序排列中标候选供应商。评标委员会应当根据不同的评标方法，采取不同的推荐方法：

a. 采用最低评标价法的，按投标报价由低到高顺序排列。投标报价相同的，按技术指标优劣顺序排列。评标委员会认为，排在前面的中标候选供应商的最低投标价或者某些分项报价明显不合理或者低于成本，有可能影响商品质量和不能诚信履约的，应当要求其在规定的期限内提供书面文件予以解释说明，并提交相关证明材料；否则，评标委员会可以取消该投标人的中标候选资格，按顺序由排在后面的中标候选供应商递补，以此类推。

b. 采用综合评分法的，按评审后得分由高到低顺序排列。得分相同的，按投标报价由低到高顺序排列。得分且投标报价相同的，按技术指标优劣顺序排列。

c. 采用性价比法的，按商数得分由高到低顺序排列。商数得分相同的，按投标报价由低到高顺序排列。商数得分且投标报价相同的，按技术指标优劣顺序排列。

（2）招标人自行或者授权评标委员会确定中标人

招标人应当接受评标委员会推荐的中标候选人，不得在评标委员会推荐的中标候选人之外确定中标人。特殊项目，招标人应按照以下原则确定中标人：

① 使用国有资金投资或者国家融资的项目，招标人应当确定排名第一的中标候选人为中标人。排名第一的中标候选人放弃中标、因不可抗力提出不能履行合同，或者招标文件规定应当提交履约保证金而在规定的期限内未能提交的，招标人可以确定排名第二的中标候选人为中标人。排名第二的中标候选人因前款规定的同样原因不能签订合同的，招标人可以确定排名第三的中标候选人为中标人。

② 依法必须进行招标的项目，招标人应当确定排名第一的中标候选人为中标人。排名第一的中标候选人放弃中标、因不可抗力提出不能履行合同，或者招标文件规定应当提交履约保证金而在规定的期限内未能提交的，招标人可以确定排名第二的中标候选人为中标人。

③ 政府采购货物和服务工程采购人，应当按照评标报告中推荐的中标候选供应商顺序确定中标供应商。即首先应当确定排名第一的中标候选供应商为中标人，并与之订立合同。中标供应商因不可抗力或者自身原因不能履行政府采购合同的，采购人可以与排位在中标供应商之后第一位的中标候选供应商签订政府采购合同，以此类推。因此，在政府采购项目的招标中，采购人（即招标人）也只能与排名第一的中标候选人订立合同。

（3）中标结果公示或者公告

为了体现招标投标中的公平、公正、公开的原则，且便于社会的监督，确定中标人后，中标结果应当公示或者公告。

各地应当建立中标候选人的公示制度。采用公开招标的，在中标通知书发出前，要将预中标人的情况在该工程项目招标公告发布的同一信息网络和建设工程交易中心予以公示，公示的时间最短应当不少于 2 个工作日。

（4）发出中标通知书

公示结束后，招标人应当向中标人发出中标通知书，告知中标人中标的结果。《招标投标法》第45条规定，中标人确定后，招标人应当向中标人发出中标通知书，并同时将中标结果通知所有未中标的投标人。

《招标投标法实施条例》第56条规定，中标候选人的经营、财务状况发生较大变化或者存在违法行为，招标人认为可能影响其履约能力的，应当在发出中标通知书前由原评标委员会按照招标文件规定的标准和方法审查确认。

3.6.1.3 中标通知书

（1）中标通知书的性质

按照合同法的规定，发出招标公告和投标邀请书是要约邀请，递交投标文件是要约，发出中标通知书是承诺。投标符合要约的所有条件：它具有缔结合同的主观目的；一旦中标，投标人将受投标书的拘束；投标书的内容具有足以使合同成立的主要条件。而招标人向中标的投标人发出的中标通知书，则是招标人同意接受中标的投标人的投标条件，即同意接受该投标人的要约的意思表示，属于承诺。因此，中标通知书的发出不但是将中标的结果告知投标人，还将直接导致合同的成立。

（2）中标通知书的法律效力

《招标投标法》第45条规定，中标通知书对招标人和中标人具有法律效力。中标通知书发出后，招标人改变中标结果的，或者中标人放弃中标项目的，应当依法承担法律责任。

中标通知书发出后，合同在实质上已经成立，招标人改变中标结果，或者中标人放弃中标项目，都应当承担违约责任。需要注意的是，与《中华人民共和国合同法》（以下简称《合同法》）一般性的规定“承诺生效时合同成立”不同，中标通知书发生法律效力的时间为发出后。由于招标投标是合同的一种特殊订立方式，因此，《招标投标法》是《合同法》的特别法，按照“特别法优于普通法”的原则，中标通知书发生法律效力的规定应当按照《招标投标法》执行，即中标通知书发出后即发生法律效力。

① 中标人放弃中标项目。中标人一旦放弃中标项目，必将给招标人造成损失，如果没有其他中标候选人，招标人一般需要重新招标，完工或者交货期限肯定要推迟。即使有其他中标候选人，其他中标候选人的条件也往往不如原定的中标人。因为招标文件往往要求投标人提交投标保证金，如果中标人放弃中标项目，招标人可以没收投标保证金，实质是双方约定投标人以这一方式承担违约责任。如果投标保证金不足以弥补招标人的损失，招标人可以继续要求中标人赔偿损失。因为按照《合同法》的规定，约定的违约金低于造成的损失的，当事人可以请求人民法院或者仲裁机构予以增加。

② 招标人改变中标结果。招标人改变中标结果，拒绝与中标人订立合同，也必然给中标人造成损失。中标人的损失既包括准备订立合同的支出，甚至有可

能有合同履行准备的损失。因为中标通知书发出后，合同在实质上已经成立，中标人应当为合同的履行进行准备，包括准备设备、人员、材料等。但除非在招标文件中明确规定，我们不能把投标保证金同时视为招标人的违约金，即投标保证金只有单向的保证投标人不违约的作用。因此，中标人要求招标人承担赔偿损失的责任，只能按照中标人的实际损失进行计算，要求招标人赔偿。

③ 招标人的告知义务。中标人确定后，招标人不但应当向中标人发出中标通知书，还应当同时将中标结果通知所有未中标的投标人。招标人的这一告知义务是《招标投标法》要求招标人承担的。规定这一义务的目的是让招标人能够接受监督，同时，如果招标人有违法情况，损害中标人以外的其他投标人利益的，其他投标人也可以及时主张自己的权利。

【例 3-1】《标准施工招标文件》中中标通知书、中标结果通知书、确认通知的格式见表 3-26～表 3-28。

表 3-26　中标通知书格式

中标通知书

_________(中标人名称)：

你方于___________(投标日期)所递交的_______________(项目名称)投标文件已被我方接受，被确定为中标人。

中标价：_______________元。

工期：_____________日历天。

工程质量：符合___________标准。

项目经理：_____________(姓名)。

请你方在接到本通知书后的_____日内到_________(指定地点)与我方签订承包合同，在此之前按招标文件第二章“投标人须知”的规定向我方提交履约担保。

随附的澄清、说明、补正事项纪要，是本中标通知书的组成部分。

特此通知。

附：澄清、说明、补正事项纪要

招标人：___________(盖单位章)

法定代表人：__________(签字)

_____年_____月_____日

表 3-27　中标结果通知书格式

中标结果通知书

_________(未中标人名称)：

我方已接受_____________(中标人名称)于___________(投标日期)所递交的___________(项目名称)投标文件，确定___________(中标人名称)为中标人。

感谢你单位对我们工作的大力支持！

招标人：___________(盖单位章)

法定代表人：__________(签字)

_____年_____月_____日

表 3-28 确认通知格式

确认通知

__________(招标人名称)：
你方于_____年_____月_____日发出的____________(项目名称)关于____________的通知，我方已于_____年_____月_____日收到。
特此确认。

招标人：____________(盖单位章)
_____年_____月_____日

3.6.2 签订合同

3.6.2.1 订立合同

中标通知书发出后，招标人和中标人应当依照《招标投标法》和《招标投标法实施条例》的规定签订书面合同，合同的标的、价款、质量、履行期限等主要条款应当与招标文件和中标人的投标文件的内容一致。招标人和中标人不得再行订立背离合同实质性内容的其他协议。订立合同前，中标人应当提交履约担保。

3.6.2.2 中标合同的签订原则

（1）平等原则

合同当事人的法律地位平等，即享有民事权利和承担民事义务的资格是平等的，一方不得将自己的意志强加给另一方。市场经济中交易双方的关系实质上是一种平等的契约关系，因此，在订立合同中一方当事人的意思表示必须是完全自愿的，不能是在强迫和压力下所做出的非自愿的意思表示。因为合同是平等主体之间的法律行为，只有订立合同的当事人平等协商，才有可能订立意思表示一致的协议。

（2）自愿原则

合同当事人依法享有自愿订立合同的权利，不受任何单位和个人的非法干预。合同法中的自愿原则，是合同自由的具体体现。民事主体在民事活动中享有自主的决策权，其合法的民事权利可以抗御非正当行使的国家权力，也不受其他民事主体的非法干预。

合同法中的自愿原则有以下含义：第一，合同当事人有订立合同的自由；第二，当事人有选择合同相对人、合同内容和合同形式的自由即有权决定与谁订立合同、有权拟定或者接受合同条款、有权以书面或者口头的形式订立合同。

（3）公平原则

合同当事人应当遵循公平原则确定各方的权利和义务。在合同的订立和履行中，合同当事人应当在正当行使合同权利和履行合同义务、兼顾他人利益，使当事人的利益能够均衡。在双方合同中，一方当事人在享有权利的同时，也要承担相应义务，取得的利益要与付出的代价相适应。

(4) 诚实信用原则

合同当事人在订立合同、行使权利、履行义务中，都应当遵循诚实信用原则。这是市场经济活动中形成的道德规则，它要求人们在交易活动（订立和履行合同）中讲究信用，恪守诺言，诚实不欺。在行使权利时应当充分尊重他人和社会的利益，对约定的义务要忠实地履行。

(5) 合法性原则

合同当事人在订立及履行合同时，合同的形式和内容等各构成要件必须符合法律的要求，符合国家强行性法律的要求，不违背社会公共利益，不扰乱社会经济秩序。

3.6.2.3 中标合同的签订要求

招标人与中标人签订合同，必须按照《合同法》基本要求签订，除此之外还必须遵循《招标投标法》的有关特殊规定。

(1) 订立合同的形式要求

按照《招标投标法》的规定，招标人和中标人应当自中标通知书发出之日起30日内，按照招标文件和中标人的投标文件订立书面合同。即：法律要求中标通知书发出后，双方应当订立书面合同。因此，通过招标投标订立的合同是要式合同。

(2) 订立合同的内容要求

应当按照招标文件和中标人的投标文件确定合同内容。招标文件与投标文件应当包括合同的全部内容。所有的合同内容都应当在招标文件中有体现：一部分合同内容是确定的，不容投标人变更的，如技术要求等，否则就构成重大偏差；另一部分是要求投标人明确的，如报价。投标文件只能按照招标文件的要求编制，因此，如果出现合同应当具备的内容，招标文件没有明确，也没有要求投标文件明确，则责任应当由招标人承担。

书面合同订立后，招标人和中标人不得再行订立背离合同实质性内容的其他协议。对于建设工程施工合同，最高人民法院的司法解释规定，当事人就同一建设工程另行订立的建设工程施工合同与经过备案的中标合同实质性内容不一致的，应当以备案的中标合同作为结算工程价款的根据。

(3) 订立合同的时间要求

中标通知书发出后，应当尽快订立合同。这是招标人提高采购效率、投标人降低成本的基本要求。如果订立合同的时间拖得太长，市场情况发生变化，也会使投标报价时的竞争失去意义。因此，《招标投标法》第46条规定，招标人和中标人应当自中标通知书发出之日起30日内，按照招标文件和中标人的投标文件订立书面合同。

(4) 订立合同接受监督的要求

在合同订立过程中，招标投标监督部门仍然要进行监督。《招标投标法》第

47 条规定，依法必须进行招标的项目，招标人应当自确定中标人之日起 15 日内，向有关行政监督部门提交招标投标情况的书面报告。

① 书面报告的内容。依法必须进行招标的项目，包括项目的勘察、设计、施工、监理以及与工程建设有关的重要设备、材料等的采购等，都应当向有关招标投标行政监督部门提交招标投标情况的书面报告。目前，国家有关部门已经对施工招标、勘察设计招标、货物招标的书面报告内容做出了具体规定。

园林工程施工招标的书面报告至少应包括下列内容：

a. 招标范围。

b. 招标方式和发布招标公告的媒介。

c. 招标文件中投标人须知、技术条款、评标标准和方法、合同主要条款等内容。

d. 评标委员会的组成和评标报告。

e. 中标结果。

② 合同备案制度。合同备案，是指当事人签订合同后，还要将合同提交相关的主管部门登记。有些通过招标投标订立的合同应当进行备案，这些备案要求不是合同生效的条件。《房屋建筑和市政基础设施工程施工招标投标管理办法》第 47 条规定，订立书面合同后 7 日内，中标人应当将合同送工程所在地的县级以上地方人民政府建设行政主管部门备案。

3.7 园林工程招标投标的法律责任

3.7.1 园林工程招标投标投诉

园林工程招标投标投诉，是指投标人和其他利害关系人认为招标投标活动不符合法律、法规和规章规定，依法向有关行政监督部门提出意见并要求相关主体改正的行为。招标投标投诉可以在招标投标活动的各个阶段提出，包括招标、投标、开标、评标、中标以及签订合同等。

3.7.1.1 一般规定

（1）投标人或者其他利害关系人认为招标投标活动不符合法律、行政法规规定的，可以自知道或者应当知道之日起 10 日内向有关行政监督部门投诉。投诉应当有明确的请求和必要的证明材料。

就下列规定事项投诉的，应当先向招标人提出异议：

① 潜在投标人或者其他利害关系人对资格预审文件有异议的。

② 潜在投标人或者其他利害关系人对招标文件有异议的。

③ 对开标有异议的。

④ 投标人或者其他利害关系人对依法必须进行招标的项目的评标结果有异议的。

(2) 投诉人就同一事项向两个以上有权受理的行政监督部门投诉的，由最先收到投诉的行政监督部门负责处理。

行政监督部门应当自收到投诉之日起3个工作日内决定是否受理投诉，并自受理投诉之日起30个工作日内做出书面处理决定；需要检验、检测、鉴定、专家评审的，所需时间不计算在内。

投诉人捏造事实、伪造材料或者以非法手段取得证明材料进行投诉的，行政监督部门应当予以驳回。

(3) 行政监督部门处理投诉，有权查阅、复制有关文件、资料，调查有关情况，相关单位和人员应当予以配合。必要时，行政监督部门可以责令暂停招标投标活动。

行政监督部门的工作人员对监督检查过程中知悉的国家秘密、商业秘密，应当依法予以保密。

3.7.1.2　招标投标投诉受理的程序和要求

(1) 招标投标投诉人　投标人和其他利害关系人认为招标投标活动不符合法律、法规和规章规定的，有权依法向有关行政监督部门投诉。

(2) 招标投标投诉受理人　招标投标投诉受理人是招标投标的行政监督部门。各级发展改革、建设、水利、交通、铁道、民航、工业与信息产业（通信、电子）等招标投标活动行政监督部门，依照国务院和地方各级人民政府规定的职责分工，受理投诉并依法做出处理决定。对国家重大建设项目（含工业项目）招标投标活动的投诉，由国家发展改革委受理并依法做出处理决定。对国家重大建设项目招标投标活动的投诉，有关行业行政监督部门已经受理的，应当通报国家发改委，国家发改委不再受理。

(3) 投诉人提交投诉书　投诉人投诉时，应当提交投诉书。投诉书应当包括下列内容：

① 投诉人的名称、地址及有效联系方式。

② 被投诉人的名称、地址及有效联系方式。

③ 投诉事项的基本事实。

④ 相关请求及主张。

⑤ 有效线索和相关证明材料。

投诉人是法人的，投诉书必须由其法定代表人或者授权代表签字并盖章；其他组织或者个人投诉的，投诉书必须由其主要负责人或者投诉人本人签字，并附有效身份证明复印件。投诉书有关材料是外文的，投诉人应当同时提供其中文译本。由于投诉有高效的原则要求，因此，对投诉人提交投诉书有严格的时限要求，投诉人应当在知道或者应当知道其权益受到侵害之日起10日内提出书面投诉。投诉人可以直接投诉，也可以委托代理人办理投诉事务。代理人办理投诉事务时，应将授权委托书连同投诉书一并提交给行政监督部门。授权委托书应当明确有关委托代理权限和事项。

（4）行政监督部门决定是否受理投诉　一般情况下，行政监督部门收到投诉书后，应当在5日内进行审查，视情况分别做出以下处理决定：

① 不符合投诉处理条件的，决定不予受理，并将不予受理的理由书面告知投诉人。有下列情形之一的投诉，不予受理：

a. 投诉人不是所投诉招标投标活动的参与者，或者与投诉项目无任何利害关系。

b. 投诉事项不具体，且未提供有效线索，难以查证的。

c. 投诉书未署具体投诉人真实姓名、签字和有效联系方式的。

d. 以法人名义投诉的，投诉书未经法定代表人签字并加盖公章的。

e. 超过投诉时效的。

f. 已经做出处理决定，并且投诉人没有提出新的证据的。

g. 投诉事项已进入行政复议或者行政诉讼程序的。

h. 对符合投诉处理条件，但不属于本部门受理的投诉，书面告知投诉人向其他行政监督部门提出投诉。

② 对于符合投诉处理条件并决定受理的，收到投诉书之日即为正式受理。

3.7.1.3　招标投标投诉处理的程序和要求

（1）关于回避的规定　投诉受理后，首先要确定具体的工作人员负责处理。行政监督部门负责投诉处理的工作人员，有下列情形之一的，应当主动回避：

① 近亲属是被投诉人、投诉人，或者是被投诉人、投诉人的主要负责人。

② 在近三年内本人曾经在被投诉人单位担任高级管理职务。

③ 与被投诉人、投诉人有其他利害关系，可能影响对投诉事项公正处理的。

（2）对投诉进行调查取证　调查取证是对投诉进行处理的基础，行政监督部门在进行调查取证时，应当正确行使权力。

① 调取、查阅有关文件。行政监督部门受理投诉后，应当调取、查阅有关文件，调查、核实有关情况。对情况复杂、涉及面广的重大投诉事项，有权受理投诉的行政监督部门可以会同其他有关的行政监督部门进行联合调查。

② 询问相关人员。行政监督部门可以对相关人员进行询问，但应当由两名以上行政执法人员进行，并做笔录，交被调查人签字确认。

③ 听取被投诉人的陈述和申辩。在投诉处理过程中，行政监督部门应当听取被投诉人的陈述和申辩，必要时可通知投诉人和被投诉人进行质证。

④ 遵守保密规定。行政监督部门负责处理投诉的人员应当严格遵守保密规定，对于在投诉处理过程中所接触到的国家秘密、商业秘密应当予以保密，也不得将投诉事项透露给与投诉无关的其他单位和个人。

⑤ 相关人员的配合义务。对行政监督部门依法进行的调查，投诉人、被投诉人以及评标委员会成员等与投诉事项有关的当事人应当予以配合，如实提供有

关资料及情况，不得拒绝、隐匿或者伪报。

(3) 对投诉人要求撤回投诉的处理　投诉处理决定做出前，投诉人要求撤回投诉的，应当以书面形式提出并说明理由，由行政监督部门视以下情况，决定是否准予撤回：

① 已经查实有明显违法行为的，应当不准撤回，并继续调查直至做出处理决定。

② 撤回投诉不损害国家利益、社会公共利益或者其他当事人合法权益的，应当准予撤回，投诉处理过程终止。投诉人不得以同一事实和理由再提出投诉。

(4) 投诉处理决定的做出　行政监督部门应当依法对投诉做出处理决定，程序上也应当符合规定。

① 投诉处理决定的时限和通知要求。负责受理投诉的行政监督部门应当自受理投诉之日起 30 日内，对投诉事项做出处理决定，并以书面形式通知投诉人、被投诉人和其他与投诉处理结果有关的当事人。情况复杂，不能在规定期限内做出处理决定的，经本部门负责人批准，可以适当延长，并告知投诉人和被投诉人。对情况复杂、涉及面广的重大投诉事项，有权受理投诉的行政监督部门会同其他有关的行政监督部门进行联合调查，共同研究后，仍由受理部门做出处理决定。

② 投诉处理决定的结果。行政监督部门应当根据调查和取证情况，对投诉事项进行审查，按照下列规定做出处理决定：

a. 投诉缺乏事实根据或者法律依据的，驳回投诉。

b. 投诉情况属实，招标投标活动确实存在违法行为的，依据《招标投标法》及其他有关法规、规章做出处罚。

③ 投诉处理决定的主要内容。投诉处理决定应当包括下列主要内容：

a. 投诉人和被投诉人的名称、住址。

b. 投诉人的投诉事项及主张。

c. 被投诉人的答辩及请求。

d. 调查认定的基本事实。

e. 行政监督部门的处理意见及依据。

④ 当事人对投诉处理决定不服的。行政监督部门的投诉处理决定不是终局的，因此，当事人对行政监督部门的投诉处理决定不服或者行政监督部门逾期未做处理的，可以依法申请行政复议或者向人民法院提起行政诉讼。

⑤ 投诉处理的费用。行政监督部门对投诉处理中需要的费用，全部由财政支出，行政监督部门在处理投诉过程中，不得向投诉人和被投诉人收取任何费用。

3.7.2　园林工程招标人的法律责任

3.7.2.1　法律责任的种类

我国的《招标投标法》及各部门的规章都对招标投标活动中当事人违法行为

的法律责任做出了规定。依据招标投标活动中当事人承担法律责任的性质不同，其法律责任可分为民事法律责任、行政法律责任、刑事法律责任。

（1）民事法律责任

民事法律责任简称民事责任，是指招标投标活动中主体因违反合同或者不履行其他义务，侵害国家的、集体的财产，侵害他人财产、人身，而依法应当承担的民事法律后果。

在招标投标活动中，招标投标中的不同主体在从事招标投标过程中，因不履行法定义务或违反合同规定依法应当承担相应民事法律后果。主要有恢复原状、返还财产、赔偿损失、支付违约金等责任。

（2）行政法律责任

行政法律责任简称行政责任，是指招标投标法律关系主体违反行政法律规定，而依法应当承担的一种法律责任。行政责任主体是行政法律关系主体，即行政主体和行政相对方。在行政法律关系中如果行政主体不依法实施行政管理、做出行政行为，就应当承担由此产生的行政责任；如果行政相对方没有履行法定义务，其同样应当承担行政责任。因此，承担行政责任的主体必须是行政法律关系中的主体。

在招标投标活动中，行政主体及行政相对方有行政违法行为而应承担的相应行政责任。其承担行政责任的方式有两类：

① 行政处分。行政处分是指国家工作人员及由国家机关委派到企业、事业单位任职的人员的行政违法行为尚不构成犯罪，依据法律、法规的规定而给予的一种制裁性处理。

虽然行政处分是有隶属关系的上级对下级违反纪律的行为或对尚未构成犯罪的违法行为给予的纪律制裁，属于内部行政行为，但它仍具有强烈的约束力。

② 行政处罚。行政处罚是指国家行政机关及其他依法可以实施行政处罚权的组织，对违反行政法律、法规、规章，但尚不构成犯罪的公民、法人及其他组织实施的一种制裁行为。

招标投标活动中，因招标投标活动的适用范围不同和招标投标项目的不同，对招标投标活动当事人行政法律责任规定较多，除《招标投标法》外，还有国务院的行政法规及各部委的部门规章规定中对当事人的行政法律责任均有规定。当事人承担行政责任的主要形式有：

a. 责令限期改正。责令限期改正，是指相关的监督部门对于违反相关法律法规的当事人要求且在一定期限内对其行为予以纠正。

b. 罚款。罚款是指行政机关对违反行政法律规范不履行法定义务的组织或个人所做出的一种经济处罚。招标投标活动的行政责任中罚款是最主要的形式之一，罚款方式可以是按合同金额的比例也可以是按法律法规直接确定的罚款数额。

c. 处分。处分包括行政处分和纪律处分。

d. 暂停或取消从事招标投标活动的资格。对全部或者部分使用国有资金的项目，可以暂停项目执行或者暂停资金拨付，对建设单位视其违法行为可以不予颁布项目施工许可证。

(3) 刑事法律责任

刑事法律责任简称刑事责任，是指招标投标活动中的当事人因实施刑法规定的犯罪行为所应承担的刑事法律后果。如串通投标罪、泄露国家秘密罪、行贿罪、受贿罪等刑罚。

在招标投标活动中，当事人的行为违反了我国刑法的规定需要承担刑事责任的方式是刑罚。刑罚，是人民法院在对行为人做出有罪判决的同时给予刑事制裁。这种刑事责任的承担方式是最基本的方式，也是最普遍的一种方式。依据《刑法》规定，刑罚主要分为主刑和附加刑两大类，其具体种类包括，主刑：管制、拘役、有期徒刑、无期徒刑、死刑；附加刑：罚金、剥夺政治权利、没收财产、驱逐出境。附加刑也可以独立适用。

根据犯罪主体的不同我国刑法中又分为单位犯罪的刑事责任和自然人犯罪的刑事责任两种。单位犯罪的刑事责任是指以单位（如公司、企业、事业单位、机关、团体等）为犯罪主体因其实施刑法规定的犯罪行为所应承担的刑事法律后果。单位犯罪与自然人犯罪相比较，其承担刑事责任有以下特征：

① 整体性。对于单位犯罪而言，承担刑事责任的是以单位为整体的刑事主体，而不是单位内部的全体成员。因此，单位犯罪的刑事责任具有整体性。

② 双重性。对于单位犯罪，不仅要追究单位的刑事责任，还要追究在单位犯罪中起主要作用和负有重大责任的单位成员即主要责任人员的刑事责任。因此，单位犯罪的刑事责任具有双重性。

③ 局限性。单位只能对某类特定犯罪承担刑事责任，而且承担刑事责任的方式也是有限的。因此，单位犯罪的刑事责任具有局限性。

对单位犯罪的刑事责任我国采用的双罚制方式。双罚制，是指对于实施犯罪行为的单位，既要处罚单位又要处罚单位中的直接责任人员。

在招标投标活动中，刑事法律责任是指招标投标中当事人承担的最严重的一种法律后果。《刑法》中对招标投标活动的当事人承担刑事责任的行为和刑事责任均做出了明确的规定。

3.7.2.2 招标人应承担的法律责任

招标人的法律责任，是指招标人在招标过程中对其所实施的行为应当承担的法律后果。按照招标人承担责任的不同法律性质，其法律责任分为民事法律责任、行政法律责任和刑事法律责任。

(1) 招标人的民事法律责任

① 招标人承担民事责任的违法行为。依据《招标投标法》的规定，下列几

种行为应属于承担民事法律责任的违法行为：

a. 招标人向他人透露已获取招标的潜在投标人的名称、数量或者影响公平竞争的有关招标投标的其他情况。

b. 泄露标底，招标人设有标底的，标底必须保密。

c. 依法必须进行招标的项目，招标人与投标人就投标价格、投标方案等实质性内容进行谈判的。

d. 招标人在评标委员会依法推荐的中标候选人以外确定中标人的。

e. 依法必须进行招标的项目在所有投标被评标委员会否决后自行确定中标人的。

f. 招标人不按招标文件和中标人的投标文件订立合同的，或者招标人与中标人订立背离合同实质性内容的协议书。

g. 依法必须进行招标的项目的招标人不按照规定组建评标委员会，或者确定、更换评标委员会成员违反《招标投标法》和《招标投标法实施条例》规定的，违法确定或者更换的评标委员会成员做出的评审结论无效，依法重新进行评审。

h. 招标人不按照规定对异议做出答复，继续进行招标投标活动的，由有关行政监督部门责令改正，拒不改正或者不能改正并影响中标结果的，且不能采取补救措施予以纠正的，招标、投标、中标无效，应当依法重新招标或者评标。

② 招标人承担民事责任的方式。招标人实施上述违法行为影响中标结果的中标无效，招标人应承担中标无效的法律后果：

a. 责令改正。招标人应承担停止违法行为的法律责任，并应按照法律规定做出相应的补救措施。其改正方式主要有：招标人与中标人重新订立合同；招标人在其余投标人中重新确定中标人；招标人应当重新招标。

b. 恢复原状、赔偿损失。中标无效的招标人已与中标人签订书面合同的，合同无效，应当恢复原状，因该合同取得的财产，应当予以返还或者没有必要返还的应当折价补偿。有过错的一方应赔偿对方因此所遭受的损失，双方都有过错的，应当承担各自相应的责任。

（2）招标人的行政法律责任

招标人的行政法律责任是指招标人因违反行政法律规范，而依法应当承担的一种法律责任。

① 招标人承担行政法律责任的违法行为如下：

a. 招标人有下列行为之一的，由有关行政监督部门责令改正，可以处一万元以上五万元以下的罚款：

（a）依法应当公开招标的项目不按照规定在指定媒介发布资格预审公告或者招标公告。

（b）在不同媒介发布的同一招标项目的资格预审公告或者招标公告的内容

不一致，影响潜在投标人申请资格预审或者投标。

（c）以不合理的条件限制或者排斥潜在投标人的。

（d）对潜在投标人实行歧视待遇的。

（e）强制要求投标人组成联合体共同投标的。

（f）限制投标人之间竞争的。

b. 招标人有下列行为之一的，由有关行政监督部门责令限期改正，可以处项目合同金额5‰以上10‰以下的罚款；对全部或者部分使用国有资金的项目，可以暂停项目执行或者暂停资金拨付；对单位直接负责的主管人员和其他直接责任人员依法给予处分：

（a）依法必须进行招标的项目的招标人不按照规定发布资格预审公告或者招标公告，构成规避招标的。

（b）必须进行招标的项目而不招标的。

（c）将必须进行招标的项目化整为零或者以其他任何方式规避招标的。

c. 招标人有下列情形之一的，由有关行政监督部门责令改正，可以处10万元以下的罚款：

（a）招标文件、资格预审文件的发售、澄清、修改的时限，或者确定的提交资格预审申请文件、投标文件的时限不符合《招标投标法》和《招标投标法实施条例》规定。

（b）依法应当公开招标而采用邀请招标。

（c）接受未通过资格预审的单位或者个人参加投标。

（d）接受应当拒收的投标文件。

招标人有上述（b）、（c）项所列行为之一的，对单位直接负责的主管人员和其他直接责任人员依法给予处分。

d. 依法必须进行招标的项目的招标人有下列情形之一的，由有关行政监督部门责令改正，可以处中标项目金额10‰以下的罚款；对单位直接负责的主管人员和其他直接责任人员依法给予处分：

（a）无正当理由不发出中标通知书；

（b）不按照规定确定中标人；

（c）中标通知书发出后无正当理由改变中标结果；

（d）无正当理由不与中标人订立合同；

（e）在订立合同时向中标人提出附加条件。

e. 依法必须进行招标的项目的招标人向他人透露已获取招标文件的潜在投标人的名称、数量或者可能影响公平竞争的有关招标投标的其他情况的，或者泄露标底的，给予警告，可以并处一万元以上十万元以下的罚款；对单位直接负责的主管人员和其他直接责任人员依法给予处分。

f. 招标人超过规定的比例收取投标保证金、履约保证金或者不按照规定退还投标保证金及银行同期存款利息的，由有关行政监督部门责令改正，可以处5万元以下的罚款。

g. 依法必须进行招标的项目，招标人违反《招标投标法》规定，与投标人就投标价格、投标方案等实质性内容进行谈判的，对单位直接负责的主管人员和其他直接责任人员依法给予处分。

h. 招标人在评标委员会依法推荐的中标候选人以外确定中标人的，依法必须进行招标的项目在所有投标被评标委员会否决后自行确定中标人的，责令改正，可以处中标项目金额5‰以上10‰以下的罚款；对单位直接负责的主管人员和其他直接责任人员依法给予处分。

i. 依法必须进行招标的项目的招标人不按照规定组建评标委员会，或者确定、更换评标委员会成员违反《招标投标法》和《招标投标法实施条例》规定的，由有关行政监督部门责令改正，可以处10万元以下的罚款，对单位直接负责的主管人员和其他直接责任人员依法给予处分。

② 招标人承担行政法律责任方式。对招标人在招标投标过程中的违法行为承担行政法律责任的方式主要有：

a. 警告、责令限期改正。招标人有上述《招标投标法》、《招标投标法实施条例》及部门规章规定的违法行为，情节轻微的行政部门有权对招标人发出书面警告，并有权责令限期改正。

b. 罚款。招标人有上述违法行为的，行政监督部门有权对招标人依据不同规定处以不同数额的罚款，同时可并处没收违法所得。

c. 不颁发施工许可证。《房屋建筑和市政基础设施工程施工管理办法》规定，对应予招标未招标的，应予公开招标未公开招标的，县级以上地方人民政府建设行政部门对责令改正而拒不改正的招标人不得颁发施工许可证。

d. 行政处分。行政处分的对象是招标人单位的直接负责的主管人员和其他直接责任人员。

e. 暂停项目执行或者暂停资金拨付。对必须进行招标的项目而不招标的，或者是将必须进行招标的项目化整为零或以其他方式规避招标的，如果招标项目是全部或者部分使用国有资金的，有关行政部门可以暂停该项目的执行或是暂停向该项目拨付资金。

（3）招标人的刑事法律责任

招标人的刑事法律责任，是指招标人因实施刑法规定的犯罪行为所应承担的刑事法律后果。刑事法律责任是招标人承担的最严重的一种法律后果。

招标人向他人透露招标文件的重要内容或可能影响公平竞争的有关招标投标的其他情况，如泄露评标专家委员会成员的、向他人透露已获取招标文件的潜在投标人的名称、数量的或是泄露标底并造成重大损失的，招标人构成侵犯商业秘密，处3年以下有期徒刑或者拘役，造成特别严重后果的，处3年以上7年以下有期徒刑，并处罚金。

3.7.3 园林工程投标人的法律责任

投标人的法律责任，是指投标人在投标过程中对其所实施的行为应当承担的法律后果。按照投标人承担责任的不同法律性质，其法律责任分为民事法律责任、刑事法律责任和行政法律责任。

3.7.3.1 投标人的民事法律责任

投标人的民事法律责任，是指投标人因不履行法定义务或违反合同而依法应当承担的民事法律后果。

投标人承担民事法律责任的主要方式表现为：中标无效、承担赔偿责任、转让无效和分包无效、履约保证金不予退回等。

(1) 中标无效的民事法律责任

① 招标人串通投标的；投标人相互串通投标、抬高标价或者压低标价的，投标者相互勾结，以排挤竞争对手的公平竞争的；投标人以向招标人或者评标委员会成员行贿的手段谋取中标的，中标无效。

② 投标人以他人名义投标或者以其他方式弄虚作假，骗取中标的，中标无效。

(2) 承担赔偿的民事法律责任

① 投标人以他人名义投标或者以其他方式弄虚作假，骗取中标的，给招标人造成损失的，依法承担赔偿责任。

② 投标人或者其他利害关系人捏造事实、伪造材料或者以非法手段取得证明材料进行投标，给他人造成损失的，依法承担赔偿责任。

(3) 转让无效、分包无效的民事法律责任

中标人将中标项目转让给他人的，将中标项目肢解后分别转让给他人的，违反本法规定将中标项目的部分主体、关键性工作分包给他人的，或者分包人再次分包的，转让、分包无效。

(4) 履约保证金不予退回的民事法律责任

中标人不履行与招标人订立的合同的，履约保证金不予退还，给招标人造成的损失超过履约保证金数额的，还应当对超过部分予以赔偿；没有提交履约保证金的，应当对招标人的损失承担赔偿责任。

3.7.3.2 投标人的行政法律责任

投标人的行政责任是指投标人因违反行政法律规范，而依法应当承担的法律后果。投标人承担行政责任的主要方式有：警告、罚款、没收非法所得、责令停业、取消投标资格及吊销营业执照。

(1) 投标人相互串通投标或者与招标人串通投标的，投标人以向招标人或者评标委员会成员行贿的手段谋取中标的，处中标项目金额5‰以上10‰以下的罚款，对单位直接负责的主管人员和其他直接责任人员处单位罚款数额5%以上

10％以下的罚款；有违法所得的，并处没收违法所得；情节严重的，由有关行政监督部门取消其1～2年内参加依法必须进行招标的项目的投标资格并予以公告，直至由工商行政管理机关吊销营业执照。对单位的罚款金额按照招标项目合同金额依照招标投标法规定的比例计算。

投标人有下列行为之一的，属于上述情节严重行为如下：

① 以行贿谋取中标。

② 3年内2次以上串通投标。

③ 串通投标行为损害招标人、其他投标人或者国家、集体、公民的合法利益，造成直接经济损失30万元以上。

④ 其他串通投标情节严重的行为。

投标人自②规定的处罚执行期限届满之日起3年内又有该款所列违法行为之一的，或者串通投标、以行贿谋取中标情节特别严重的，由工商行政管理机关吊销营业执照。

法律、行政法规对串通投标报价行为的处罚另有规定的，从其规定。

（2）投标人以他人名义投标或者以其他方式弄虚作假，骗取中标的，依法必须进行招标的项目的投标人所列行为尚未构成犯罪的，处中标项目金额50‰以上100‰以下的罚款，对单位直接负责的主管人员和其他直接责任人员处单位罚款数额5％以上10％以下的罚款；有违法所得的，并处没收违法所得；情节严重的，取消其1～3年内参加依法必须进行招标的项目的投标资格并予以公告，直至由工商行政管理机关吊销营业执照。依法必须进行招标的项目的投标人未中标的，对单位的罚款金额按照招标项目合同金额依照招标投标法规定的比例计算。

投标人有下列行为之一的，属于上述情节严重行为的如下：

① 伪造，变造资格、资质证书或者其他许可证件骗取中标。

② 3年内2次以上使用他人名义投标。

③ 弄虚作假骗取中标给招标人造成直接经济损失30万元以上。

④ 其他弄虚作假骗取中标情节严重的行为。

投标人自②规定的处罚执行期限届满之日起3年内又有该款所列违法行为之一的，或者弄虚作假骗取中标情节特别严重的，由工商行政管理机关吊销营业执照。

（3）投标者串通投标、抬高标价或者压低标价；投标者相互勾结，以排挤竞争对手的公平竞争的。监督检查部门可以根据情节处1万元以上20万元以下的罚款。

（4）出让或者出租资格、资质证书供他人投标的，依照法律、行政法规的规定给予行政处罚。

3.7.3.3 投标人的刑事法律责任

投标人的刑事责任是指投标人因实施刑法规定的犯罪行为所应承担的刑事法

律后果，刑事法律责任是投标人承担的最严重的一种法律后果。

(1) 承担串通投标罪的刑事责任

投标人相互串通投标报价，损害招标人或者其他招标人利益的，情节严重的，处3年以下有期徒刑或者拘役，并处或单处罚金。投标人与招标人串通投标，损害国家、集体、公民合法权益的，处3年以下有期徒刑或者拘役，并处或单处罚金。

(2) 承担合同诈骗罪的刑事责任

投标人以非法占有为目的，在签订、履行合同过程中实施骗取对方当事人财物，数额较大的，处3年以下有期徒刑或者拘役，并处或者单处罚金；数额巨大或者有其他严重情节的，处3年以上10年以下有期徒刑，并处罚金；数额特别巨大或者有其他特别严重情节的，处10年以上有期徒刑或者无期徒刑，并处罚金或者没收财产。

(3) 承担行贿罪的刑事责任

投标人向招标人或者评标委员会成员行贿，构成犯罪的，处3年以下有期徒刑或者拘役。单位犯前款罪的，对单位判处罚金，并对其直接负责的主管人员和其他直接责任人员，依照前款的规定处罚。

3.7.4 园林工程中标人的法律责任

中标人的法律责任，是指中标人在接到中标通知后对其所实施的行为应当承担的法律后果。法律责任的主体是已经与招标人签订合同的中标人。

3.7.4.1 中标人的违约行为

(1) 不履行

不履行行为可分为拒绝履行和履行不能。前者是指中标人能够实际履行而故意不履行，又没有正当理由的情况；后者是指合同到了履行期而中标人不能实际履行的情况。对于因中标人主观过错原因而导致的履行的情况。对于因中标人主观过错原因而导致的履行不能，中标人仍应负法律责任。

(2) 不完全履行

不完全履行即中标人没有完全按照合同的约定履行义务，也叫不适当履行或不正确履行。不完全履行分两种情况：一是给付有缺陷，就工程项目而言，就是指中标人完成的工程项目存在质量问题；二是加害给付，就招标项目而言，是指中标人完成的招标项目不仅不符合质量要求，而且还因为该质量问题造成了他人人身、财产损害。

(3) 迟延履行

迟延履行即中标人能够履行而不按照法定或者约定的时间履行合同义务，如中标人不能按期完成招标项目。

(4) 毁约行为

毁约行为即中标人无任何正当理由和法律根据而单方撕毁合同。

3.7.4.2 中标人应承担的法律责任

（1）中标人无正当理由不与招标人订立合同，在签订合同时向招标人提出附加条件，或者不按照招标文件要求提交履约保证金的，取消其中标资格，投标保证金不予退还。对依法必须进行招标的项目的中标人，由有关行政监督部门责令改正，可以处中标项目金额10‰以下的罚款。

（2）招标人和中标人不按照招标文件和中标人的投标文件订立合同，合同的主要条款与招标文件、中标人的投标文件的内容不一致，或者招标人、中标人订立背离合同实质性内容的协议的，由有关行政监督部门责令改正，可以处中标项目金额5‰以上10‰以下的罚款。

（3）中标人不履行与招标人订立的合同的，履约保证金不予退还，给招标人造成的损失超过履约保证金数额的，还应当对超过部分予以赔偿；没有提交履约保证金的，应当对招标人的损失承担赔偿责任。

中标人不按照与招标人订立的合同履行义务，情节严重的，取消其2～5年内参加依法必须进行招标的项目的投标资格并予以公告，直至由工商行政管理机关吊销营业执照。

（4）中标人将中标项目转让给他人的，将中标项目肢解后分别转让给他人的，违反本法规定将中标项目的部分主体、关键性工作分包给他人的，或者分包人再次分包的，转让、分包无效，处转让、分包项目金额5‰以上10‰以下的罚款；有违法所得的，并处没收违法所得；可以责令停业整顿；情节严重的，由工商行政管理机关吊销营业执照。

3.7.4.3 中标人承担法律责任的方式

（1）不予退还履约保证金

交纳履约保证金的中标人不履行合同的，所交纳的履行保证金不予退还，不管中标人的违约行为是否给招标人造成了损害。

另外，不返还履约保证金的前提是中标人提交了履约保证金，因为履约保证金不是在任何情况下都应当提交的。根据《招标投标法》的规定，只有在招标人要求中标人提交履约保证金时，中标人才应当提交。反之，则无须提交。

（2）赔偿损失

中标人的违约行为造成招标人损失的，中标人应当负损害赔偿的责任。根据《合同法》的规定，中标人赔偿的范围包括招标人所受的直接损失和间接损失，但不应超过当事人订立合同时预见到或应当预见到因违反合同可能造成的损失。交纳的履约保证金应当抵作损害赔偿金的一部分。履约保证金的数额超过因违约造成的损失的，中标人对于该损失就不再赔偿。相反，在履行保证金的数额低于因违约而造成损失的情况下，中标人还应当赔偿不足部分。另外，中标人的赔偿责任应当限于财产损害，而不包括精神损害。

（3）取消投标资格

中标人不按照与招标人订立的合同履行义务，情节严重的，有关行政监督部门应当取消其 2～5 年内参加依法必须招标的项目的投标资格并予以公告。所谓情节严重，是指中标人的违约行为造成的损失重大等情况。

(4) 吊销营业执照

如果取消中标人 2～5 年内参加必须招标项目的投标资格尚不足以达到制裁目的的，工商行政管理机关应当吊销中标人的营业执照。被吊销营业执照的中标人不得再从事相关的业务。

以上法律责任的主体是已经与招标人签订合同的中标人。根据《合同法》的规定，构成本条规定的法律责任，行为人主观上无需具有过错，只要行为人实施了违约行为，就应对该违约行为负责。

3.7.4.4　中标人的免责情况

根据《招标投标法》规定，中标人因不可抗力不能履行合同的，可以免除责任。所谓不可抗力是指不能预见、不能避免，并不可克服的情况。包括自然灾害和某些社会现象。前者如火山爆发、地震、台风、冰雹和洪水侵袭等；后者如战争等。由于法律责任制度的目的在于保护公民、法人的合法权益，补救其所受到的非法损害，教育和约束人们的行为，防止违法行为发生。

如果让人们对自己主观上无法预见有不能避免、不能克服的事件造成的损害承担责任，这不仅达不到法律责任的目的，而且对于承担责任的人也是不公平的。对此《合同法》也有明确的规定，因不可抗力不能履行合同的，根据不可抗力的影响，部分或者全部免除责任，但法律另有规定的除外。但是，如果不可抗力发生在债务履行迟延期间，债务人则不能以不可抗力为理由拒绝承担违反债务的民事责任。根据《合同法》规定，中标人因不可抗力不能履行合同的，应当及时通知招标人，以减轻可能给招标人造成的损失，并应当在合理期限内提供发生了不可抗力的证明。

3.7.5　招标代理机构的法律责任

招标代理机构的法律责任，是指招标代理机构在招标过程中对其所实施的行为应当承担的法律后果。招标代理机构是依法设立、从事招标代理业务的社会中介机构，其应当在招标人的委托范围内办理招标事宜，因此招标代理机构应当遵守法律、法规及部门规章中关于招标人的相关规定。但招标代理机构在招标投标活动中又具有独立的法律地位，因此法律、法规及部门规章对招标代理机构的法律责任又做出了一些特殊规定。

招标代理机构违反《招标投标法》规定，泄露应当保密的与招标投标活动有关的情况和资料的，或者与招标人、投标人串通损害国家利益、社会公共利益或者他人合法权益的，在所代理的招标项目中投标、代理投标或者向该项目投标人提供咨询的，接受委托编制标底的中介机构参加受托编制标底项目的投标或者为该项目的投标人编制投标文件、提供咨询的，处五万元以上二十五万元以下的罚款，对单位直接负责的主管人员和其他直接责任人员处单位罚款数额5%以上10%以下的罚款；有违法所得的，并处没收违法所得；情节严重的，暂停直至取消招标代理资格；构成犯罪的，依法追究刑事责任。给他人造成损失的，依法承担赔偿责任。前款所列行为影响中标结果的，中标无效。

依据这一条款的规定，招标代理机构承担民事责任的主要方式表现为赔偿责任和中标无效。招标代理机构因违法行为应承担的行政责任方式有：警告，责令改正，通报批评，对单位及直接负责任的主管人员和其他直接责任人员罚款，对于罚款额度，根据违法行为的轻度及所造成的后果，处以不同罚款额，取消代理资格，根据违法行为的严重程度给予不同的处罚期限，暂停招标代理资格等。构成犯罪的依法追究刑事责任。

3.7.6 评标委员会成员的法律责任

评标委员会成员的法律责任，是指评标委员会成员在招标过程中对其所实施的行为应当承担的法律后果。评标委员会在招标投标活动中，既不是行政领导机构，也不是业务主管部门，而是依法独立行使评标职能的组织。评标委员会成员应当客观、公正的履行职务，严格遵守法律、法规所规定的义务及职业道德，否则其亦应当承担相应的法律责任。

（1）评标委员会成员应承担的责任

评标委员会成员收受投标人的财物或者其他好处的，评标委员会成员或者参加评标的有关工作人员向他人透露对投标文件的评审和比较、中标候选人的推荐以及与评标有关的其他情况的，给予警告，没收收受的财物，可以并处3000元以上5万元以下的罚款，对有所列违法行为的评标委员会成员取消担任评标委员会成员的资格，不得再参加任何依法必须进行招标的项目的评标；构成犯罪的，依法追究刑事责任。

评标委员会成员有下列行为之一的，由有关行政监督部门责令改正；情节严重的，禁止其在一定期限内参加依法必须进行招标的项目的评标；情节特别严重的，取消其担任评标委员会成员的资格：

① 应当回避而不回避。

② 擅离职守。

③ 不按照招标文件规定的评标标准和方法评标。

④ 私下接触投标人。

⑤ 向招标人征询确定中标人的意向或者接受任何单位或者个人明示或者暗示提出的倾向或者排斥特定投标人的要求。

⑥ 对依法应当否决的投标不提出否决意见。

⑦ 暗示或者诱导投标人做出澄清、说明或者接受投标人主动提出的澄清、说明。

⑧ 其他不客观、不公正履行职务的行为。

(2) 评标委员会成员应承担的行政责任方式

评标委员会成员因违法行为应承担的行政法律责任方式有：

① 警告。

② 取消担任评标委员会的资格。

③ 有违法所得的没收违法所得。

④ 罚款，根据违法行为的不同处以不同的罚款额度等。

(3) 评标委员会成员应承担的刑事责任方式

评标委员会违反《招标投标法》的相关规定，构成犯罪的，依法应当承担受贿罪、侵犯商业秘密罪等刑罚。根据《最高人民法院、最高人民检察院关于办理商业贿赂刑事案件适用法律若干问题的意见》第6条的相关规定，依法组建的评标委员会在招标、评标活动中，索取他人财物或者非法收受他人财物，为他人谋取利益，数额较大的，依照刑法第163条的规定，以非国家工作人员受贿罪定罪处罚。

3.7.7 行政监督部门的法律责任

对招标投标活动依法负有行政监督职责的国家机关工作人员徇私舞弊、滥用职权或者玩忽职守，构成犯罪的，依法追究刑事责任；不构成犯罪的，依法给予行政处分。

(1) 项目审批、核准部门和有关行政监督部门的工作人员徇私舞弊、滥用职权、玩忽职守，构成犯罪的，依法追究刑事责任。有关行政监督部门不依法履行职责，对违反招标投标法和本条例规定的行为不依法查处，或者不按照规定处理投诉、不依法公告对招标投标当事人违法行为的行政处理决定的，对直接负责的主管人员和其他直接责任人员依法给予处分。项目审批、核准部门和有关行政监督部门的工作人员徇私舞弊、滥用职权、玩忽职守，构成犯罪的，依法追究刑事责任。

(2) 国家工作人员利用职务便利，以直接或者间接、明示或者暗示等任何方式非法干涉招标投标活动，有下列情形之一的，依法给予记过或者记大过处分；情节严重的，依法给予降级或者撤职处分；情节特别严重的，依法给予开除处分；构成犯罪的，依法追究刑事责任：

① 要求对依法必须进行招标的项目不招标，或者要求对依法应当公开招标的项目不公开招标。

② 要求评标委员会成员或者招标人以其指定的投标人作为中标候选人或者中标人，或者以其他方式非法干涉评标活动，影响中标结果。

③ 以其他方式非法干涉招标投标活动。

(3) 国家机关工作人员徇私舞弊、滥用职权或者玩忽职守，致使公共财产、国家和人民利益遭受重大损失、构成犯罪的，处3年以下有期徒刑或者拘役；情节特别严重的，处3年以上7年以下有期徒刑。国家机关工作人员徇私舞弊，犯前款罪的，处5年以下有期徒刑或者拘役；情节特别严重的，处5年以上10年以下有期徒刑。

Chapter 4 《合同法》基础

4.1 《合同法》的原则与调整范围

4.1.1 《合同法》的基本原则

4.1.1.1 平等原则

《合同法》第3条规定，合同当事人的法律地位平等，一方不得将自己的意志强加给另一方。

平等原则所指的法律地位平等，并非指合同双方当事人事实上平等，权利义务相同，而是指在双方权利义务对等、法律利益相对平衡的情况下，在签署合同时各方的平等地位。

根据该原则，合同当事人之间应当就合同条款充分协商，取得一致。订立合同是双方当事人意思表示一致的结果，是在互利互惠基础上充分表达双方意见，就合同条款取得一致后达成的协议，故任何一方都不应当凌驾于另一方之上，也不得将自己意志强加给对方，更不得以强迫命令、胁迫等手段签订合同。

4.1.1.2 自愿原则

《合同法》第4条规定，当事人依法享有自愿订立合同的权利，任何单位和个人不得非法干预。

自愿原则是指合同当事人在法律的规定范围内，在合法的前提下，通过协商，自愿决定和调整相互权利义务关系。自愿原则体现了民事活动的基本特征，是民事关系区别于行政法律关系、刑事法律关系的特有的原则。

自愿原则贯彻合同活动全过程，根据其内涵，当事人有权依据自己意愿自主决定是否签订合同，自愿与谁订合同，签订合同时，有权选择对方当事人，在合同履行过程中，当事人可以协议补充、协议变更有关内容等。双方也可以协议解除合同，约定违约责任，在发生争议时，当事人可以自愿选择解决争议的方式等。

4.1.1.3 公平原则

公平原则亦称正义原则。法律意义在于坚持社会正义，公平的确定法律主体之间的民事权利义务关系。其含义主要表现如下：

① 在合同订立方面，作为平等合同主体的当事人都有权公平参与。在明确合同双方权利义务的内容时，应当兼顾各方利益，公平协商对待。

② 合同的撤销方面，订立合同的一方当事人有权请求人民法院或者仲裁机构变更或者撤销，但行使撤销权应当在当事人自知道或者应当知道撤销事由一年内。

③ 违约责任方面，约定的违约金低于或者过分高于造成的损失的，当事人可以请求人民法院或者仲裁机构予以增加或适当减少。

4.1.1.4 诚实信用原则

《合同法》第 6 条规定，当事人行使权利、履行义务应当遵循诚实信用原则。

诚实信用原则的基本内涵是：当事人在合同订立、履行、变更、解除等各个阶段，以及在合同关系终止后，都应当严格依据诚实信用原则行使权利和履行义务。具体包括：在合同订立阶段，如招标投标时，在招标文件和投标文件中应当如实说明自己的项目情况；在合同履行阶段应当相互协作，如发生不可抗力时，应当相互告知，并尽量减少损失。

4.1.1.5 合法性原则

《合同法》要求当事人在订立及履行合同时，符合国家强制性法律的要求，不违背社会公共利益，不扰乱社会经济秩序。

合法性包含两层含义：

① 合同形式和内容等各构成要件必须符合法律的要求。合同是订立各方意思自愿协议成果，规定和约束着缔约各方的权利义务关系，调整当事人之间的法律关系，而不受国家公权力的干预。但根据合同法律的相关规定，订立合同的双方当事人必须具备合法的主体资格，订立的合同在内容和形式上也应当不违反法律的禁止性规定，否则即为无效合同，不受法律的保护。此外，根据《合同法》第 52 条的规定，当事人订立合同还需要有合法的目的，否则合同依然被认定为无效而不受法律保护。

② 合同所涉及的标的不能违背社会公共利益，不得损害其他法律所保护的

利益。为了规范当事人之间的权利义务关系，以促进社会经济的发展和规范化，则要求当事人达成合意的内容不能违反社会公共利益。根据我国的具体国情，其内容主要为国家安全、生存环境、公民身体健康、社会道德及风俗习惯等。

4.1.2 《合同法》的调整范围

1999 年 3 月 15 日第九届全国人民代表大会第二次会议通过的《合同法》以过去的三个合同法《经济合同法》、《涉外经济合同法》、《技术合同法》为基础，以《中华人民共和国民法通则》为指导，吸取了行政法规和司法解释的规定，移植和借鉴国外立法，摒弃了三个合同法过于原则、过于简单的缺陷，是一部关系公民、法人和其他组织的切身利益，完善市场交易规则，发展社会主义市场经济的重要法律，也是一部统一的较为完备的合同法。

我国《合同法》调整的是平等主体的公民（自然人）、法人、其他组织之间的民事权利义务关系。《合同法》的调整范围需注意以下问题：

①《合同法》调整的是平等主体之间的债权债务关系，属于民事关系。政府对经济的管理活动，属于行政管理关系，不适用合同法；企业、单位内部的管理关系，不是平等主体之间的关系，也不适用《合同法》。

② 合同是设立、变更、终止民事权利义务关系的协议，有关婚姻、收养、监护等身份关系的协议，不适用合同法。但不能认为凡是涉及身份关系的合同都不受《合同法》调整。有些人身权利本身具有财产属性和竞争价值，如商誉、企业名称、肖像等，可以签订转让、许可合同，受《合同法》调整。此外不能将人身关系与它所引起的财产关系相混淆，在婚姻、收养、监护关系中也存在与身份关系相联系但又独立的财产关系，仍然要适用《合同法》的一般规定，如分家析产协议、婚前财产协议、遗赠扶养协议、离婚财产分割协议等。

③《合同法》主要调整法人、其他经济组织之间的经济贸易关系，同时还包括自然人之间因买卖、租赁、借贷、赠与等产生的合同关系。这样的调整范围与以前三部合同法的调整范围相比，有适当的扩大。

4.2 合同的订立与效力

4.2.1 合同的主要内容

合同的内容主要以合同条款的形式书面表述，是合同当事人协商一致的结果。其表现形式为合同条款，实质内容是合同当事人之间的权利义务关系。合同条款可分为必要条款和一般条款。必要条款可以理解为主要条款，其决定着合同的类型以及合同的基本内容。一般并不具有合同效力的评价意义，但可能影响合同的成立。

合同的内容由当事人约定，也可参考各类示范文本进行协商。依据市场经济中交易习惯以及合同法等法律原理，一般建议在合同中约定有当事人的名称或者姓名和住所、标的、数量、质量、价款或者报酬、履行期限、地点和方式、违约责任、解决争议的方法等条款内容，以保证合同更加全面准确的承载当事人之间的权利义务关系。

（1）合同当事人的名称或者姓名和住所　明确合同主体，对了解合同当事人的基本情况，合同的履行和确定诉讼管辖具有重要的意义。合同包括自然人、法人、其他组织。自然人的姓名是指经户籍登记管理机关核准登记的正式用名。自然人的住所是指自然人有长期居住的意愿和事实的处所，即经常居住地。法人、其他组织的名称是指经登记主管机关核准登记的名称，如公司的名称以营业执照上的名称为准。法人和其他组织的住所是指它们的主要营业地或者主要办事机构所在地。

（2）合同标的　标的是合同当事人双方权利和义务共同指向的对象。标的的表现形式为物、劳务、行为、智力成果、工程项目等。没有标的的合同是空的，当事人的权利义务无所依托；标的不明确的合同无法履行，合同也不能成立。所以，标的是合同的首要条款，签订合同时，标的必须明确、具体，必须符合国家法律和行政法规的规定。

（3）数量　数量是衡量合同标的多少的尺度，是以数字和其他计量单位表示的尺度。没有数量或数量的规定不明确，当事人双方权利义务的多少，合同是否完全履行都无法确定。数量必须严格按照国家规定的度量衡制度确定标的物的计量单位，以免当事人产生不同的理解。

（4）质量　质量是标的的内在品质和外观形态的综合指标。签订合同时，必须明确质量标准。合同对质量标准的约定应当是准确而具体的，对于技术上较为复杂的和容易引起歧义的词语、标准，应当加以说明和解释。对于强制性的标准，当事人必须执行，合同约定的质量不得低于该强制性标准。对于推荐性的标准，国家鼓励采用。当事人没有约定质量标准，如果有国家标准，则依国家标准执行；如果没有国家标准，则依行业标准执行；没有行业标准，则依地方标准执行；没有地方标准，则依企业标准执行。

（5）价款或者报酬　价款或者报酬是当事人一方向交付标的的另一方支付的货币。标的物的价款由当事人双方协商，但必须符合国家的物价政策，劳务酬金也是如此。合同条款中应写明有关银行结算和支付方法的条款。

（6）履行的期限、地点和方式　履行的期限是当事人各方依照合同规定全面完成各自义务的时间。包括合同的签订期、有效期和履行期。履行的地点是指当事人交付标的和支付价款或酬金的地点。包括标的的交付、提取地点；服务、劳务或工程项目建设的地点；价款或劳务的结算地点。履行的方式是指当事人完成合同规定义务的具体方法。包括标的的交付方式和价款或酬金的结算方式。履行的期限、地点和方式是确定合同当事人是否适当履行合同的依据，是合同中必不可少的条款。

（7）违约责任　违约责任是任何一方当事人不履行或者不适当履行合同规定的义务而应当承担的法律责任。当事人可以在合同中约定，一方当事人违反合同时，向另一方当事人支付一定数额的违约金；或者约定违约损害赔偿的计算方法。

（8）解决争议的方法　在合同履行过程中不可避免地会产生争议，为使争议发生后能够有一个双方都能接受的解决办法，应当在合同条款中对此做出规定。

在上述条款之外，双方当事人可以协商订立其他与交易活动有关的其他条款。例如建设工程合同中对建设工程承包范围、承包方式、工期、工程价款计算以及支付、指定分包、保修责任等方面的约定。

4.2.2 合同订立的程序

合同订立是缔约各方之间通过协商达成一致，确定合同内容，以一定的形式表示的过程。必须经过要约与承诺两个阶段。

4.2.2.1 要约

（1）要约的含义

要约又称发盘、出价、报价。一般意义而言，要约是一种定约行为，是希望和他人订立合同的意思表示，发出要约一方称为要约人，接受要约一方称为受要约人。主要可从几个方面理解：

① 要约是由特定人做出的意思表示。要约是达成合同的前提条件之一，所以，要约人应当是订立合同一方的当事人，只有在可以明确要约人的前提下，受要约人才能够向此相对人做出承诺，以达成合同。

② 要约的内容应当具体确定。内容具体是指要约的内容必须是合同成立所必需的条款，即合同的主要条款，是能够使受要约人根据一般的交易规则能够理解要约人的意图而订立合同的要求。如在货物招标采购合同中，主要条款应包括货物的内容、合同价格或者确定价格的方法、货物的数量或者规定数量的方法以及履行的方式等。

③ 要约必须具有订立合同的意图。要约人发出要约之后，一旦受要约人做出相应的承诺，合同关系即为成立。要约人应当受其发出要约内容的约束，不得随意撤回或者撤销要约，也不得对要约内容随意变更，应承担相应的义务。

（2）要约邀请

要约邀请也称要约引诱，是指希望他人向自己发出要约的意思表示。第一，要约邀请也是一种意思表示，应符合意思表示的一般特点。第二，要约邀请的目的在于诱使他人向自己发出要约，而非希望获得相对人的承诺。即其只是订立合同的预备，而非订约行为。第三，要约邀请既不能因相对人的承诺而成立合同，也不能因自己做出某种承诺而约束要约人，行为人撤回其要约邀请，在没有给善意相对人造成信赖利益的损失情况下，可不承担法律责任。

招标公告一般应当视为要约邀请。其中所指招标为订立合同的一方当事人采取招标公告的形式向不特定人发出的、用以吸引或邀请向对方发出要约为目的的意思表示。

实践中，要约邀请的表现形式还包括寄送的价目表、拍卖公告、招股说明书、商业广告等。其中，商业广告的内容如果符合要约规定的，应当视为要约。

(3) 要约的效力

① 要约的生效时间：要约的生效时间具有十分重要的意义，它明确要约人受其提议约束的时间界限，也表明受要约人何时具有承诺权利。《合同法》第16条规定："要约到达受要约人时生效。"

② 要约的拘束力：

a. 对要约人的拘束力。要约一经发出，即受法律的约束，并非依法不得撤回、变更和修改；要约一经送达，要约人应受其约束，非依法不得撤销、变更和修改，不得拒绝承诺。

b. 受要约人因要约的送达获得了承诺的权利，受要约人一经做出承诺，即能成立合同，成为合同当事人一方。受要约人做出承诺的，要约人不得拒绝，必须接受承诺。承诺并不是受要约人的义务，受要约人有权明示拒绝，通知对方，也有权默示拒绝，不通知对方。

③ 要约的存续期间：要约的存续期间，也称承诺期限，是指要约人受要约拘束的时间，在该时间内不得拒绝受要约人的承诺。受要约人在该时间内做出承诺并到达要约人的，合同即告成立，逾期承诺的，要约即行失效，不再具有拘束力。

(4) 要约的撤回与撤销

① 要约的撤回是指要约人在发出要约后，于要约到达受要约人之前取消其要约的行为。撤回要约的通知应当在要约到达受要约人之前或者与要约同时到达受要约人。可以理解为，在此情况下，被撤回的要约实际上是尚未生效的要约。倘若撤回的通知于要约到达后到达，而按其通知方式依通常情形应先于要约到达或同时到达，则在此情况下，要约一旦到达即视为生效，根据诚实信用原则，要约人一般不能任意撤回。

② 要约的撤销是指要约人在要约生效后，取消要约，使之失去法律效力的行为。要约的撤回发生在要约生效之前，而要约的撤销发生在要约生效之后。撤销要约的通知应当在受要约人发出承诺通知之前到达受要约人。如有下列情形之一，要约则不得撤销：

a. 要约人确定了承诺期限或者以其他形式明示要约不可撤销。在这种情况下，可以理解为受要约人是在积极准备做出承诺而没有在要约人承诺的期限截止之前做出承诺。如果撤销要约，则有可能违反公平原则。

b. 受要约人有理由认为要约是不可撤销的，并已经为履行合同做了准备工作。

4.2.2.2 承诺

（1）承诺的特征

承诺是受要约人同意要约的意思表示。承诺具有以下法律特征：

① 承诺的主体必须为受要约人。如果要约是向特定人发出的，承诺须由该特定人做出。当然，根据代理制度，特定人授权或者委托的代理人也可以作为承诺的主体。如果是向不特定人发出的，不特定人均具有承诺资格。受要约人以外的人，则不具有承诺资格。

② 承诺的内容必须明确表示受要约人与要约人订立合同。对做出承诺的要求与对要约的要求一样，都需要表意人做出明确具体的意思表示。同时，承诺的内容应当与要约的内容一致。受要约人对要约的内容做出实质性变更的，为新要约。有关合同标的、数量、质量、价款或者报酬，履行期限，履行地点和方式，违约责任和解决争议方法等的变更，是对要约内容的实质性变更。在此规定之下，除非要约人做出接受的表示，否则对要约人无任何约束力。

③ 承诺必须在合理期限内向要约人发出。承诺应当在要约确定的期限内到达要约人。要约没有确定承诺期限的，如果要约以对话方式做出的，应当场及时做出承诺的意思表示，但当事人另有约定的除外。如果要约以其他方式做出，承诺应当在合理期限内到达要约人。

（2）承诺的方式

承诺方式是指受要约人采用一定的形式将承诺的意思表示告诉要约人。《合同法》第 22 条规定："承诺应当以通知的方式，但根据交易习惯或者要约表明可以通过行为做出承诺的除外。"因此承诺的方式可以有两种：

① 通知。包括口头通知如对话、交谈、电话等，和书面通知如信件、传真、电报、数据电文等。

② 行为。即受要约人在承诺期限内无须发出通知，而是通过履行要约中确定的义务来承诺要约。以行为承诺的前提条件是该行为符合交易习惯或是要约表明的。

（3）承诺的期限

承诺必须以明示的方式，在要约规定的期限内做出。要约没有规定承诺期限的，视要约的方式而定：

① 要约以对话方式做出的，应当即时做出承诺，但当事人另有约定的除外。

② 要约以非对话方式做出的，承诺应当在合理期限内到达。

受要约人在承诺期限内发出承诺，按照通常情形能够及时到达要约人，但因其他原因承诺到达要约人时超过承诺期限的，除要约人及时通知受要约人因承诺超过期限不接受该承诺的以外，该承诺有效。

（4）承诺的撤回与迟延

承诺的撤回是指受要约人在其做出的承诺生效之前将其撤回的行为。承诺一经撤回，即不发生承诺的效力，阻止了合同的成立。《合同法》第 27 条规定，撤回承诺的通知应当在承诺通知到达要约人之前或者与承诺通知同时到达要约人。规定承诺必须以明示的通知方式做出，且此通知应当在一定时间之内做出。

受要约人超过承诺期限发出承诺的，除要约人及时通知受要约人该承诺有效的以外，应当视为新的要约。但承诺因意外原因而迟延者，并非一概无效。《合同法》第 29 条规定，受要约人在承诺期限内发出承诺，按照通常情形能够及时到达要约人，但因其他原因承诺到达要约人时超过承诺期限的，除要约人及时通知受要约人因承诺超过期限不接受该承诺的以外，该承诺有效。

4.2.3 合同的效力

合同的效力是指已成立的合同将对合同当事人乃至第二人产生的法律拘束力。对合同效力的讨论是基于合同已经成立。合同效力的衡量标准是法定的一般生效要件，据此亦可将合同的效力状态分为生效、可撤销以及效力待定三种类型。

4.2.3.1 合同的成立

一般规定，承诺生效时合同成立。当事人采用合同书形式订立合同的，自双方当事人签字或者盖章时合同成立。当事人采用合同书形式订立合同，但并未签字盖章，意味着当事人的意思表示未能最后达成一致，因而一般不能认为合同成立。双方当事人签字或者盖章不在同一时间的，最后签字或者盖章时合同成立。而当事人采用信件、数据电文等形式订立合同，可以在合同成立之前要求签订确认书，合同自签订确认书时成立。

根据《合同法》第 36 条规定，法律、行政法规规定或者当事人约定采用书面形式订立合同，当事人未采用书面形式但一方已经履行主要义务，对方接受的，该合同成立。此时可以从实际履行合同义务的行为中推定当事人已经形成了合意并且成立合同关系。当事人一方不得以未采取书面形式或未签字盖章为由否认合同关系的实际存在。

4.2.3.2 合同的生效

已经成立的合同产生当事人所预期的结果，则视为合同的生效。合同生效须满足法定的生效要件，包括当事人缔约时应有相应的缔约能力，意思表示真实，不违反强制性法律规范以及公序良俗原则，标的确定并且可能等方面。

如合同欠缺生效要件，则可能最终会导致合同无效、效力待定或者合同的可撤销。

4.2.3.3 无效合同

合同无效是指合同在欠缺某生效条件的情况下或者合同适用法律中规定的合同无效情形时，合同当然不产生效力，且绝对无效，自始无效。《合同法》第 52 条规定，一方以欺诈、胁迫的手段订立合同，损害国家利益；订立合同的当事人之间恶意串通，损害国家、集体或者第三人利益；以合法形式掩盖非法目的；违反民法公序良俗原则，损害社会公共利益；合同中（包括订立时）存在违反法律、行政法规的强制性规定的，如果合同存在以上规定内容之一，则合同应当被认定为无效。

4.2.3.4 可撤销合同

可撤销合同是指合同欠缺一定生效要件，其有效与否，取决于有撤销权的一方当事人是否行使撤销权的合同。此类合同其实为相对有效的合同。在有撤销权的当事人一方未履行或者放弃履行撤销权之时，合同视为生效。在权利人行使撤销权之后，被撤销的合同即自合同订立之时失去法律约束力，可视为无效合同。当事人负有相互返还财产、赔偿损失等义务，当事人之间权利义务关系应当恢复至合同生效之前。

因重大误解订立的合同，可以申请撤销。所谓重大误解，是指当事人为意思表示时，因自己的过失对涉及合同法律效果的重大事项发生认识上的显著错误而使自己遭受重大不利的法律事实。此外，在订立合同时显失公平的，一方存在以欺诈、胁迫的手段，或者乘人之危，使对方在违背真实意思的情况下订立合同的，合同当事人一方也有权申请撤销合同。

另外，合同的撤销权不能由因意思表示不真实而受损的一方当事人（有撤销权人）直接行使，当事人行使撤销权，只能向法院或者仲裁机构主张。同时《合同法》第55条对撤销权的行使规定了一定的期限和限制条件，即具有撤销权的当事人自知道或者应当知道撤销事由之日起一年内没有行使撤销权的，或者具有撤销权的当事人知道撤销事由后明确表示或者以自己的行为放弃撤销权的，撤销权消灭。此条款符合《合同法》的立法原则，充分体现了对当事人自主权的尊重。

需要注意的是，在上述符合合同规定可撤销情形下，当事人可以选择请求撤销，也可以选择请求变更。如此，对于处理合同订立和履行中的缺陷和困难，可以赋予权利人多种选择促成合同目的的达成，最大限度鼓励交易的实现。

4.2.3.5 效力待定合同

效力待定合同是指已成立的合同生效要件存在瑕疵，须经有权补正人追认方为生效的合同。效力待定的要素主要为当事人主体资格欠缺，如无行为能力人、限制行为能力人订立的合同，无权代理人、无处分权人订立的合同，或者代理人超越代理权订立的合同。对于效力待定合同，则需要有权人进行追认，即表示承认或同意。追认一般以明示方式做出，沉默不构成追认。同时，追认应当为无条件并且对合同全部条款承认。对部分条款予以承认的，应视为新要约，仍需相对人同意。

应区别效力待定合同与附生效要件的合同。附生效要件合同包括附条件合同以及附期限合同。根据《合同法》第45条规定，附生效条件的合同，自条件成就时生效。附解除条件的合同，自条件成就时失效。《合同法》第 46 条规定，当事人对合同的效力可以约定附期限。附生效期限的合同，自期限届至时生效。附终止期限的合同，自期限届满时失效。

4.2.3.6　合同成立与合同生效的区别

在《合同法》的规定中，实际中容易存在对合同成立与合同生效的概念混同。在大多数情况下，合同成立时即具备了生效的要件，因而其成立和生效时间是一致的。《合同法》第 44 条规定：依法成立的合同，自成立时生效。但是，根据《合同法》对成立及生效的规定，合同成立并不等于合同生效。对二者的区别主要做如下区分：

① 合同的成立与生效体现的意志不同。合同虽为当事人之间达成的合意，但合同成立后，能否产生效力，能否产生当事人所预期的法律后果，仍取决于国家法律对该合同的态度和评价。如果不符合法律规定的生效要件，仍然不能产生法律效力。

② 合同的成立与生效反映的内容不同。合同的成立与生效是两个不同性质、不同范畴的问题。合同的成立主要反映当事人的合意达成一致，属于对事实的判断。而合同的生效则反映立法者的意志对当事人合意的干预，其属于法律对已成立合同的价值判断。

③ 合同成立与生效的构成要件不同。

④ 合同成立与生效的效力及产生的法律后果不同。《合同法》第 8 条规定，依法成立的合同，对当事人具有法律约束力。当事人应当按照约定履行自己的义务，不得擅自变更和解除合同。依法成立的合同，受法律保护。合同生效以后当事人必须按照合同的约定履行，这一点与合同成立的效力是一致的，且多数合同成立的时间就是生效的时间。但对于已成立但未生效的合同来说，其结果可能有多种。如因依法批准登记或条件成就、期限届至而生效、因危害国家和社会公共利益而无效、也有的属于效力待定合同、可变更、可撤销合同等。其中，无效合同自始就没有法律上的约束力，当事人必须停止履行。如果合同无效是由于违反了国家的强制性规定而无效，有过失的当事人除了要承担一定的民事责任以外，还有可能产生行政或刑事上的责任。当事人恶意串通，损害国家、集体或者第三人的利益，因此获得的财产应当收归国家所有或者返还集体、第三人。

4.3　合同的履行、变更和终止

4.3.1　合同的履行

合同的履行，是指合同生效之后，合同当事人按照合同的约定实施合同标的的行为，如交付货物、提供服务、支付价款、完成工作、保守秘密等，合同的履行主要是当事人实施给付义务的过程。合同的履行是《合同法》的核心内容，当事人应当遵循诚实信用原则，根据合同的性质、目的和交易习惯履行通知、协助、保密等义务，以按照合同的约定全面履行自己的义务。

4.3.1.1 合同履行的原则

（1）全面履行原则

《合同法》第60条中规定了合同的全面履行原则，要求当事人按合同约定的标的及其质量、数量，合同约定的履行期限、履行地点、适当的履行方式、全面完成合同义务。在此原则规定之下，当事人除应尽通知、协助、保密等义务之外，还应当为合同履行提供必要的条件，以及防止损失扩大。

（2）协作履行原则

协作履行原则与全面履行原则同为合同履行之中诚实信用原则的内涵。协作履行原则，指当事人不仅有义务履行己方义务，同时应当负有协助对方当事人履行合同的约定。

在合同履行当中，如只有债务人的给付行为，或者债权人的单方受领给付，合同内容实则无法实现，合同即不能履行。协作履行原则并不漠视当事人的各自独立的合同利益，不降低债务人所负债务的力度。在协作履行原则内容中，债务人履行合同债务，债权人应适当受领给付；债务人履行债务，债权人有义务主动为合同履行创造必要的条件，提供方便；如因特别事由，造成合同不能履行或不能完全履行时，当事人应当积极采取措施避免或减少损失，否则将就扩大的损失承担相应的义务。

（3）经济合理原则

经济合理原则要求在履行合同时，讲求经济效益，付出最小的成本，取得最佳的合同利益。在实际履行合同的过程当中，当事人选择最经济合理的方式履行合同义务，变更合同，对违约进行补救等约定都体现此原则。

4.3.1.2 合同履行的方式

合同履行方式是指债务人履行债务所采取的方法。合同采取何种方式履行，与当事人有着直接的利害关系，因此，在法律有规定或者双方有约定的情况下，应严格按照法定的或约定的方式履行合同。若没有法定或约定，或约定不明确的，则应当根据合同的性质和内容，按照有利于实现合同目的的方式履行。合同的履行方式见表4-1。

4.3.2 合同的变更与转让

4.3.2.1 合同的变更

合同的变更是指合同依法成立后，在尚未履行或尚未完全履行时，当出现法定条件时当事人对合同内容进行的修订或调整。当事人协商一致，可以变更合同。法律、行政法规规定变更合同时应当办理批准、登记等手续的，应依照其规定操作。

表 4-1　合同的履行方式

序号	履行方式	内　容
1	分期履行	分期履行是指当事人一方或双方不在同一时间和地点以整体的方式履行完毕全部约定义务的行为，是相对于一次性履行而言的，如果一方不按约定履行某一期次的义务，则对方有权请求违约方承担该期次的违约责任；如果对方也是分期履行的，且没有履行先后次序，一方不履行某一期次义务，对方可作为抗辩理由，也不履行相应的义务。分期履行的义务，不履行其中某一期次的义务时，对方是否可以解除合同，这需要根据该一期次的义务对整个合同履行的地位和影响来区别对待。一般情况下，不履行某一期次的义务，对方不能因此解除全部合同，如发包方未按约定支付某一期工程款的违约救济，承包方只可主张延期交付工程项目，却不能解除合同。但是不履行的期次具备了法定解除条件，则允许解除合同
2	部分履行	部分履行是根据合同义务在履行期届满后的履行范围及满足程度而言的。履行期届满，全部义务得以履行为全部履行，但是其中一部分义务得以履行的，为部分履行。部分履行同时意味着部分不履行。在时间上适用的是到期履行。履行期限表明义务履行的时间界限，是适当履行的基本标志，作为一个规则，债权人在履行期届满后有权要求其权利得到全部满足，对于到期合同，债权人有权拒绝部分履行
3	提前履行	提前履行是债务人在合同约定的履行期限截止以前就向债权人履行给付义务的行为。在多数情况下，提前履行债务对债权人是有利的。但在特定情况下提前履行也可能构成对债权人的不利，如可能使债权人的仓储费用增加等。因此债权人可能拒绝受领债务人提前履行，但若合同的提前履行对债权人有利，债权人则应当接受提前履行。提前履行可视为对合同履行期限的变更

（1）合同变更的特征

① 合同变更必须双方协商一致，并在原合同的基础上达成新协议。

② 合同变更必须在原合同履行完毕之前实施。

③ 合同变更只是在原合同存在的前提下对部分内容进行修改、补充，而不是对合同内容的全部变更。

（2）合同变更的方法

① 当事人协商变更。当事人可以协商一致订立合同，在订立合同后，双方也有权根据实际情况，对权利义务做出合理调整。当事人协商变更合同可能会涉及以下法律问题：

a. 对于无效变更的处理。如果当事人的变更行为（如欺诈、胁迫）或变更内容（如价格违法、违反法定质量标准）不合法，则不能产生变更后的法律后果，即变更后的内容不能抵抗原有内容，原来的权利义务继续有效。

b. 不要式合同不能变更为要式合同。《合同法》规定，对于应当办理批准、登记手续的合同，变更时应办理相应手续，未办理法定手续的不发生变更的法律后果。

c. 内容不明确推定为未变更。当事人对合同变更的内容约定不明确的，不便于推测当事人的真实意图，难于履行。《合同法》规定，应推定为未变更。

d. 附条件的变更。对权利义务的变更可以是附条件的。最为典型的是“待履行和解”，即债权人与债务人达成协议，对原合同的内容做出调整。其条件是债务人履行特定的义务，债务人没有履行特定义务时，合同按变更前的内容履行，视为未变更，债务人依照约定履行特定义务，则可按照变更后的合同履行。

② 法定变更。根据《合同法》规定，在下列情况下，可请求人民法院或仲裁机构变更：

a. 重大误解、显失公平订立的合同，一方以欺诈、胁迫的手段或乘人之危，使对方在违背真实意愿的情况下订立的合同。

b. 约定违约金过分低于造成的损失或过分高于造成的损失，可请求增加或减少。

合同变更后，合同双方当事人的权利义务会有所改变，合同解除后，尚未履行的，终止履行。但如果所解除的合同已经部分履行，则当事人双方对已履行部分仍依据合同的规定享有权利并承担义务。并且，根据履行情况和合同情况，当事人可以要求恢复原状、采取其他补救措施，并有权要求赔偿损失。

4.3.2.2 合同的转让

合同转让是指当事人一方将其合同权利或义务的全部或部分，或者将权利和义务一并转让给第三人，并由第三人相应地享有合同权利，承担合同义务的行为。合同转让实质就是在权利义务内容维持不变的情况下，使权利、义务的主体发生转移。其中合同权利人转移的，称为合同权利转让；合同义务人转移的，称为合同义务转让；合同权利、义务人同时转移的，称为合同的概括转让，也称一并转让。

（1）合同的权利转让

合同权利的转让也称为债权转让，是指债权人通过协议将合同的权利全部或者部分的转让给第三人。合同权利的转让可以分为全部转让或者部分转让。部分转让的，受让的第三人加入合同关系，与原债权人共享债权，原合同之债因此变为多数人之债。按照转让合同约定，原债权人与受让部分合同权利的第三人或者按份分享合同债权，或者共享连带债权。如果转让合同对此未做出约定的，视为二者享有连带债权。成立债权转让应当满足以下三点：

① 必须存在合法有效的合同权利，且转让不改变该权利的内容。即为合同权利转让是在不改变合同权利的内容前提下由债权人将权利转让给第三人，其主体不包括债务人。

② 转让人与受让人须就合同权利的转让达成协议。

③ 被转让的合同权利须具有可让与性。

债权转让中应当注意，转让合同权利按照法律、行政法规的规定需要办理批准、登记等手续的，在程序完成之后方为生效。《合同法》第 87 条规定：“法律、行政法规规定转让权利或者转移义务应当办理批准、登记等手续的，依照其规定。”合同权利转让须通知债务人，未经通知的，该转让对债务人不发生效力。原则上，以书面形式订立的合同的债权转让应当采用书面形式，并且该通知一般不得撤销，除非经受让人同意。

《合同法》第79条规定了不具有让与性的情况：

① 根据合同性质不得转让：

a. 根据个人信任关系而必须由特定人受领的债权，比如因雇佣合同而产生的债权。

b. 以特定的债权人为基础而发生的合同权利，比如演员的表演合同。

② 按照当事人约定不得转让。但是合同当事人的这种特别约定，不得对抗善意的第三人。如果债权人不遵守约定，将权利转让给了第三人，使第三人在不知情的情况下接受了转让的权利，该转让行为有效，第三人成为新的债权人。转让行为造成债务人利益损害的，原债权人应当承担违约责任。

③ 依照法律规定不得转让。如《中华人民共和国民法通则》第91条规定，依照法律规定应当由国家批准的合同，合同一方将权利转让给第三人，须经原批准机关批准。如果该批准机关未批准，该合同转让无效。

（2）合同的义务转让

合同义务转让又称债务转移，是指基于当事人协议或法律规定，由债务人移转全部或部分债务给第三人，第三人就移转的债务而成为新债务人的现象。广义的债务承担应包括免责的债务承担和并存的债务承担。所谓并存的债务承担，指原债务人并没有脱离债的关系，而第三人加入债的关系，并与债务人共同向同一债权人承担债务。例如，在建设工程合同中，分包合同应当属于债务人与第三人，或者债权人、债务人与第二人之间共同约定，由第三人加入原有之债的情形。此处债权人即发包人，债务人即（总）承包人，第三人即分包人。如果在合同未明确约定的情况下，债务人与第三人承担连带责任。债务人也可以将合同义务的全部或者部分转让给第三人，但是应当经债权人同意。

债务转让的构成和效果与债权转让基本一致，但须注意的是，债权转让只要通知债务人，就可以对债务人发生效力。因为债权转让中不增加债务人的负担。而在债务转移中，因为债务人履行能力本身存在差别，为合理保护债权的履行，故债务转让必须经过债权人同意才能够发生效力。

（3）合同权利义务的概括转让

合同权利义务的概括转让，是指合同当事人一方在不改变合同的内容的前提下将其全部的合同权利义务一并转让给第三人。《合同法》规定，当事人一方经对方同意，可以将自己在合同中的权利和义务一并转让给第三人。合同权利义务的概括转让应当符合下列条件：

① 合同权利义务的概括转让须以合法有效的合同存在为前提。合同尚未订立或合同关系已经解除，合同转让失去前提而不能成立；合同无效，依合同产生

的权利义务自始无效，也不存在合同权利义务的概括转让；如果合同是可撤销合同，虽然在被撤销前合同权利义务可概括转让，但转让后，原合同当事人的撤销权应当视为已被放弃。

② 权利义务的概括转让必须经对方同意。因为合同权利义务的概括转让，在转让合同债权的同时也有债务的转让，为保护当事人的合法权益，不因合同权利义务的转让而使另一方受到损失，所以法律规定，必须经另一方当事人的同意，否则不产生法律效力。

③ 权利义务的概括转让包括合同一切权利义务的转移。包括主权利和从权利、主义务和从义务的转移。但专属于债权人或债务人自身的权利义务除外。

④ 原合同当事人一方与第三人必须就合同权利义务的概括转让达成协议，且该协议应符合民事法律行为有效要件。

⑤ 权利义务的概括转移应当符合法律规定。当事人订立合同后合并的，由合并后的法人或者其他组织行使合同权利，履行合同义务。当事人订立合同后分立的，除债权人和债务人另有约定的以外，由分立的法人或者其他组织对合同的权利和义务享有连带债权，承担连带债务。关于合同中权利和义务概括转让不得违反法律规定，中标后的承包单位不能将自己的全部权利与义务转让给第三方，必须依法经有关机关批准方能成立的合同，合同权利义务的转让必须经原批准机关批准。

⑥ 合同权利义务的概括转让，还须遵循《合同法》的下列有关规定：债权人可以将合同的权利全部或者部分转让给第二人，但有下列情形之一的除外：根据合同性质不得转让的；按照当事人约定不得转让的；依照法律规定不得转让的。债权人转让权利的，受让人取得与债权有关的从权利，但该从权利专属于债权人自身的除外。债务人接到债权转让通知时，债务人对让与人享有到期债权的，按照《合同法》的规定可向受让人主张抵消。债务人转移义务的，新债务人可主张原债务人对债权人的抗辩。

债务人转移义务的，新债务人应当承担与主债务有关的从债务，但该从债务专属于原债务人自身的除外。债权人转让权利或者债务人转移义务，法律、行政法规规定应当办理批准、登记等手续的，依照其规定。

4.3.3 合同的终止

4.3.3.1 合同的终止

合同的权利义务终止，又称合同的终止或合同的消灭，是指依法生效的合同，因具备法定的或者当事人约定的情形，造成合同权利义务的消灭。合同终止后，债权人不再享有合同权利，债务人也不必再履行合同义务。

根据《合同法》第 91 条的规定，如出现合同中债务已经依约履行，合同解除，债务相互抵消，债务人依法将标的物提存，债权人免除债务，或者债权债务同归于一人中的任一情形的，合同即告终止。此为法定的合同终止，另外，当事人之间也可以通过约定的方式终止合同。

合同的终止并不是合同责任的终止。如果一方当事人严重违约而引起另一方当事人行使解除权，此时因解除而终止合同的并不能免除违约方的违约责任，也不应影响权利人行使请求损害赔偿的权利。

合同终止后，合同债权债务关系因此而消灭，这种债权债务关系是合同直接规定的，因此，合同终止后合同条款也相应地失去其效力，但仅是合同的履行效力终止。即为一方当事人请求另一方当事人履行合同义务的效力终止。但在实际中，合同终止后仍会产生遗留，当事人在缔约时一般应对此类情况做出约定。为实际满足合同权利义务双方之间的关系，《合同法》第 98 条规定，如果合同终止后尚未结算清理完毕的，其中约定的结算清理条款仍然有效。

同时，根据《合同法》第 92 条的内容，合同的权利义务终止后，当事人应当遵循诚实信用原则，根据交易习惯履行通知、协助、保密等义务。

4.3.3.2　合同的解除

合同的解除是指在合同没有履行或没有完全履行之前，因订立合同所依据的主客观情况发生变化，致使合同的履行成为不可能或不必要时，依照法律规定的程序和条件，合同当事人的一方或协商一致后的双方终止原合同法律关系。

(1) 合同解除的方法

① 约定解除。约定解除是指当事人通过行使约定的解除权或者双方协商决定而进行的合同解除。当事人协商一致可以解除合同，即合同的协商解除。当事人也可以约定一方解除合同的条件，当解除合同条件成熟时，解除权人方可解除合同，即合同约定解除权的解除。

协商解除与约定解除权解除的区别主要有：

a. 合同的协商解除一般是合同已开始履行后进行的约定，且必然导致合同的解除。

b. 合同约定解除权的解除则是合同履行前的约定，它不一定导致合同的真正解除，因为解除合同的条件不一定成立。

② 法定解除。法定解除是指解除条件直接由法律规定的合同解除。当法律规定的解除条件具备时，当事人可以解除合同。法定解除与合同约定解除权的解除都是具备一定解除条件时，由一方行使解除权，然而它们的区别则在于解除条件的来源不同。

(2) 合同解除的条件

合同解除应具备的条件主要有：

① 因不可抗力致使不能实现合同目的。

② 在履行期限满之前，当事人一方明确表示或者以自己的行为表明不履行主要债务。

③ 当事人一方迟延履行主要债务，经催告后在合理期限内仍未履行。

④ 当事人一方迟延履行债务或者有其他违约行为致使不能实现合同目的。

⑤ 法律规定的其他情形。

4.4 合同的违约责任与争议处理

4.4.1 合同的违约责任

4.4.1.1 违约责任的概念及构成

违约责任即为违反了合同的民事责任，是指合同当事人一方不履行合同义务或者履行合同义务不符合约定时，依照法律规定或者合同的约定所应承担的法律责任。

合同义务是违约责任产生的前提，违约责任则是合同义务不履行的结果。违约责任仅发生于特定当事人之间，具有相对性，即法律允许当事人在法律规范的指导下，通过合同文件事先对违约责任做出约定，此为违约责任的任意性。此外，违约责任是一种财产责任。

违约责任的构成要件有违约行为和无免责事由两种，前者称为违约责任的积极条件，后者为违约责任的消极要件。

违约行为，是指合同当事人违反合同义务的行为。违约行为据其形态大致可分为四类：

（1）不履行

不履行包括履行不能和拒绝履行。履行不能是指在客观上失去履行能力，如标的灭失等。

（2）履行迟延

履行迟延指合同当事人在合同履行时间上的不当履行。其分为三种情况：

① 因可归责于债务人原因的债务人的迟延履行，例如在建筑材料买卖合同之中基于供货关系而存在卖方未按时履行合同而迟延交货的情形。

② 因可归责于债权人原因的债权人的迟延履行。这又可分为两种情况，一种情况是债权人负有配合债务人履行的义务而不积极配合造成合同履行迟延，另一种情况是债权人无故拒绝接受债务人到期的履行。

③ 因不可归责于双方当事人的原因导致履行迟延。应注意的是，在第三种情况之下，履行迟延不构成违约。

（3）不完全履行

不完全履行分为瑕疵给付与加害给付。瑕疵给付主要是指给付在数量上不完全、不符合质量要求、履行时间与履行地点不当、履行方法不符合约定。加害给付是引起履行有瑕疵而造成了债权人的人身或财产的损失。加害给付将有可能导致违约责任与侵权责任的竞合。即由同一行为造成对相对方的违约责任和侵权损害。

（4）预期违约

预期违约是指在合同履行期限到来之前，一方无正当理由而明确表示在履行期到来后将不履行合同，或者以其行为表明在履行期到来后将不可能履行合同。包括明示和默示两种情况。

违约责任的另一构成要件是在履行过程中不存在法定和约定的免责事由。法定的免责事由是指存在不可抗力。约定的免责事由是指当事人在不违背法律的强制性规定的前提下，事先在合同中约定免除合同责任的事由，此多在国际贸易当中出现。

4.4.1.2 违约责任的类型

(1) 从承担责任的性质来看，违反合同的责任主要可以分为以下几种：

① 违约责任。违约责任是指由合同当事人自己的过错造成合同不能履行或者不能完全履行，使对方的权利受到侵犯而应当承受的经济责任。

② 个人责任。个人责任这是指个人由于失职、渎职或者其他违法行为造成合同不能履行或不能完全履行，并且造成重大事故或严重损失，依照法律应承担的经济责任、行政责任或刑事责任。

(2) 从约定违约责任的角度来看，违反合同的责任主要可以分为以下几种：

① 法定违约责任。法定违约责任是指当事人根据法律规定的具体数目或百分比所承担的违约责任。

② 约定违约责任。约定违约责任是指在现行法律中没有具体规定违约责任的情况下，合同当事人双方根据有关法律的基本原则和实际情况，共同确定的合同违约责任。当事人在约定违约责任时，应遵循合法和公平的原则。

③ 法律和合同共同确定的违约责任。法律和合同共同确定的违约责任是指现行法律对违约责任只规定了一个浮动幅度（具体数目或百分比），然后由当事人双方在法定浮动幅度之内，具体确定一个数目或百分比。

4.4.1.3 承担违约责任的方式

根据《合同法》第107条规定，在合同履行过程中，一方构成违约，相对方可以请求继续履行合同债务、停止违约行为、赔偿损失、支付违约金、执行定金罚则及其他补救措施。

(1) 继续履行

继续履行又称实际履行或强制履行，是指当事人一方违约的，对方有权请求人民法院或仲裁机构做出判决或裁决，强迫违约人按照合同履行义务。

继续履行的限制主要有以下几点：

① 法律上或者事实上不能履行。如合同标的物成为国家禁止或限制物，标的物丧失、毁坏、转卖他人等情形后，使继续履行成为不必要或不可能。

② 债务的标的不适于强制履行或者履行费用过高。

③ 债权人在合理期限内未要求履行的，债务人可以免除继续履行的责任。

(2) 停止违约行为

是指当事人一方违约的，对方可以要求其停止违约行为；违约人也应当主动停止违约行为；人民法院有权责令违约人停止违约行为。

（3）赔偿损失

是指当事人一方的违约行为给对方造成财产损失的，违约人应依法向对方做出经济赔偿。赔偿损失是典型的补偿方式。

（4）支付违约金

是指当事人一方违约时，向对方支付一定数额的金钱。根据性质不同，违约金可分为惩罚性违约金和赔偿性违约金；根据来源不同，违约金又可分为约定违约金和法定违约金。

（5）定金罚则

也是一种违约责任承担方式。定金是指当事人一方向对方给付一定数额的金钱作为债权的担保。定金对于债权的担保作用主要体现为定金罚则，给付定金的一方不履行约定的债务的，无权要求返还定金；收受定金的一方不履行约定的债务的，应当双倍返还定金。

此外，还可采取其他一些补救措施，包括：防止损失扩大、暂时中止合同、要求适当履行、解除合同以及行使担保债权等。

4.4.2 合同争议的处理

合同争议是指合同当事人之间对合同履行的情况和不履行或者不完全履行合同的后果产生的各种分歧。根据《合同法》的规定，发生合同争议时，当事人可以通过协商或者调解的方式解决。当事人不愿协商、调解或者协商、调解不成的，可以根据仲裁协议向仲裁机构申请仲裁，当事人没有订立仲裁协议或者仲裁协议无效的，可以向人民法院起诉。即概括为四种解决方式：当事人自行协商，第三人调解，仲裁和法院诉讼。

对于合同中出现的争议的解决方式的选择，同样取决于当事人自愿，其他任何组织和个人都不得强迫。当事人可以在签订合同时就选择，并把选择出的方法以合同条款形式写入合同，也可以在发生争议后就解决办法达成协议。在解决合同争议过程中，任何一方当事人都不得采取非法手段，否则将依法追究违法者的法律责任。

4.4.2.1 协商

协商是指由合同当事人双方在自愿互谅的基础上，按照法律、法规的规定，通过摆事实讲道理解决纠纷的一种办法。

当事人以协商方式解决合同纠纷时，应当遵守下列原则：

① 坚持依法协商。

② 尊重客观事实。

③ 采取主动、抓住时机。

④ 采用书面和解协议书。

总之，合同当事人之间发生争议时，首先应当采取友好协商的方式解决纠纷，这种方式可以最大限度地减少由于纠纷而造成的损失，从而使合同所涉及的权利得以实现。此外，还可以节省人力、时间和财力，有利于双方往来的发展，提高社会信誉。

4.4.2.2　调解

调解方式主要可以分为以下几种：

(1) 机构调解（含人民调解）

① 人民调解又称诉讼外调解，是指在人民调解委员会主持下进行的调解活动。人民调解委员会是村民委员会和居民委员会下设的调解民间纠纷的群众性自治组织，在基层人民政府和基层人民法院指导下进行工作。

② 机构调解，是指由专门的调解机构中的调解员或当事人自行选定的调解员，按照机构调解规则进行调解各方争议的活动，目前在中国贸促会设置有调解中心，是帮助争议当事人解决发生在商事、海事领域内纠纷的常设调解机构，该机构有专门的调解规则，并且该中心已经与美国、加拿大、意大利、韩国、日本等国家的调解机构建立了国际合作关系，成立了联合调解中心。

(2) 仲裁中调解

仲裁中调解则不同于其他调解，是在仲裁过程中按照当事人自愿原则组织进行的协调活动，在当事人同意的情况下，可以由仲裁员充当调解员，并可以应当事人的要求出具调解书，该调解书具有法律的执行力。仲裁中调解在建设工程纠纷中得到了积极有效的应用。

(3) 法院调解

法院调解又称诉讼中调解。是指在法院审判人员的主持下，双方当事人就民事权益争议自愿、平等的进行协商，达成协议，解决纠纷的诉讼活动和结案方式。是人民法院和当事人进行的诉讼行为，其调解协议经法院确认，即具有法律上的效力。

建设工程具有周期长、争议多、纠纷复杂的特点，因此在争议解决过程中，各方当事人往往愿意主动选用有效的调解方式息讼止争，尤其是仲裁中调解和诉讼调解。

4.4.2.3　仲裁

(1) 仲裁委员会

仲裁委员会是我国的仲裁机构。通常由主任 1 人、副主任 2～4 人和委员7～11 人组成。

仲裁委员会应当具备下列条件：

① 有自己的名称、住所和章程。

② 有必要的财产。

③ 有该委员会的组成人员。

④ 有聘任的仲裁员。

仲裁委员会独立于行政机关，与行政机关没有隶属关系，仲裁委员会之间也无隶属关系。

（2）仲裁程序

① 仲裁申请和受理。当事人申请仲裁，应当向仲裁委员会递交仲裁协议或合同副本、仲裁申请书以及副本。仲裁申请书应依据规范载明有关事项。当事人、法定代理人可以委托律师和其他代理人进行仲裁活动。委托律师和其他代理人进行仲裁活动的，应当向仲裁委员会提交授权委托书。仲裁机构收到当事人的申请书，首先要进行审查，经审查符合申请条件的，应当在7d内立案；对不符合规定的，也应当在7d内书面通知申请人不予受理，并说明理由。申请人可以放弃或者变更仲裁请求。被申请人可以承认或者反驳仲裁请求，有权提出反请求。

② 仲裁庭的组成。当事人若约定由三名仲裁员组成仲裁庭的，应当各自选定或者各自委托仲裁委员会主任指定一名仲裁员，第三名仲裁员由当事人共同选定或者共同委托仲裁委员会主任指定，且第三名仲裁员是首席仲裁员。当事人也可约定由一名仲裁员组成仲裁庭。法律规定，当事人有权依据法律规定请求仲裁员回避。提出请求者应当说明理由，并在首次开庭前提出。若回避事由在首次开庭后知道的，可以在最后一次开庭终结前提出。

③ 开庭和裁决。仲裁通常应当开庭进行。若当事人协议不开庭，则仲裁庭可以根据仲裁申请书、答辩书以及其他材料做出裁决，仲裁不公开进行。当事人协议公开时，可以公开进行（涉及国家秘密的除外）。申请人经书面通知，无正当理由不到庭或者未经仲裁庭许可中途退庭的，可以视为撤回仲裁申请。被申请人经书面通知，无正当理由不到庭或者未经仲裁庭许可中途退庭的，可以缺席裁决。

裁决应当按照多数仲裁员的意见做出，少数仲裁员的不同意见可以记入笔录。当仲裁庭不能形成多数意见时，裁决应当按照首席仲裁员的意见做出。仲裁的最终结果以仲裁决定书给出。

④ 执行。仲裁委员会的裁决做出后，当事人应当履行。当一方当事人不履行仲裁裁决时，另一方当事人可以依照《中华人民共和国民事诉讼法》的有关规定向人民法院申请执行，受申请人民法院应当执行。

被申请人提出证据证明仲裁裁决有下列情形之一的，经人民法院组成合议庭审查核实，裁定不予执行：

a. 没有仲裁协议的。

b. 裁决的事项不属于仲裁协议的范围或者仲裁委员会无权仲裁的。

c. 仲裁庭的组成或者仲裁的程序违反法定程序的。

d. 裁决所根据的证据是伪造的。

e. 对方当事人隐瞒了足以影响公正裁决的证据的。

f. 仲裁员在仲裁该案时有索贿受贿、徇私舞弊、枉法裁决行为的。

4.4.2.4 诉讼

诉讼是指合同当事人依法请求人民法院刑事审判权，审理双方之间发生的合同争议，做出有国家强制保证实现其合法权益，从而解决纠纷的审判活动，是解决争议的最终手段之一。诉讼程序经过长时间的发展与不断的改进，并且由于其自身的特点以及法院生效判决的强制性和确定性，在建设工程合同的争议解决中有极其重要的作用。

(1) 诉讼应具备的条件

根据我国《中华人民共和国民事诉讼法》规定，由于合同纠纷，向人民法院起诉的，必须符合以下条件：

① 原告是与本案有直接利害关系的企事业单位、机关、团体或个体工商户、农村承包经营户。

② 有明确的被告、具体的诉讼请求和事实依据。

③ 属于人民法院管辖范围和受诉人民法院管辖。

人民法院接到原告起诉状后，应审查是否符合起诉条件。符合起诉条件的，应于 7 日内立案，并通知原告；不符合起诉条件的，应于 7 日内通知原告不予受理，并说明理由。

(2) 诉讼审判的程序

诉讼审判的程序见表 4-2。

表 4-2 诉讼审判的程序

序号	程序	内容
1	起诉与受理	符合起诉条件的起诉人首先应向人民法院递交起诉状，并按被告法人数目呈交副本。起诉状上应加盖本单位公章。案件受理时，应在受案后 5 日内将起诉状副本发送被告。被告应在收到副本后 15 日内提出答辩状。被告不提出答辩状时，并不影响法院的审理
2	诉讼保全	在诉讼过程中，人民法院对于可能因当事人一方的行为或者其他原因，使将来的判决难以执行或不能执行的案件，可以根据对方当事人的申请，或者依照职权做出诉讼保全的裁定
3	调查研究 搜集证据	立案受理后，审理该案人员必须认真审阅诉讼材料，进行调查研究和收集证据。证据主要有书证、物证、视听资料、证人证言、当事人的陈述、鉴定结论以及勘验笔录等 当事人对自己提出的主张，有责任提供证据。当事人及其诉讼代理人因客观原因不能自行收集的证据，或者人民法院认为审理案件需要的证据，人民法院应当调查收集。人民法院应当按照法定程序，全面地、客观地审查核实证据 证据应当在法庭上出示，并由当事人互相质证。对涉及国家秘密、商业秘密和个人隐私的证据应当保密，需要在法庭出示的，不得在公开开庭时出示。经过法定程序公证证明的法律行为、法律事实和文书，人民法院应当作为认定事实的根据。但有相反证据足以推翻公证证明的除外。书证应当提交原件。物证应当提交原物。提交原件或者原物确有困难的，可以提交复制品、照片、副本、节录本。提交外文书证，必须附有中文译本 人民法院对视听资料，应当辨别真伪，并结合本案的其他证据，审查确定能否作为认定事实的根据

续表

序号	程序	内　容
4	调解与审判	法院审理经济案件时，首先依法进行调解。如达成协议，则法院制定有法定内容的调解书。调解未达到协议或调解书送达前有一方反悔时，法院再进行审判 在开庭审理前3日，法院应通知当事人和其他诉讼参与人，通过法庭上的调查和辩论，进一步审查证据、核对事实，以便根据事实与法律，做出公正合理的判决。当事人不服地方人民法院第一审判决的，有权在判决书送达之日起15日内向上一级人民法院提起上诉。对第一审裁决不服的则应在10日内提起上诉。第二审人民法院应当对上诉请求的有关事实和适用法律进行审查。经过审理，应根据不同情形，分别做出维持原判决、依法改判、发回原审人民法院重审的判决、裁定。第二审判决是终审判决，当事人必须履行；否则法院将依法强制执行
5	执行	对于人民法院已经发生法律效力的调解书、判决书、裁定书，当事人应自动执行。不自动执行的，对方当事人可向原审法院申请执行。法院有权采取措施强制执行

园林工程施工合同

5.1 园林工程施工合同的形式和类型

5.1.1 园林工程施工合同的形式

合同的形式是指当事人意思表示一致的外在表现形式。一般认为，合同的形式可分为书面形式、口头形式和其他形式。口头形式是以口头语言形式表现合同内容的合同。书面形式是指合同书、信件和数据电文等可以有形地表现所载内容的形式。其他形式则包括公证、审批、登记等形式。此处着重介绍书面合同与口头合同。

5.1.1.1 书面合同

书面合同是指用文字书面表达的合同。对于数量较大、内容比较复杂以及容易产生争执的经济活动必须采用书面形式的合同。书面形式的合同的优点主要有以下几点：

① 有利于合同形式和内容的规范化。

② 有利于合同管理规范化，便于检查、管理和监督，有利于双方依约执行。

③ 有利于合同的执行和争执的解决，举证方便，有凭有据。

④ 有利于更有效地保护合同双方当事人的权益。

书面形式的合同由当事人经过协商达成一致后签署。如果委托他人代签，代签人必须事先取得委托书作为合同附件，证明具有法律代表资格。书面合同是最常用、也是最重要的合同形式，人们通常所指的合同就是这一类。

如果以合同形式的产生依据划分，合同形式则可分为法定形式和约定形式。合同的法定形式是指法律直接规定合同应当采取的形式。如《合同法》规定建设工程合同应当采用书面形式，则当事人不能对合同形式加以选择。合同的约定形式是指法律没有对合同形式做出要求，当事人可以约定合同采用的形式。

5.1.1.2 口头合同

在日常的商品交换，如买卖、交易关系中，口头形式的合同被人们广泛地应用。

① 口头合同的优点：简便、迅速、易行。

② 口头合同的缺点：一旦发生争议就难以查证，对合同的履行难以形成法律约束力。

因此，口头合同要建立在双方相互信任的基础上，且适用于不太复杂、不易产生争执的经济活动。

在当前，运用现代化通信工具，如电话订货等，作为一种口头要约，也是被承认的。

5.1.2 园林工程施工合同的类型

5.1.2.1 按签约各方的关系分类

（1）总包合同

（2）分包合同

（3）联合承包合同等

5.1.2.2 按合同标的性质划分

（1）可行性研究合同

（2）勘察合同

（3）设计合同

（4）施工合同

（5）监理合同

（6）材料设备供应合同

（7）劳务合同

（8）安装合同

（9）装修合同等

5.1.2.3 按照支付方式进行合同分类

（1）总价合同

（2）单价合同

（3）成本补偿合同

5.1.3 总价合同

总价合同（又称为约定总价合同或包干合同），通常要求投标人按照招标文件要求报一个总价，在这个价格下完成合同规定的全部工作内容。总价合同通常有五种方式，见表 5-1。

表 5-1 总价合同的形式

序号	形式	内容
1	固定总价合同	承包商的报价以业主方的详细设计图纸及计算为基础，并考虑到一些费用的上升因素，如图纸及工程要求不变动则总价固定，但当施工图纸或工程质量要求变更，或工期要求提前，则总价也改变。这种合同适用于工期不长（一般不超过一年），对工程项目要求十分明确的项目，如工期不长则可一次性付款。承包商将承担全部风险，将为许多不可预见因素付出代价，因此一般报价较高
2	调价总价合同	在报价及签订合同时，以招标文件的要求及当时的物价计算总价的合同。但在合同条款中双方商定：如果在执行合同中由于通货膨胀引起工料成本增加达到某一限度时，合同总价应相应调整。这种合同，业主承担通货膨胀这一不可预见的费用因素的风险，承包商承担其他风险。采用这种合同形式的项目，一般工期较长（一年以上）
3	固定工程量总价合同	即业主要求投标人在投标时按单价合同办法分别填报业主编制的工程量表中各个分项工程的单价，从而计算出工程总价，据之签订合同。原定工程项目全部完成后，根据合同总价付款给承包商。工期较长的大中型工程也可分阶段付款，但要在签订合同时说明。如果改变设计或增加新项目，则用合同中已经确定的单价来计算新的工程量和调整总价，这种方式适用于工程量变化不大的项目。这种方式对业主比较有利
4	附费率表的总价合同	与上一种相似，只是业主没有力量或来不及编制工程量表时，可规定由投标人编制工程量表并填入费率，以之计算总价及签订合同。这种合同适用于较大的、可能有变更及分阶段付款的合同
5	管理费总价合同	业主雇用某一公司的管理专家对发包合同的工程项目进行管理和协调，由业主给付一笔总的管理费用 采用这种合同时要明确具体工作范围

5.1.4 单价合同

当准备发包的工程项目的内容和设计指标一时不能十分确定，或工程量不能准确确定时，则以采用单价合同形式为宜。单价合同通常可以分为三种形式，见表 5-2。

5.1.5 成本补偿合同

成本补偿合同也称成本加酬金合同（简称 CPF 合同），即业主向承包商支付实际工程成本中直接费，并按事先协议好的某一种方式支付管理费及利润的一种合同方式。成本补偿合同有多种形式。

表 5-2 单价合同的形式

序号	形式	内容
1	估计工程量单价合同	业主在准备此类合同的招标文件时，按照分部分项工程列出工程量表(清单)并填入估算的工程量，承包商投标时在工程量表中填入各项单价，据之计算出总价作为投标报价之用。但是在每月结账时，以实际完成的工程量结算。工程全部完成时，以竣工图和某些只能现场测量的工程量为依据，最终结算工程的总价格 有的合同规定，当某一分项工程的实际工程量与招标文件上的工程量相差一定百分比(一般为±15%～±30%)时，双方可以讨论改变单价，但单价调整方法和比例最好在签订合同时即写明，以免日后发生纠纷
2	纯单价合同	在设计单位还来不及提供施工详图，或虽有施工图但由于某些原因不能较为准确地估算工程量时，采用纯单价合同。招标文件只向投标人给出各分项工程内的工作项目一览表、工程范围及必要的说明，而不提供工程量，承包商只要给出表中各项目的单价即可，将来施工时按实际工程量计算
3	单价与子项包干混合式合同	以估计工程量单价合同为基础，但对其中某些不易计算工程量的分项工程(如小型设备购置与安装调试)则采用包干办法，而对能用某种单位计算工程量的，均要求报单价，按实际完成工程量及工程量表中单价结算。这种方式在很多大中型土木工程中普遍采用

5.2 园林工程施工合同的基本内容

5.2.1 园林施工合同基本内容

园林工程本身的特殊性和施工生产的复杂性，决定了施工合同必须有很多条款。根据《建设工程施工合同管理办法》，施工合同主要应具备以下几点内容：

① 工程名称、地点、范围、内容，工程价款及开竣工日期。

② 双方的权利、义务和一般责任。

③ 施工组织设计的编制要求和工期调整的处置办法。

④ 工程质量要求、检验与验收方法。

⑤ 合同价款调整与支付方式。

⑥ 材料、设备的供应方式与质量标准。

⑦ 设计变更。

⑧ 竣工条件与结算方式。

⑨ 违约责任与处置办法。

⑩ 争议解决方式。

⑪ 安全生产防护措施。

此外关于索赔、专利技术使用、发现地下障碍和文物、工程分包、不可抗力、工程保险、工程停建或缓建以及合同生效与终止等也是施工合同的重要内容。

5.2.2 园林工程施工合同范本

园林工程属于建设工程，施工合同样本可采用建设工程施工合同样本。依据《中华人民共和国合同法》、《中华人民共和国建筑法》、《中华人民共和国招标投标法》以及相关法律法规，住房和城乡建设部、国家工商行政管理总局对《建设工程施工合同（示范文本）》（GF—1999—0201）进行了修订，制定了《建设工程施工合同（示范文本）》（GF—2013—0201）。

《建设工程施工合同（示范文本）》（GF—2013—0201）由合同协议书、通用合同条款和专用合同条款三部分组成。

5.2.2.1 协议书

《建设工程施工合同（示范文本）》（GF—2013—0201）合同协议书共计13条，主要包括：工程概况、合同工期、质量标准、签约合同价和合同价格形式、项目经理、合同文件构成、承诺以及合同生效条件等重要内容，集中约定了合同当事人基本的合同权利义务。

协议书的格式可参照“园林工程合同条款及格式”；协议书的附件可参见《建设工程施工合同（示范文本）》（GF—2013—0201）。

5.2.2.2 通用合同条款

通用合同条款是合同当事人根据《中华人民共和国建筑法》、《中华人民共和国合同法》等法律法规的规定，就工程建设的实施及相关事项，对合同当事人的权利义务做出的原则性约定。

通用合同条款共计20条，具体条款分别为：

（1）一般约定

① 词语定义与解释。

② 语言文字。

③ 法律。

④ 标准和规范。

⑤ 合同文件的优先顺序。

⑥ 图纸和承包人文件。

⑦ 联络。

⑧ 严禁贿赂。

⑨ 化石、文物。

⑩ 交通运输。

⑪ 知识产权。

⑫ 保密。

⑬ 工程量清单错误的修正。

（2）发包人

① 许可或批准。

② 发包人代表。

③ 发包人人员。

④ 施工现场、施工条件和基础资料的提供。

⑤ 资金来源证明及支付担保。

⑥ 支付合同价款。

⑦ 组织竣工验收。

⑧ 现场统一管理协议。

(3) 承包人

① 承包人的一般义务。

② 项目经理。

③ 承包人人员。

④ 承包人现场查勘。

⑤ 分包。

⑥ 工程照管与成品、半成品保护。

⑦ 履约担保。

⑧ 联合体。

(4) 监理人

① 监理人的一般规定。

② 监理人员。

③ 监理人的指示。

④ 商定或确定。

(5) 工程质量

① 质量要求。

② 质量保证措施。

③ 隐蔽工程检查。

④ 不合格工程的处理。

⑤ 质量争议检测。

(6) 安全文明施工与环境保护

① 安全文明施工。

② 职业健康。

③ 环境保护。

(7) 工期和进度

① 施工组织设计。

② 施工进度计划。

③ 开工。

④ 测量放线。

⑤ 工期延误。

⑥ 不利物质条件。

⑦ 异常恶劣的气候条件。

⑧ 暂停施工。

⑨ 提前竣工。

(8) 材料与设备

① 发包人供应材料与工程设备。

② 承包人采购材料与工程设备。

③ 材料与工程设备的接收与拒收。

④ 材料与工程设备的保管与使用。

⑤ 禁止使用不合格的材料和工程设备。

⑥ 样品。

⑦ 材料与工程设备的替代。

⑧ 施工设备和临时设施。

⑨ 材料与设备专用要求。

(9) 试验与检验

① 试验设备与试验人员。

② 取样。

③ 材料、工程设备和工程的试验和检验。

④ 现场工艺试验。

(10) 变更

① 变更的范围。

② 变更权。

③ 变更程序。

④ 变更估价。

⑤ 承包人的合理化建议。

⑥ 变更引起的工期调整。

⑦ 暂估价。

⑧ 暂列金额。

⑨ 计日工。

(11) 价格调整

① 市场价格波动引起的调整。

② 法律变化引起的调整。

(12) 合同价格、计量与支付

① 合同价格形式。

② 预付款。

③ 计量。
④ 工程进度款支付。
⑤ 支付账户。
(13) 验收和工程试车
① 分部分项工程验收。
② 竣工验收。
③ 工程试车。
④ 提前交付单位工程的验收。
⑤ 施工期运行。
⑥ 竣工退场。
(14) 竣工结算
① 竣工结算申请。
② 竣工结算审核。
③ 甩项竣工协议。
④ 最终结清。
(15) 缺陷责任与保修
① 工程保修的原则。
② 缺陷责任期。
③ 质量保证金。
④ 保修。
(16) 违约
① 发包人违约。
② 承包人违约。
③ 第三人造成的违约。
(17) 不可抗力
① 不可抗力的确认。
② 不可抗力的通知。
③ 不可抗力后果的承担。
④ 因不可抗力解除合同。
(18) 保险
① 工程保险。
② 工伤保险。
③ 其他保险。
④ 持续保险。
⑤ 保险凭证。
⑥ 未按约定投保的补救。

⑦ 通知义务。

（19）索赔

① 承包人的索赔。

② 对承包人索赔的处理。

③ 发包人的索赔。

④ 对发包人索赔的处理。

⑤ 提出索赔的期限。

（20）争议解决

① 和解。

② 调解。

③ 争议评审。

④ 仲裁或诉讼。

⑤ 争议解决条款效力。

通用条款原文较长，本书省略，原文可参见《建设工程施工合同（示范文本）》（GF—2013—0201）。

5.2.2.3　专用条款

专用条款是发包人与承包人根据法律、行政法规规定，结合具体工程实际，经协商达成一致意见的条款，是对通用条款的具体化、补充或修改。

专用条款的内容包括：一般约定；发包人；承包人；监理人；工程质量；安全文明施工与环境保护；工期和进度；材料与设备；试验与检验；变更；价格调整；合同价格、计量与支付；验收和工程试车；竣工结算；缺陷责任期与保修；违约；不可抗力；保险；争议解决等。

专用条款全文如下，专用条款中空白处由发包人与承包人协商共同填写。

第三部分　专用合同条款

1. 一般约定

1.1　词语定义

1.1.1　合同

1.1.1.10　其他合同文件包括：________________。

1.1.2　合同当事人及其他相关方

1.1.2.4　监理人：

名称：________________；

资质类别和等级：________________；

联系电话：________________；

电子信箱：________________；

通信地址：________________。

1.1.2.5 设计人：

名称：____________________；

资质类别和等级：____________________；

联系电话：____________________；

电子信箱：____________________；

通信地址：____________________。

1.1.3 工程和设备

1.1.3.7 作为施工现场组成部分的其他场所包括：____________________。

1.1.3.9 永久占地包括：____________________。

1.1.3.10 临时占地包括：____________________。

1.3 法律

适用于合同的其他规范性文件：____________________。

1.4 标准和规范

1.4.1 适用于工程的标准规范包括：____________________。

1.4.2 发包人提供国外标准、规范的名称：____________________；

发包人提供国外标准、规范的份数：____________________；

发包人提供国外标准、规范的名称：____________________。

1.4.3 发包人对工程的技术标准和功能要求的特殊要求：____________________。

1.5 合同文件的优先顺序

合同文件组成及优先顺序为：____________________。

1.6 图纸和承包人文件

1.6.1 图纸的提供

发包人向承包人提供图纸的期限：____________________；

发包人向承包人提供图纸的数量：____________________；

发包人向承包人提供图纸的内容：____________________。

1.6.4 承包人文件

需要由承包人提供的文件，包括：____________________；

承包人提供的文件的期限为：____________________；

承包人提供的文件的数量为：____________________；

承包人提供的文件的形式为：____________________；

发包人审批承包人文件的期限：____________________。

1.6.5 现场图纸准备

关于现场图纸准备的约定：____________________。

1.7 联络

1.7.1 发包人和承包人应当在________天内将与合同有关的通知、批准、证明、证书、指示、指令、要求、请求、同意、意见、确定和决定等书面函件送达对方当事人。

1.7.2 发包人接收文件的地点：________________________________；

发包人指定的接收人为：________________________________。

承包人接收文件的地点：________________________________；

承包人指定的接收人为：________________________________。

监理人接收文件的地点：________________________________；

监理人指定的接收人为：________________________________。

1.10 交通运输

1.10.1 出入现场的权利

关于出入现场的权利的约定：________________________________。

1.10.3 场内交通

关于场外交通和场内交通的边界的约定：________________________。

关于发包人向承包人免费提供满足工程施工需要的场内道路和交通设施的约定：____。

1.10.4 超大件和超重件的运输

运输超大件或超重件所需的道路和桥梁临时加固改造费用和其他有关费用由__________承担。

1.11 知识产权

1.11.1 关于发包人提供给承包人的图纸、发包人为实施工程自行编制或委托编制的技术规范以及反映发包人关于合同要求或其他类似性质的文件的著作权的归属：____。

关于发包人提供的上述文件的使用限制的要求：____________________。

1.11.2 关于承包人为实施工程所编制文件的著作权的归属：__________。

关于承包人提供的上述文件的使用限制的要求：____________________。

1.11.4 承包人在施工过程中所采用的专利、专有技术、技术秘密的使用费的承担方式：____。

1.13 工程量清单错误的修正

出现工程量清单错误时，是否调整合同价格：______________________。

允许调整合同价格的工程量偏差范围：__________________________。

2. 发包人

2.2 发包人代表

发包人代表：

姓　　名：________________________；

身份证号：________________________；

职　　务：________________________；

联系电话：______________；

电子信箱：______________；

通信地址：______________；

发包人对发包人代表的授权范围如下：______________。

2.4 施工现场、施工条件和基础资料的提供

2.4.1 提供施工现场

关于发包人移交施工现场的期限要求：______________。

2.4.2 提供施工条件

关于发包人应负责提供施工所需要的条件，包括：______________。

2.5 资金来源证明及支付担保

发包人提供资金来源证明的期限要求：______________。

发包人是否提供支付担保：______________。

发包人提供支付担保的形式：______________。

3. 承包人

3.1 承包人的一般义务

(5) 承包人提交的竣工资料的内容：______________。

承包人需要提交的竣工资料套数：______________。

承包人提交的竣工资料的费用承担：______________。

承包人提交的竣工资料移交时间：______________。

承包人提交的竣工资料形式要求：______________。

(6) 承包人应履行的其他义务：______________。

3.2 项目经理

3.2.1 项目经理：

姓　　名：______________；

身份证号：______________；

建造师执业资格等级：______________；

建造师注册证书号：______________；

建造师执业印章号：______________；

安全生产考核合格证书号：______________；

联系电话：______________；

电子信箱：______________；

通信地址：______________；

承包人对项目经理的授权范围如下：______________。

关于项目经理每月在施工现场的时间要求：______________。

承包人未提交劳动合同，以及没有为项目经理缴纳社会保险证明的违约责任：______________。

项目经理未经批准，擅自离开施工现场的违约责任：________________。

3.2.3 承包人擅自更换项目经理的违约责任：________________。

3.2.4 承包人无正当理由拒绝更换项目经理的违约责任：________________。

3.3 承包人人员

3.3.1 承包人提交项目管理机构及施工现场管理人员安排报告的期限：________________。

3.3.3 承包人无正当理由拒绝撤换主要施工管理人员的违约责任：________。

3.3.4 承包人主要施工管理人员离开施工现场的批准要求：________________。

3.3.5 承包人擅自更换主要施工管理人员的违约责任：________________。

承包人主要施工管理人员擅自离开施工现场的违约责任：________________。

3.5 分包

3.5.1 分包的一般约定

禁止分包的工程包括：________________。

主体结构、关键性工作的范围：________________。

3.5.2 分包的确定

允许分包的专业工程包括：________________。

其他关于分包的约定：________________。

3.5.4 分包合同价款

关于分包合同价款支付的约定：________________。

3.6 工程照管与成品、半成品保护

承包人负责照管工程及工程相关的材料、工程设备的起始时间：________。

3.7 履约担保

承包人是否提供履约担保：________________。

承包人提供履约担保的形式、金额及期限的：________________。

4. 监理人

4.1 监理人的一般规定

关于监理人的监理内容：________________。

关于监理人的监理权限：________________。

关于监理人在施工现场的办公场所、生活场所的提供和费用承担的约定：________________。

4.2 监理人员

总监理工程师：

姓　　名：________________；

职　　务：________________；

监理工程师执业资格证书号：________；

联系电话：________________；

电子信箱：______________________；

通信地址：______________________；

关于监理人的其他约定：______________________。

4.4　商定或确定

在发包人和承包人不能通过协商达成一致意见时，发包人授权监理人对以下事项进行确定：

(1) ______________________；

(2) ______________________；

(3) ______________________。

5. 工程质量

5.1　质量要求

5.1.1　特殊质量标准和要求：______________________。

关于工程奖项的约定：______________________。

5.3　隐蔽工程检查

5.3.2　承包人提前通知监理人隐蔽工程检查的期限的约定：__________。

监理人不能按时进行检查时，应提前__________小时提交书面延期要求。

关于延期最长不得超过：__________小时。

6. 安全文明施工与环境保护

6.1　安全文明施工

6.1.1　项目安全生产的达标目标及相应事项的约定：______________________。

6.1.4　关于治安保卫的特别约定：______________________。

关于编制施工场地治安管理计划的约定：______________________。

6.1.5　文明施工

合同当事人对文明施工的要求：______________________。

6.1.6　关于安全文明施工费支付比例和支付期限的约定：__________。

7. 工期和进度

7.1　施工组织设计

7.1.1　合同当事人约定的施工组织设计应包括的其他内容：__________。

7.1.2　施工组织设计的提交和修改

承包人提交详细施工组织设计的期限的约定：______________________。

发包人和监理人在收到详细的施工组织设计后确认或提出修改意见的期限：______________________。

7.2　施工进度计划

7.2.2　施工进度计划的修订

发包人和监理人在收到修订的施工进度计划后确认或提出修改意见的期限：______________________。

7.3 开工

7.3.1 开工准备

关于承包人提交工程开工报审表的期限：_____________________________。

关于发包人应完成的其他开工准备工作及期限：________________________。

关于承包人应完成的其他开工准备工作及期限：________________________。

7.3.2 开工通知

因发包人原因造成监理人未能在计划开工日期之日起_____天内发出开工通知的，承包人有权提出价格调整要求，或者解除合同。

7.4 测量放线

7.4.1 发包人通过监理人向承包人提供测量基准点、基准线和水准点及其书面资料的期限：____。

7.5 工期延误

7.5.1 因发包人原因导致工期延误

(7) 因发包人原因导致工期延误的其他情形：__________________________。

7.5.2 因承包人原因导致工期延误

因承包人原因造成工期延误，逾期竣工违约金的计算方法为：____________。

因承包人原因造成工期延误，逾期竣工违约金的上限：__________________。

7.6 不利物质条件

不利物质条件的其他情形和有关约定：__________________________________。

7.7 异常恶劣的气候条件

发包人和承包人同意以下情形视为异常恶劣的气候条件：

(1) ____；

(2) ____；

(3) ____。

7.9 提前竣工的奖励

7.9.2 提前竣工的奖励：____。

8. 材料与设备

8.4 材料与工程设备的保管与使用

8.4.1 发包人供应的材料设备的保管费用的承担：_____________________。

8.6 样品

8.6.1 样品的报送与封存

需要承包人报送样品的材料或工程设备，样品的种类、名称、规格、数量要求：____。

8.8 施工设备和临时设施

8.8.1 承包人提供的施工设备和临时设施

关于修建临时设施费用承担的约定：___________________________________。

9. 试验与检验

9.1 试验设备与试验人员

9.1.2 试验设备

施工现场需要配置的试验场所：________________________。

施工现场需要配备的试验设备：________________________。

施工现场需要具备的其他试验条件：______________________。

9.4 现场工艺试验

现场工艺试验的有关约定：__________________________。

10. 变更

10.1 变更的范围

关于变更的范围的约定：____________________________。

10.4 变更估价

10.4.1 变更估价原则

关于变更估价的约定：_____________________________。

10.5 承包人的合理化建议

监理人审查承包人合理化建议的期限：____________________。

发包人审批承包人合理化建议的期限：____________________。

承包人提出的合理化建议降低了合同价格或者提高了工程经济效益的奖励的方法和金额为：____________________________________。

10.7 暂估价

暂估价材料和工程设备的明细详见附件《暂估价一览表》。

10.7.1 依法必须招标的暂估价项目

对于依法必须招标的暂估价项目的确认和批准采取第________种方式确定。

10.7.2 不属于依法必须招标的暂估价项目

对于不属于依法必须招标的暂估价项目的确认和批准采取第________种方式确定。

第3种方式：承包人直接实施的暂估价项目。

承包人直接实施的暂估价项目的约定：____________________。

10.8 暂列金额

合同当事人关于暂列金额使用的约定：____________________。

11. 价格调整

11.1 市场价格波动引起的调整

市场价格波动是否调整合同价格的约定：__________________。

因市场价格波动调整合同价格，采用以下第________种方式对合同价格进行调整：

第1种方式：采用价格指数进行价格调整。

关于各可调因子、定值和变值权重，以及基本价格指数及其来源的约定：________________________________；

第2种方式：采用造价信息进行价格调整。

(2) 关于基准价格的约定：________________________。

① 承包人在已标价工程量清单或预算书中载明的材料单价低于基准价格的：专用合同条款合同履行期间材料单价涨幅以基准价格为基础超过______%时，或材料单价跌幅以已标价工程量清单或预算书中载明材料单价为基础超过______%时，其超过部分据实调整。

② 承包人在已标价工程量清单或预算书中载明的材料单价高于基准价格的：专用合同条款合同履行期间材料单价跌幅以基准价格为基础超过______%时，或材料单价涨幅以已标价工程量清单或预算书中载明材料单价为基础超过______%时，其超过部分据实调整。

③ 承包人在已标价工程量清单或预算书中载明的材料单价等于基准单价的：专用合同条款合同履行期间材料单价涨跌幅以基准单价为基础超过±______%时，其超过部分据实调整。

第3种方式：其他价格调整方式：________________________。

12. 合同价格、计量与支付

12.1 合同价格形式

(1) 单价合同。

综合单价包含的风险范围：________________________。

风险费用的计算方法：________________________。

风险范围以外合同价格的调整方法：________________________。

(2) 总价合同。

总价包含的风险范围：________________________。

风险费用的计算方法：________________________。

风险范围以外合同价格的调整方法：________________________。

(3) 其他价格方式：________________________。

12.2 预付款

12.2.1 预付款的支付

预付款支付比例或金额：________________________。

预付款支付期限：________________________。

预付款扣回的方式：________________________。

12.2.2 预付款担保

承包人提交预付款担保的期限：________________________。

预付款担保的形式为：________________________。

12.3 计量

12.3.1 计量原则

工程量计算规则：____。

12.3.2 计量周期

关于计量周期的约定：____。

12.3.3 单价合同的计量

关于单价合同计量的约定：______________________________________。

12.3.4 总价合同的计量

关于总价合同计量的约定：______________________________________。

12.3.5 总价合同采用支付分解表计量支付的，是否适用第 12.3.4 项“总价合同的计量”约定进行计量：______________________________________。

12.3.6 其他价格形式合同的计量

其他价格形式的计量方式和程序：______________________________。

12.4 工程进度款支付

12.4.1 付款周期

关于付款周期的约定：____。

12.4.2 进度付款申请单的编制

关于进度付款申请单编制的约定：______________________________。

12.4.3 进度付款申请单的提交

(1) 单价合同进度付款申请单提交的约定：________________________。

(2) 总价合同进度付款申请单提交的约定：________________________。

(3) 其他价格形式合同进度付款申请单提交的约定：________________。

12.4.4 进度款审核和支付

(1) 监理人审查并报送发包人的期限：____________________________。

发包人完成审批并签发进度款支付证书的期限：____________________。

(2) 发包人支付进度款的期限：__________________________________。

发包人逾期支付进度款的违约金的计算方式：______________________。

12.4.6 支付分解表的编制

(2) 总价合同支付分解表的编制与审批：__________________________。

(3) 单价合同的总价项目支付分解表的编制与审批：________________。

13. 验收和工程试车

13.1 分部分项工程验收

13.1.2 监理人不能按时进行验收时，应提前______小时提交书面延期要求。

关于延期最长不得超过：______小时。

13.2 竣工验收

13.2.2 竣工验收程序

关于竣工验收程序的约定：________________。

发包人不按照本项约定组织竣工验收、颁发工程接收证书的违约金的计算方法：________________。

13.2.5 移交、接收全部与部分工程

承包人向发包人移交工程的期限：________________。

发包人未按本合同约定接收全部或部分工程的，违约金的计算方法为：________________。

承包人未按时移交工程的，违约金的计算方法为：________________。

13.3 工程试车

13.3.1 试车程序

工程试车内容：________________。

（1）单机无负荷试车费用由________________承担；

（2）无负荷联动试车费用由________________承担。

13.3.3 投料试车

关于投料试车相关事项的约定：________________。

13.6 竣工退场

13.6.1 竣工退场

承包人完成竣工退场的期限：________________。

14. 竣工结算

14.1 竣工付款申请

承包人提交竣工付款申请单的期限：________________。

竣工付款申请单应包括的内容：________________。

14.2 竣工结算审核

发包人审批竣工付款申请单的期限：________________。

发包人完成竣工付款的期限：________________。

关于竣工付款证书异议部分复核的方式和程序：________________。

14.4 最终结清

14.4.1 最终结清申请单

承包人提交最终结清申请单的份数：________________。

承包人提交最终结清申请单的期限：________________。

14.4.2 最终结清证书和支付

（1）发包人完成最终结清申请单的审批并颁发最终结清证书的期限：________________。

（2）发包人完成支付的期限：________________。

15. 缺陷责任期与保修

15.2 缺陷责任期

缺陷责任期的具体期限：________________________________。

15.3 质量保证金

关于是否扣留质量保证金的约定：________________________________。

15.3.1 承包人提供质量保证金的方式

质量保证金采用以下第________种方式：

(1) 质量保证金保函，保证金额为：________________________________；

(2) ________%的工程款；

(3) 其他方式：________________________________。

15.3.2 质量保证金的扣留

质量保证金的扣留采取以下第________种方式：

(1) 在支付工程进度款时逐次扣留，在此情形下，质量保证金的计算基数不包括预付款的支付、扣回以及价格调整的金额；

(2) 工程竣工结算时一次性扣留质量保证金；

(3) 其他扣留方式：________________________________。

关于质量保证金的补充约定：________________________________。

15.4 保修

15.4.1 保修责任

工程保修期为：________________________________。

15.4.3 修复通知

承包人收到保修通知并到达工程现场的合理时间：________________。

16. 违约

16.1 发包人违约

16.1.1 发包人违约的情形

发包人违约的其他情形：________________________________。

16.1.2 发包人违约的责任

发包人违约责任的承担方式和计算方法：

(1) 因发包人原因未能在计划开工日期前7天内下达开工通知的违约责任：________________________________。

(2) 因发包人原因未能按合同约定支付合同价款的违约责任：________。

(3) 发包人违反第10.1款“变更的范围”第(2)项约定，自行实施被取消的工作或转由他人实施的违约责任：________________________________。

(4) 发包人提供的材料、工程设备的规格、数量或质量不符合合同约定，或因发包人原因导致交货日期延误或交货地点变更等情况的违约责任：________。

(5) 因发包人违反合同约定造成暂停施工的违约责任：________________。

(6) 发包人无正当理由没有在约定期限内发出复工指示，导致承包人无法复工的违约责任：________________________________。

(7) 其他：____。

16.1.3 因发包人违约解除合同

承包人按16.1.1项“发包人违约的情形”约定暂停施工满______天后发包人仍不纠正其违约行为并致使合同目的不能实现的，承包人有权解除合同。

16.2 承包人违约

16.2.1 承包人违约的情形

承包人违约的其他情形：__________________________________。

16.2.2 承包人违约的责任

承包人违约责任的承担方式和计算方法：____________________。

16.2.3 因承包人违约解除合同

关于承包人违约解除合同的特别约定：______________________。

发包人继续使用承包人在施工现场的材料、设备、临时工程、承包人文件和由承包人或以其名义编制的其他文件的费用承担方式：________________。

17. 不可抗力

17.1 不可抗力的确认

除通用合同条款约定的不可抗力事件之外，视为不可抗力的其他情形：____。

17.4 因不可抗力解除合同

合同解除后，发包人应在商定或确定发包人应支付款项后______天内完成款项的支付。

18. 保险

18.1 工程保险

关于工程保险的特别约定：________________________________。

18.3 其他保险

关于其他保险的约定：____________________________________。

承包人是否应为其施工设备等办理财产保险：__________________。

18.7 通知义务

关于变更保险合同时的通知义务的约定：____________________。

20. 争议解决

20.3 争议评审

合同当事人是否同意将工程争议提交争议评审小组决定：__________。

20.3.1 争议评审小组的确定

争议评审小组成员的确定：________________________________。

选定争议评审员的期限：__________________________________。

争议评审小组成员的报酬承担方式：________________________。

其他事项的约定：____。

20.3.2 争议评审小组的决定

合同当事人关于本项的约定：________________。

20.4 仲裁或诉讼

因合同及合同有关事项发生的争议，按下列第______种方式解决：

(1) 向________________仲裁委员会申请仲裁；

(2) 向________________人民法院起诉。

5.3 园林工程施工合同谈判

谈判是工程施工合同签订双方对是否签订合同以及合同具体内容达成一致的协商过程。通过谈判，能够充分了解对方及项目的情况，为高层决策提供信息和依据。

5.3.1 园林工程施工谈判的目的

5.3.1.1 招标人参加谈判的目的

① 通过谈判，了解投标者报价的构成，进一步审核和压低报价。

② 进一步了解和审查投标者的施工规划和各项技术措施是否合理，以及负责项目实施的班子力量是否足够雄厚，能否保证工程的质量和进度。

③ 根据参加谈判的投标者的建议和要求，也可吸收其他投标者的建议，对设计方案、图纸、技术规范进行某些修改后，估计可能对工程报价和工程质量产生的影响。

5.3.1.2 投标人参加谈判的目的

① 争取中标。即通过谈判宣传自己的优势，包括技术方案的先进性，报价的合理性，所提建议方案的特点，许诺优惠条件等，以争取中标。

② 争取合理的价格，既要准备应付招标人的压价，又要准备当招标人拟增加项目、修改设计或提高标准时适当增加报价。

③ 争取改善合同条款，包括争取修改苛刻的和不合理的条款、澄清模糊的条款以及增加有利于保护自身利益的条款。

虽然双方的目的看起来是对立的、矛盾的，但在为工程选择一家合格的承包商这一点上又是统一的。参加竞争的投标者中，谁能掌握招标人的心理，充分利用谈判技巧争取中标，谁就是强者。

5.3.2 园林工程施工谈判阶段

5.3.2.1 定标前的谈判

有的招标人把全部谈判均放在定标之前进行，以利用投标者希望中标的心情压价，并取得对自己有利的条件。

招标人在定标前与初选出的几家投标者谈判的内容主要有以下两个方面：

(1) 技术答辩

技术答辩由评标委员会主持，了解投标者如果中标后将如何组织施工，如何保证工期，对技术难度较大的部位采取什么措施等。虽然投标人在编制投标文件时对上述问题已有准备，但在开标后，应该在这方面再进行认真细致的准备，以便顺利通过技术答辩。

(2) 价格问题

价格问题是一个十分重要的问题，招标人利用其有利地位，要求投标者降低报价，并就工程款额中付款期限、贷款利率（对有贷款的投标）以及延期付款条件等方面要求投标者做出让步。投标者对招标人的要求进行逐条分析，在合适时机适当、逐步地让步。然而，我国《招标投标法》中规定，依法必须进行招标的项目，招标人和投标人在中标人确定前不得就投标价格、投标方案等实际内容进行磋商、谈判。

5.3.2.2 定标后的谈判

招标人确定出中标者并发出中标函后，招标人和中标人还要进行定标后的谈判，即将过去双方达成的协议具体化，并最后签署合同协议书，对价格及所有条款加以确认。

定标后，中标者地位有所改善，可以利用这一点，积极地、有理有节地同招标人进行定标后的谈判，争取协议条款公正合理。对关键性条款的谈判，要做到彬彬有礼而又不做大的让步；然而对于有些过分不合理的条款，一旦接受了会带来无法负担的损失，则宁可冒损失投标保证金的风险而拒绝招标人要求或退出谈判，以迫使招标人让步。

招标人和中标人在对价格和合同条款达成充分一致的基础上，签订合同协议书。至此，双方即建立了受法律保护的合作关系，招标投标工作即告成。

5.3.3 园林工程施工谈判内容

5.3.3.1 关于园林工程的范围

承包商所承担的工作范围主要包括：施工、设备采购、安装以及调试等。在签订合同时要做到明确具体、范围清楚、责任分明，否则将导致计价范围错误，造成经济损失或者实施过程中的扯皮与矛盾。

谈判中要特别注意合同条件中不确定的内容，可做无限制解释的条款应该在合同中加以明确；对于现场监理工程师的办公建筑、家具设备、车辆和各项服务，若已包括在投标价格中，而且招标书规定得比较明确和具体，则应当在签订合同时予以审定和确认。特别是对于建筑面积和标准，设备和车辆的牌号以及服务的详细内容等，应当十分具体和明确。此外，还应划清业主各自应负责的范围。

5.3.3.2 关于施工合同文件

对当事人来说，合同文件就是法律文书，应该使用严谨、周密的法律语言，以防一旦发生争端合同中无准确依据，以至于影响合同的履行，并为索赔成功创造一定的条件。

（1）对拟定的合同文件中的缺欠，经双方一致同意后，可进行修改和补充，并应整理为正式的“补遗”或“附录”，由双方签字后作为合同的组成部分，注明哪些条件由“补遗”或“附录”中的相应条款替代，以免发生矛盾与误解，在实施工程中发生争端。

（2）应当由双方同意将投标前发包人对各投标人质疑的书面答复或通知，作为合同的组成部分。这是由于这些答复或通知，即为标价计算的依据，也可能是今后索赔的依据。

（3）承包商提供的施工图纸是正式的合同文件内容，而不能只认为“发包人提交的图纸属于合同文件”。应该表明“与合同协议同时由双方签字确认的图纸属于合同文件”，以防止发包人借补充图纸的机会增加工程内容。

（4）对于作为付款和结算工程价款的工程量及价格清单，应该根据议标阶段做出的修正重新整理和审定，并经双方签字。

（5）尽管采用的是标准合同文本，但是在签字前必须对合同进行全面检查，对于关键词语和数字更应反复核对，不得有任何差错。

5.3.3.3 关于双方的一般义务

（1）关于“工作必须使监理工程师满意”的条款，在合同条件中常常可以见到关于“工作必须使监理工程师满意”的条款，该条款处应载明“使监理工程师满意”只能是针对施工技术规范和合同条件范围内的满意，而并不包括其他。合同条件中还常常规定“应该遵守并执行监理工程师的指示”，对此，承包商通常是用书面记录下他对该指示的不同意见和理由，以作为日后付诸索赔的依据。

（2）关于履约保证，在合同签订前，应与业主商选定一家银行开具保函，并事先与该银行协商同意。

（3）关于工程保险，应与业主商选定一家保险公司，并出具工程保险单。

（4）关于不可预见的自然条件和人为障碍问题，通常合同条件中虽有“可取得合理费用”的条款，然而由于其措辞含糊，容易在实施中引起争执，因此，必须在合同中明确界定“不可预见的自然条件和人为障碍”的具体内容。对于招标文件中提供的气象、地质、水文资料与实际情况有出入者，则应争取列为“非正常气象、地质和水文情况”由业主提供额外补偿费用的条款。

5.3.3.4 关于材料和操作工艺

（1）对于报送材料样品给监理工程师或业主审批和认可，应明确规定答复期限。若业主或监理工程师在规定答复期限不予答复，则视为“默许”。经“默许”后再提出更换时，应由业主承担因工程延误施工期和原报批的材料已订货而造成的损失。

（2）对于应向监理工程师提供的现场测量和试验的仪器设备，应在合同中列出清单，写明型号、规格、数量等。若出现超出清单内容的设备，则应由业主承担超出的费用。

（3）争取在合同或“补遗”中写明材料化验和试验的权威机构，以防止对化验结果的权威性产生争执。

（4）如果发生材料代用、更换型号及其标准问题时，承包商应注意以下两点：

① 将这些问题载入合同或“补遗”中去。

② 如有可能，可趁业主在议标时压价而提出材料代用的意见，更换那些原招标文件中规定的高价而难以采购的材料，用承包商熟悉货源并可获得优惠价格的材料代替。

（5）关于工序质量检查问题。若监理工程师延误了上道工序的检查时间，而使承包商无法按期进行下道工序，致使工程进度受到严重影响时，应对工序检验制度做出具体规定，不得简单地以规定“不得无理拖延”了事。特别是对及时安排检验要有时间限制，超出限制时，监理工程师未予检查，则承包商可认为该工序已被接受，可进行下一道工序施工。

5.3.3.5 关于工程的开工和工期

（1）区别工期与合同（终止）期的概念：

① 合同期是表明一份合同的有效期，即从合同生效之日至合同终止之日的一段时间。

② 工期是对承包商完成其工作所规定的时间。

在工程承包合同中，通常是施工期虽已结束，但合同期并未终止。因为该工程价款酬金尚未清结，工程缺陷维修期尚未结束，合同仍然有效。

（2）应明确规定保证开工的措施。要保证工程按期竣工，首先要确保按时开工。对于业主影响开工的因素应列入合同条件之中。如果由于业主的原因导致承包商不能如期开工，则工期应顺延。

（3）施工中，若由于变更设计造成工程量增加或修改原设计方案或工程师不能按时验收工程，则承包商有权要求延长工期。

（4）必须要求业主按时验收工程，以免拖延付款和影响承包商的资金周转，同时影响工期。

（5）由于我国的公司通常动员准备时间较长，应争取适当延长工程准备时间，并且规定工期应由正式开工之日算起。

（6）业主向承包商提交的现场应包括施工临时用地，并写明其占用土地的一切补偿费用均由业主承担。

（7）应规定现场移交的时间和移交的内容。所谓移交现场应包括场地测量图纸、文件和各种测量标志（平面和高程控制点）的移交。

(8) 对于单项工程较多的工程，应争取分批竣工，并提交监理工程师验收，发给竣工证明。工程全部具备验收条件而业主无故拖延检验时，应规定业主向承包商支付工程看管费用。

(9) 凡已竣工验收的部分工程，其维修费应从出具该部分工程竣工证书之日算起。

(10) 应规定工程延期竣工的违约金的最高限额。如有部分工程已获竣工证书，则违约金应按比例削减。

(11) 承包商应当享有由于工程变更（额外追加工程数量、中途变更方案等）、恶劣气候影响或其他由于业主的原因要求延长施工时间的正当权利。

5.3.3.6　关于工程维修

(1) 应当明确维修工程的范围以及维修责任。承包商只能承担由于材料、工艺不符合合同要求而产生的缺陷，以及没有看管好工程而遭损坏的责任。

(2) 通常工程维修期届满应退还维修保证金。承包商应当争取以维修保函替代工程价款的保留金。因为维修保函具有保函有效期的规定，可以保障承包商在维修期满时自行撤销其维修责任。

5.3.3.7　关于工程的变更和增减

该部分主要涉及园林工程变更与增减的基本要求，由于园林工程变更导致的经济支出承包商核实的确定方法，发包人应承担的责任，延误的工期处理等内容。其内容主要包括：

(1) 园林工程变更应有一个合适的限额，超过限额，承包商有权修改单价。

(2) 对于单项工程的大幅度变更，应在园林工程施工初期提出，并争取规定限期。

① 超过限期大幅度增加单项工程，由发包人承担材料、工资价格上涨而引起的额外费用。

② 大幅度减少单项工程，发包人应承担材料已订货而造成的损失。

5.3.3.8　关于付款

付款是承包商最为关心而又最为棘手的问题。业主和承包商之间发生的争议，大都集中在付款问题上，包括支付时间、支付方式以及支付保证等问题。在支付时间上，承包商越早得到付款越好。支付的方法有：预付款、工程进度付款、最终付款和退还保留金 4 种。对于承包商来说，一定要争取得到预付款，而且，预付款的偿还按预付款与合同总价的同一比例，每次在工程进度款中扣除为好。对于工程进度付款，应争取其不仅包括当月已完成的工程价款，还应包括运到现场的合格材料与设备费用。最终付款，意味着工程的竣工，承包商有权取得全部工程的合同价款中一切尚未付清的款项。承包商应争取将工程竣工结算和维修责任分别开来，可以用一份维修工程的银行担保函来担保自己的维修责任，并争取早日得到全部工程款。关于退还保留金问题，承包商争取降低扣留金额的数额，使之不超过合同总价的5%，并争取工程竣工验收合格后全部退回或者用维修保函代替扣留的应付工程款；对于分批交工的工程，应在每批工程交工时退还该批工程的全部保留金或部分保留金。

5.3.3.9 关于工程验收

工程验收主要包括对中间和隐蔽工程的验收、竣工验收和对材料设备的验收。在审查验收条款时，应注意的问题主要有：验收范围、验收时间以及验收质量标准等问题是否在合同中明确表明。由于验收是承包工程实施过程中的一项重要工作，它直接影响工程的工期和质量问题，因此，需要认真对待。

5.3.3.10 关于违约责任

在审查违约责任条款时，主要应注意以下几点：

(1) 要明确不履行合同的行为。在对自己一方确定违约责任时，一定要同时规定对方的某些行为是自己一方履约的先决条件，否则不应构成违约责任。

(2) 针对自己关键性的权利，即对方的主要义务，应向对方规定违约责任。规定对方的违约责任就是保证自己享有的权利。

需要谈判的内容非常多，而且双方均以维护自身利益为核心进行谈判，更增加了谈判的难度和复杂性。就某一具体谈判而言，由于项目的特点，不同的谈判的客观条件等因素决定，在谈判内容上通常是有所侧重，需谈判小组认真仔细地研究，进行具体谋划。

5.3.4 园林工程施工谈判策略

谈判是通过不断会晤确定各方权利、义务的过程，它直接关系到谈判桌上各方最终利益的得失。因此，谈判绝不是一项简单的机械性工作，而是集合了策略与技巧的艺术。常见的谈判策略和技巧见表5-3。

表 5-3 园林工程施工谈判策略和技巧

序号	策略	内容
1	掌握谈判的进程	即指掌握谈判过程的发展规律。谈判大体上可分为五个阶段，即探测、报价、还价、拍板和签订合同。谈判各个阶段中谈判人员应该采取的策略主要有： (1)设计探测策略 探测阶段是谈判的开始，设计探测策略的主要目的在于尽快摸清对方的意图及关注的重点，以便在谈判中做到对症下药，有的放矢 (2)讨价还价阶段 此阶段是谈判的实质性进展阶段。在本阶段中双方从各自的利益出发，相互交锋、相互角逐。谈判人员应保持清醒的头脑，在争论中保持心平气和的态度，临阵不乱、镇定自若、据理力争。要避免不礼貌的提问，以防引起对方反感甚至导致谈判破裂。应努力求同存异，创造和谐气氛，逐步接近 (3)控制谈判的进程 工程建设这样的大型谈判一定会涉及诸多需要讨论的事项，而各谈判事项的重要性并不相同，谈判各方对同一事项的关注程度也并不相同。成功的谈判者善于掌握谈判的进程，在充满合作气氛的阶段，展开自己所关注的议题的商讨，从而抓住时机，达成有利于

续表

序号	策略	内容
1	掌握谈判的进程	己方的协议。而在气氛紧张时，则引导谈判进入双方具有共识的议题，一方面缓和气氛，另一方面缩小双方差距，推进谈判进程。同时，谈判者应懂得合理分配谈判时间。对于各议题的商讨时间应得当，不要过多拘泥于细节性问题，这样可以缩短谈判时间，降低交易成本 (4)注意谈判氛围 谈判各方往往存在利益冲突，要兵不血刃即获得谈判成功是不现实的。但有经验的谈判者会在各方分歧严重，谈判气氛激烈的时候采取润滑措施，舒缓压力。在我国最常见的方式是饭桌式谈判，通过餐宴，联络谈判方的感情，拉近双方的心理距离，进而在和谐的氛围中重新回到议题
2	打破僵局策略	僵局往往是谈判破裂的先兆，因而为使谈判顺利进行，并取得谈判成功，遇有僵持的局面时必须适时采取相应策略。常用的打破僵局的方法有： (1)拖延和休会 当谈判遇到障碍、陷入僵局的时候，拖延和休会可以使明智的谈判方有时间冷静思考，在客观分析形势后提出替代性方案。在一段时间的冷处理后，各方都可以进一步考虑整个项目的意义，进而弥合分歧，将谈判从低谷引向高潮 (2)假设条件 即当遇有僵持局面时，可以主动提出假设我方让步的条件，试探对方的反应，这样可以缓和气氛，增加解决问题的方案 (3)私下个别接触 当出现僵持局面时，观察对方谈判小组成员对引发僵持局面的问题的看法是否一致，寻找对本方意见的同情者与理解者，或对对方的意见持不同意见者，通过私下个别接触缓和气氛、消除隔阂、建立个人友谊，为下一步谈判创造有利条件 (4)设立专门小组 本着求同存异的原则，谈判中遇到各类障碍时，不必都在谈判桌上解决，而是建议设立若干专门小组，由双方的专家或组员去分组协商，提出建议。一方面可使僵持的局面缓解，另一方面可提高工作效率，使问题得以圆满解决
3	高起点战略	谈判的过程是各方妥协的过程，通过谈判，各方都或多或少会放弃部分利益以求得项目的进展。而有经验的谈判者在谈判之初会有意识向对方提出苛求的谈判条件。这样对方会过高估计本方的谈判底线，从而在谈判中更多做出让步
4	避实就虚	谈判各方都有自己的优势和弱点。谈判者应在充分分析形势的情况下，做出正确判断，利用对方的弱点，猛烈攻击，迫其就范，做出妥协。而对于己方的弱点，则要尽量注意回避
5	对等让步策略	为使谈判取得成功，谈判中对对方所提出的合理要求进行适当让步是必不可少的，这种让步要求对双方都是存在的。但单向的让步要求则很难达成，因而主动在某些问题上让步时，同时对对方提出相应的让步条件，一方面可争得谈判的主动，另一方面又可促使对方让步条件的达成
6	充分利用专家的作用	现代科技发展使个人不可能成为各方面的专家。而工程项目谈判又涉及广泛的学科领域，充分发挥各领域专家的作用，既可以在专业问题上获得技术支持，又可以利用专家的权威性给对方以心理压力

5.4 园林工程施工合同的签订与审查

5.4.1 园林工程施工合同的签订

作为承包商的建筑施工企业在签订施工合同工作中，主要的工作程序如下所述。

5.4.1.1 市场调查建立联系

（1）施工企业对建筑市场进行调查研究。

（2）追踪获取拟建项目的情况和信息，以及业主情况。

（3）当对某项工程有承包意向时，可进一步详细调查，并与业主取得联系。

5.4.1.2 表明合作意愿投标报价

（1）接到招标单位邀请或公开招标通告后，企业领导做出投标决策。

（2）向招标单位提出投标申请书，表明投标意向。

（3）研究招标文件，着手具体投标报价工作。

5.4.1.3 协商谈判

（1）接受中标通知书后，组成包括项目经理在内的谈判小组，依据招标文件和中标书草拟合同专用条款。

（2）与发包人就工程项目具体问题进行实质性谈判。

（3）通过协商达成一致，确立双方具体权利与义务，形成合同条款。

（4）参照施工合同示范文本和发包人拟定的合同条件与发包人订立施工合同。

5.4.1.4 签署书面合同

（1）施工合同应采用书面形式的合同文本。

（2）合同使用的文字要经双方确定，用两种以上语言的合同文本，需注明几种文本是否具有同等法律效力。

（3）合同内容要详尽具体，责任义务要明确，条款应严密完整，文字表达应准确规范。

（4）确认甲方，即业主或委托代理人的法人资格或代理权限。

（5）施工企业经理或委托代理人代表承包方与甲方共同签署施工合同。

5.4.1.5 签证与公证

（1）合同签署后，必须在合同规定的时限内完成履约保函、预付款保函、有关保险等保证手续。

（2）送交工商行政管理部门对合同进行签证并缴纳印花税。

（3）送交公证处对合同进行公证。

（4）经过签证、公证，确认了合同真实性、可靠性、合法性后，合同发生法律效力，并受法律保护。

5.4.2 园林工程施工合同的审查

合同审查是指在合同签订以前，将合同文本“解剖”开来，检查合同结构和内容的完整性以及条款之间的一致性，分析评价每一合同条款执行的法律后果及其中的隐含风险，为合同的谈判和签订提供决策依据。

通过园林工程施工合同审查，可以发现施工合同中存在的内容含糊、概念不清之处或自己未能完全理解的条款，并加以仔细研究、认真分析，采取相应的措施，以减少施工合同中的风险，减少施工合同谈判和签订中的失误，以便于合同双方愉快地合作，促进园林工程项目施工的顺利进行。

5.5 园林工程施工合同的履行

5.5.1 园林工程施工合同履行的主体

园林工程施工项目合同履行的主体是项目经理和项目经理部。项目经理部必须从施工项目的施工准备、施工、竣工直至维修期结束的全过程中，认真履行施工合同，实行动态管理，跟踪收集、整理、分析合同履行中的信息，合理、及时地进行调整。同时还应对合同履行进行预测，对于影响合同履行的问题应及早提出和解决，以避免或减少风险。

5.5.1.1 项目经理部履行施工合同应遵守的规定

(1) 必须遵守《合同法》、《中华人民共和国建筑法》规定的各项合同履行原则和规则。

(2) 在行使权利、履行义务时应当遵循诚实信用原则和全面履行的原则。全面履行主要包括实际履行（标的的履行）和适当履行（按照合同约定的品种、数量、质量、价款或报酬等的履行）。

(3) 项目经理由企业授权负责组织施工合同的履行，并依据《合同法》的规定，与发包人或监理工程师打交道，进行合同的变更、索赔、转让和终止等工作。

(4) 若发生不可抗力致使合同不能履行或不能完全履行时，应及时向企业报告，并在委托权限内依法及时进行处置。

(5) 遵守合同对约定不明条款、价格发生变化的履行规则，以及合同履行担保规则和抗辩权、代位权、撤销权的规则。

(6) 承包人按专用条款的约定分包所承担的部分工程，并与分包单位签订分包合同。未经发包人同意，承包人不得将承包工程的任何部分进行分包。

(7) 承包人不得将其承包的全部工程倒手转给他人承包，也不得将全部工程以分包的名义分别转包给他人。园林工程转包是指承包人不行使承包人的管理职能，不承担技术经济责任，将其承包的全部工程或将其分解以后以分包的名义分别转包给他人；或将园林工程的主要部分或群体工程的半数以上的单位工程倒手转给其他施工单位；以及分包人将承包的工程再次分包给其他施工单位，从中提取回扣的行为。

5.5.1.2 项目经理部履行施工合同应做的工作

(1) 应在施工合同履行前，针对园林工程的承包范围、质量标准和工期要求，承包人的义务和权利，工程款的结算、支付方式与条件，合同变更、不可抗力影响、物价上涨、工程中止以及第三方损害等问题产生时的处理原则和责任承担，争议的解决方法等重要问题进行合同分析，对合同内容、风险、重点或关键性问题做出特别说明和提示，向各职能部门人员交底，落实根据园林工程施工合同确定的目标，依据园林工程施工合同指导工程实施和项目管理工作。

(2) 组织施工力量；签订分包合同；研究熟悉设计图纸及有关文件资料；多方筹集足够的流动资金以及编制施工组织设计、进度计划、工程结算付款计划等，作好施工准备，按时进入现场，按期开工。

(3) 制定科学的周密的材料、设备采购计划，采购符合质量标准的价格低廉的材料、设备，按施工进度计划，及时进入现场，做好供应和管理工作，保证顺利施工。

(4) 按设计图纸、技术规范和规程组织施工；作好施工记录，按时报送各类报表；进行各种有关的现场或实验室抽检测试，保存好原始资料；制定各种有效措施，采取先进的管理方法，全面保证施工质量达到合同要求。

(5) 履行合同中关于接受监理工程师监督的规定，如有关计划、建议必须经监理工程师审核批准后方可实施；有些工序必须由监理工程师监督执行，所做记录或报表要得到其签字确认；根据监理工程师要求报送各类报表、办理各类手续；执行监理工程师的指令，接受一定范围内的工程变更要求等。承包商在履行合同中还要自觉地接受公证机关、银行的监督。

(6) 按期竣工，试运行，通过质量检验，交付发包人，收回工程价款。

(7) 按合同规定，作好责任期内的维修、保修和质量回访工作。对属于承包方责任的园林工程质量问题，应负责无偿修理。

(8) 项目经理部在履行合同期间，应注意收集、记录对方当事人违约事实的证据，即对发包方或发包人履行合同进行监督，作为索赔的依据。

5.5.2 园林工程施工合同的转包与分包

关于园林工程转包与分包的内容见表5-4。

5.5.3 园林工程施工合同的履行

总包单位必须自行完成建设项目（或单项、单位工程）的主要部分，其非主要部分或专业性较强的园林工程可分包给营业条件符合该工程技术要求的建筑安装单位。结构和技术要求相同的群体园林工程，总包单位应自行完成半数以上的

表 5-4 园林工程转包与分包

序号	转(分)包类别	内　容
1	转包	园林工程转包，是指不行使承包者管理职能，不承担技术经济责任，将所承包的工程倒手转给他人承包的行为。下列行为均属转包： (1)建筑施工企业将承包的园林工程全部包给其他施工单位，从中提取回扣者 (2)总包单位将园林工程的主要部分或群体工程(指结构技术要求相同的)中半数以上的单位工程包给其他施工单位者 (3)分包单位将承包的园林工程再次分包给其他施工单位者 我国是禁止转包园林工程的。《中华人民共和国建筑法》明确规定："禁止承包单位将其承包的全部建筑工程转包给他人，禁止承包单位将其承包的全部工程分解以后以分包的名义分别转包给他人。"
2	分包	园林工程分包，是指经合同约定或发包单位认可，从园林工程总包单位承包的园林工程中承包部分园林工程的行为。承包单位将部分园林工程分包出去，这是允许的。《建筑安装工程承包合同条例》规定："承包单位可将承包的工程，部分分包给其他分包单位，签订分包合同。"

单位工程。

(1) 总包单位的责任

① 编制施工组织总设计，全面负责工程进度、园林工程质量、施工技术、安全生产等管理工作。

② 按照合同或协议规定的时间，向分包单位提供建筑材料、构配件、施工机具及运输条件。

③ 统一向发包单位领取园林工程技术文件和施工图纸，按时供给分包单位。属于安装工程和特殊专业工程的技术文件和施工图纸，经发包单位同意，也可委托分包单位直接向发包单位领取。

④ 按合同规定统筹安排分包单位的生产、生活临时设施。

⑤ 参加分包工程技师检查和竣工验收。

⑥ 统一组织分包单位编制园林工程预算、拨款及结算。属于安装工程和特殊专业工程的预决算，经总包单位委托，发包单位同意，分包单位也可直接对发包单位。

(2) 分包单位的责任

① 保证分包园林工程质量，确保分包园林工程按合同规定的工期完成。

② 按施工组织总设计编制分包园林工程的施工组织设计或施工方案，参加总包单位的综合平衡。

③ 编制分包园林工程的预（决）算，施工进度计划。

④ 及时向总包单位提供分包工程的计划、统计、技术、质量等有关资料。

(3) 分包合同文件组成及优先顺序

① 分包合同协议书。

② 承包人发出的分包中标书。

③ 分包人的报价书。

④ 分包合同条件。

⑤ 标准规范、图纸、列有标价的工程量清单。

⑥ 报价单或施工图预算书。

（4）分包合同的履行

① 园林工程分包不能解除承包人任何责任与义务，承包人应在分包现场派驻相应的监督管理人员，保证本合同的履行。履行分包合同时，承包人应就承包项目（其中包括分包项目），向发包人负责，分包人就分包项目向承包人负责。分包人与发包人之间不存在直接的合同关系。

② 分包人应按照分包合同的规定，实施和完成分包园林工程，修补其中的缺陷，提供所需的全部工程监督、劳务、材料、工程设备和其他物品，提供履约担保、进度计划，同时不得将分包园林工程进行转让或再分包。

③ 承包人应提供总包合同（工程量清单或费率所列承包人的价格细节除外）供分包人查阅。

④ 分包人应当遵守分包合同规定的承包人的工作时间和规定的分包人的设备材料进出场的管理制度。承包人应为分包人提供施工现场及其通道；分包人应允许承包人和监理工程师等在其工作时间内合理进入分包工程的现场，并为其提供方便，做好协助工作。

⑤ 分包人延长竣工时间主要应满足下列条件：承包人根据总包合同延长总包合同竣工时间，承包人指示延长，承包人违约。分包人必须在延长开始14天内将延长情况通知承包人，同时提交一份证明或报告，否则分包人无权获得延期。

⑥ 分包人仅从承包人处接受指示，并执行其指示。若上述指示从总包合同来分析是监理工程师失误所致，则分包人有权要求承包人补偿由此而导致的费用损失。

⑦ 分包人应根据下列指示变更、增补或删减分包园林工程：

a. 监理工程师根据总包合同做出的指示，再由承包人作为指示通知分包人。

b. 承包人的指示。

⑧ 分包工程价款由承包人与分包人结算。发包人未经承包人同意不得以任何名义向分包单位支付各种工程款项。

⑨ 承包人应承担由于分包人的任何违约行为、安全事故或疏忽、过失导致工程损害或给发包人造成损失而产生的连带责任。

5.5.4 园林工程施工合同履行的管理

5.5.4.1 合同管理的内容

合同管理的内容见表5-5。

表 5-5　合同管理的内容

序号	内容	具体说明
1	接受有关部门对施工合同的管理	从合同管理主体的整体来看，除企业自身外，还包括工商行政管理部门、主管部门和金融机构等相关部门。工商行政管理部门主要是从行政管理的角度，上级主管部门主要是从行业管理的角度，金融部门主要是从资金使用与控制的角度对园林工程施工合同进行管理。在合同履行中，承包商必须主动接受上述部门对园林工程合同履行的监督与管理
2	进行认真、严肃、科学、有效的内部合同管理	外因是变化的条件，内因是变化的根据。提高企业的合同管理水平，取得合同管理的实效关键在于企业自己。企业为搞好合同管理必须做好如下工作： (1)充分认识合同管理的重要性。合同界定了项目的大小和承包商的责、权、利，作为承包商，企业的经济效益主要来源于项目效益，因而搞好合同管理是提高企业经济效益的前提。合同属于法律的范畴，合同管理的过程，也就是法制建设的过程，加强合同管理是科学化、法制化、规范化管理的重要基础。只有充分认识到合同管理的重要性，才能有合同管理的自觉性与主动性 (2)根据一定时期企业施工合同的要求制定企业目标及其工作计划。即在一定时期内，以承包合同的内容为线索，根据合同要求制定一定时期企业的工作目标，并在此基础上形成工作计划。也就是说合同管理不能只停留在口头上，而应使其成为指导企业经营管理活动的主线 (3)建立严格的合同管理制度。合同管理必须打破传统的合同管理观念，即不能把其局限于保管与保密的状态之中，而要把合同作为各工作环节的行为准则。为确保合同管理目标的达成，必须建立健全相应的合同管理制度 (4)加强合同执行情况的监督与检查。园林工程施工企业合同管理的任务包括两个方面：一是对与甲方签订的承包合同的管理，主要目标是落实"实际履行的原则与全面履行的原则"；二是进行企业内部承包合同的管理，其主要目标是确保合同真实、有效、合法，并真正落实与实施。因而应建立完备的监督、检查机制 (5)建立科学的评价标准，确保公平竞争。建立科学的评价标准，是科学评价项目经理及项目经理部工作业绩的基础，是形成激励机制和公平竞争局面的前提，也是确保企业内部承包合同公平、合理的保证

5.5.4.2　园林施工合同管理应注意的问题

(1) 由于合同是园林工程的核心，因此，必须弄清合同中的每一项内容。

(2) 考虑问题要灵活，并且管理工作要做在其他工作的前面。要积累园林施工中一切资料、数据、文件。

(3) 园林工程细节文件的记录主要应包括以下内容：信件，会议记录，业主的规定、指示，更换方案的书面记录以及特定的现场情况等。

(4) 应该想办法把弥补园林工程损失的条款写到合同中去，以减少风险。

(5) 有效的合同管理是管理而不是控制。

5.6 园林工程施工合同的争议处理

5.6.1　园林工程施工合同常见的争议

园林工程施工合同常见的争议见表 5-6。

表 5-6 园林工程施工合同常见的争议

序号	争议类别	内　　容
1	园林工程进度款支付、竣工结算及审价争议	尽管合同中已列出了工程量，约定了合同价款，但实际施工中会有很多变化，包括设计变更，现场工程师签发的变更指令，现场条件变化如地质、地形等，以及计量方法等引起的工程数量的增减。这种工程量的变化几乎每天或每月都会发生，而且承包商通常在其每月申请工程进度付款报表中列出，希望得到(额外)付款，但常因与现场监理工程师有不同意见而遭拒绝或者拖延不决。这些实际已完的工程而未获得付款的金额，由于日积月累，在后期可能增大到一个很大的数字，这时发包人更加不愿支付，因而造成更大的分歧和争议 在整个施工过程中，发包人在按进度支付工程款时往往会根据监理工程师的意见，扣除那些他们未予确认的工程量或存在质量问题的已完园林工程的应付款项，这种未付款项累积起来往往可能形成一笔很大的金额，使承包商感到无法承受而引起争议，而且这类争议在园林工程施工的中后期可能会越来越严重。承包商会认为由于未得到足够的应付工程款而不得不将园林工程进度放慢下来，而发包人则会认为在园林工程进度拖延的情况下更不能多支付给承包商任何款项，这就会形成恶性循环而使争端愈演愈烈 更主要的是，大量的发包人在资金尚未落实的情况下就开始园林工程的建设，致使发包人千方百计要求承包商垫资施工，不支付预付款，尽量拖延支付进度款，拖延工程结算及工程审价进程，导致承包商的权益得不到保障，最终引起争议
2	安全损害赔偿争议	安全损害赔偿争议包括相邻关系纠纷引发的损害赔偿，设备安全、施工人员安全、施工导致第三人安全、园林工程本身发生安全事故等方面的争议。其中，园林工程相邻关系纠纷发生的频率已越来越高，其牵涉主体和财产价值也越来越多，已成为城市居民十分关心的问题。《中华人民共和国建筑法》第三十九条为建筑施工企业设定了这样的义务："施工现场对毗邻的建筑物、构筑物和特殊作业环境可能造成损害的，建筑施工企业应当采取安全防护措施。"
3	园林工程价款支付主体争议	施工企业被拖欠巨额工程款已成为整个建设领域中屡见不鲜的"正常事"。往往出现工程的发包人并非工程真正的建设单位或工程的权利人。在该种情况下，发包人通常不具备工程价款的支付能力，施工单位该向谁主张权利，以维护其合法权益会成为争议的焦点。此时，施工企业应理顺关系，寻找突破口，向真正的发包方主张权利，以保证合法权利不受侵害
4	园林工程工期拖延争议	园林工程的工期延误，往往是由于错综复杂的原因造成的。在许多合同条款中都约定了竣工逾期违约金。由于工期延误的原因可能是多方面的，要分清各力的责任往往十分困难。我们经常可以看到，发包人要求承包商承担工程竣工逾期的违约责任，而承包商则提出因诸多发包人的原因及不可抗力等工期应相应顺延的理由，有时承包商还就工期的延长要求发包人承担停工、窝工的费用
5	合同中止及终止争议	中止合同造成的争议有：承包商因这种中止造成的损失严重而得不到足够的补偿；发包人对承包商提出的就终止合同的补偿费用计算持有异议；承包商因设计错误或发包人拖欠应支付的工程款而造成困难提出中止合同，发包人不承认承包商提出的中止合同的理由，也不同意承包商的责难及其补偿要求等 除非不可抗拒力外，任何终止合同的争议往往是难以调和的矛盾造成的。终止合同一般都会给某一方或者双方造成严重的损害。如何合理处置终止合同后的双方的权利和义务，往往是这类争议的焦点。终止合同可能有以下几种情况： (1)属于承包商责任引起的终止合同 (2)属于发包人责任引起的终止合同 (3)不属于任何一方责任引起的终止合同 (4)任何一方由于自身需要而终止合同

续表

序号	争议类别	内　容
6	园林工程质量及保修争议	质量方面的争议包括园林工程中所用材料不符合合同约定的技术标准要求，提供的设备性能和规格不符，或者不能生产出合同规定的合格产品，或者是通过性能试验不能达到规定的质量要求，施工和安装有严重缺陷等。这类质量争议在施工过程中主要表现为：工程师或发包人要求拆除和移走不合格材料，或者返工重做，或者修理后予以降价处置。对于设备质量问题，则常见于调试和性能试验后，发包人不同意验收移交，要求更换设备或部件，甚至退货并赔偿经济损失。而承包商则认为缺陷是可以改正的，或者业已改正；对生产设备质量则认为是性能测试方法错误，或者制造产品所投入的原料不合格或者是操作方面的问题等，质量争议往往变成为责任问题争议 此外，在保修期的缺陷修复问题往往是发包人和承包商争议的焦点，特别是发包人要求承包商修复工程缺陷而承包商拖延修复，或发包人未经通知承包商就自行委托第三方对工程缺陷进行修复。在此情况下，发包人要在预留的保修金扣除相应的修复费用，承包商则主张产生缺陷的原因不在承包商或发包人未履行通知义务，且其修复费用未经其确认而不予同意

5.6.2 园林工程施工合同的争议管理

5.6.2.1 有理有礼有节，争取协商调解

很多企业都参照国际惯例，设置并逐步完善了自己的内部法律机构或部门，专职实施对争议的管理，这是企业进入市场之必需。通过诉讼解决争议未必是最有效的方法，因此，要注意预防“解决争议找法院打官司”的思维模式。由于园林工程施工合同争议情况复杂，专业问题多，有许多争议法律无法明确规定，往往造成主审法官难以判断、无所适从。因此，要深入研究案情和对策，处理争议要有理有礼有节，能采取协商、调解，甚至争议评审方式解决争议的，尽量不要采取诉讼或仲裁方式，这是由于，通常园林工程合同纠纷案件要经法院几个月的审理，由于解决困难，法庭只能采取反复调解的方式，以求调解结案。

5.6.2.2 重视诉讼、仲裁时效，及时主张权利

通过仲裁、诉讼的方式解决园林工程合同纠纷时，应特别注意有关仲裁时效与诉讼时效的法律规定，在法定诉讼时效或仲裁时效内主张权利。

时效制度是指一定的事实状态经过一定的期间之后即发生一定的法律后果的制度。

法律确立时效制度的意义在于：首先是为了防止债权债务关系长期处于不稳定状态；其次是为了催促债权人尽快实现债权；再次，可以避免债权债务纠纷因年长日久而难以举证，不便于解决纠纷。

仲裁时效是指当事人在法定申请仲裁的期限内没有将其纠纷提交仲裁机关进行仲裁的，即丧失请求仲裁机关保护其权利的权利。在明文约定合同纠纷由仲裁机关仲裁的情况下，若合同当事人在法定提出仲裁申请的期限内没有依法申请仲裁的，则该权利人的民事权利不受法律保护，债务人可依法免于履行债务。

诉讼时效是指权利人在法定提起诉讼的期限内如不主张其权利，即丧失请求法院依诉讼程序强制债务人履行债务的权利。诉讼时效实质上就是消灭时效，诉讼时效期间届满后，债务人依法可免除其应负之义务。即若权利人在诉讼时效期间届满后才主张权利的，则丧失了胜诉权，其权利不受司法保护。

（1）关于仲裁时效期间和诉讼时效期间的计算问题

① 追索工程款、勘察费、设计费，仲裁时效期间以及诉讼时效期间均为两年，从工程竣工之日起计算，双方对付款时间有约定的，从约定的付款期限届满之日起计算。园林工程因建设单位的原因中途停工的，仲裁时效期间和诉讼时效期间应当从工程停工之日起计算。

② 追索材料款、劳务款，仲裁时效期间和诉讼时效期间为两年，从双方约定的付款期限届满之日起计算；没有约定期限的，从购方验收之日起计算，或从劳务工作完成之日起计算。

③ 出售质量不合格的商品未声明的，仲裁时效期间和诉讼时效期间均为一年，从商品售出之日起计算。

（2）适用时效规定，及时主张自身权利的具体做法

根据《中华人民共和国民法通则》的规定，诉讼时效因提起诉讼、债权人提出要求或债务人同意履行债务而中断。从中断时起，诉讼时效期间重新计算。因此，对于债权，具备申请仲裁或提起诉讼条件的，应在诉讼时效的期限内提请仲裁或提起诉讼。尚不具备条件的，应设法引起诉讼时效中断，其具体办法主要有：

① 园林工程竣工后或工程中间停工的，应尽早向建设单位或监理单位提出结算报告；对于其他债权，也应以书面形式主张债权；对于履行债务的请求，应争取到对方有关工作人员签名、盖章，并签署日期。

② 债务人不予接洽或拒绝签字盖章的，应及时将要求该单位履行债务的书面文件制作一式数份，自存至少一份备查后，将该文件以电报的形式或其他妥善的方式，即将请求履行债务的要求通知对方。

（3）主张债权已超过诉讼时效期间的补救办法

债权人主张债权超过诉讼时效期间的，除非债务人自愿履行，否则债权人依法不能通过仲裁或诉讼的途径使其履行。该情况下，应设法与债务人协商，并争取达成履行债务的协议。只要签订该协议，债权人仍可通过仲裁或诉讼途径使债务人履行债务。

5.6.2.3 全面收集证据，确保客观充分

收集证据是一项十分重要的准备工作，根据法律规定和司法实践，收集证据应当遵守以下几点要求：

① 为了及时发现和收集到充分、确凿的证据，在收集证据以前应当认真研究已有材料，分析案情，并在此基础上制订收集证据的计划、确定收集证据的方

向、调查的范围和对象、应当采取的步骤和方法，同时还应考虑到可能遇到的问题和困难以及解决问题和克服困难的办法等。

② 收集证据的程序和方式必须符合法律规定。凡是收集证据的程序和方式违反法律规定的，所收集到的材料一律不能作为证据来使用。

③ 收集证据必须客观、全面。收集证据必须尊重客观事实，按照证据的本来面目进行收集，不能弄虚作假、断章取义，制造假证据。全面收集证据就是要收集能够收集到的、能够证明案件真实情况的全部证据，不能只收集对自己有利的证据。

④ 收集证据必须深入、细致。实践证明，只有深入、细致地收集证据，才能把握案件的真实情况。

⑤ 收集证据必须积极主动、迅速。证据虽然是客观存在的事实，但可能由于外部环境或外部条件的变化而变化，若不及时予以收集，就有可能灭失。

5.6.2.4 摸清财务状况，做好财产保全

（1）调查债务人的财产状况

对园林工程承包合同的当事人而言，提起诉讼的目的，大多数情况下是为了实现金钱债权，因此，必须在申请仲裁或者提起诉讼前调查债务人的财产状况，为申请财产保全做好充分准备。根据司法实践，调查债务人的财产范围主要应包括以下几点：

① 固定资产，尽可能查明其数量、质量、价值，是否抵押等具体情况。

② 开户行、账号、流动资金的数额等情况。

③ 有价证券的种类、数额等情况。

④ 债权情况。

⑤ 对外投资情况应了解其股权种类、数额等。

⑥ 债务情况。债务人是否对他人尚有债务未予清偿，以及债务数额、清偿期限的长短等，都会影响到债权人实现债权的可能性。

⑦ 此外，如果债务人是企业的，还应调查其注册资金与实际投入资金的具体情况，两者之间是否存在差额，以便确定是否请求该企业的开办人对该企业的债务在一定范围内承担清偿责任。

（2）做好财产保全

《中华人民共和国民事诉讼法》第 92 条中规定："人民法院对于可能因当事人一方的行为或者其他原因，使判决不能执行或者难以执行的案件，可以根据对方当事人的申请，做出财产保全的裁定；当事人没有提出申请的，人民法院在必要时也可以裁定采取财产保全措施。"第 93 条中同时规定："利害关系人因情况紧急，不立即申请财产保全将会使其合法权益受到难以弥补的损害的，可以在起诉前向人民法院申请采取财产保全措施。"应注意，申请财产保全，通常应当向人民法院提供担保，且起诉前申请财产保全的，必须提供担保。担保应以金钱、实物或人民法院同意的担保等形式实现，所提供的担保的数额应相当于请求保全的数额。

因此，申请财产保全的应当先作准备，了解保全财产的情况后，缜密地做好以上各项工作后，即可申请仲裁或提起诉讼。

5.6.2.5 聘请专业律师，尽早介入争议处理

施工单位不论是否有自己的法律机构，当遇到案情复杂难以准确判断的争议，应当尽早聘请专业律师，避免走弯路。施工合同争议的解决不仅取决于对行业情况的熟悉，很大程度上取决于诉讼技巧和正确的策略，而这些都是专业律师的专长。

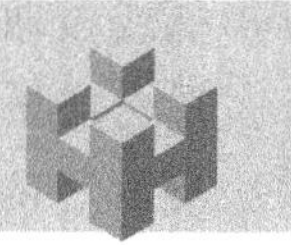

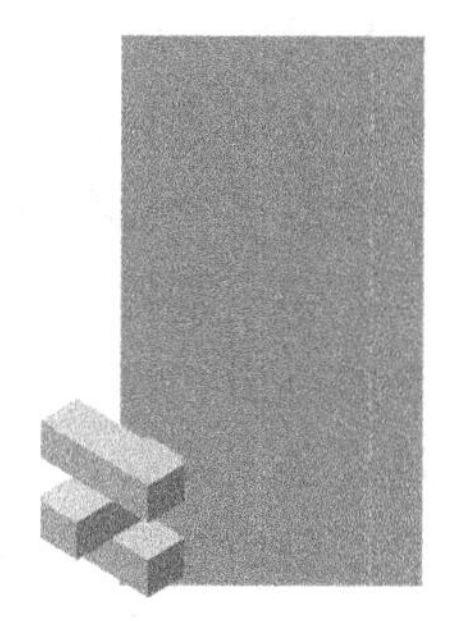

Chapter 6 园林工程施工索赔

6.1 园林工程施工索赔概述

6.1.1 索赔的概念

索赔是指在合同履行过程中，当事人一方就对方不履行或不完全履行合同义务，或就可归责于对方的原因而造成的经济损失，向对方提出赔偿或补偿要求的行为。园林工程索赔通常是指在园林工程合同履行过程中，合同当事人一方因非自身责任或对方不履行或未能正确履行合同而受到经济损失或权利损害时，通过一定的合法程序向对方提出经济或时间补偿的要求。索赔是一种正当的权利要求，是发包人、工程师以及承包人之间一项正常的、大量发生且普遍存在的合同管理业务，是一种以法律和合同为依据的、合情合理的行为。园林工程索赔可能发生在各类园林工程合同的履行过程中，但在施工合同中较为常见，因此，通常所说的索赔往往是指施工索赔。

6.1.2 索赔的特征

(1) 索赔是双向的，不仅承包人可以向发包人索赔，发包人同样也可以向承包人索赔。由于实践中发包人向承包人索赔发生的频率相对较低，而且在索赔处理中，发包人始终处于主动和有利的地位，他可以直接从应付工程款中扣抵或没收履约保函、扣留保留金甚至留置承包商的材料设备作为抵押等来实现自己的索赔要求，不存在“索”。因此在工程实践中，大量发生的、处理比较困难的是承包人向发包人的索赔，这也是索赔管理的主要对象和重点内容。

(2) 只有实际发生了经济损失或权利损害，一方才能向对方索赔。经济损失是指发生了合同以外的额外支出。权利损害是指虽然没有经济上的损失，但造成了一方权利上的损害。因此，发生了实际的经济损失或权利损害，应是一方提出索赔的一个基本前提条件。

(3) 索赔是一种未经对方确认的单方行为，它与工程签证不同。索赔则是单方面行为，对对方尚未形成约束力，这种索赔要求能否得到最终实现，必须要通过确认（如双方协商、谈判、调解或仲裁、诉讼）后才能实现。

归纳起来，索赔的本质特征主要有以下几点：

① 索赔是要求给予补偿（赔偿）的一种权利、主张。

② 索赔的依据是法律法规、合同文件及工程建设惯例，但主要是合同文件。

③ 索赔是因非自身原因导致的，要求索赔方没有过错。

④ 与原合同相比较，已经发生了额外的经济损失或工期损害。

⑤ 索赔必须有切实有效的证据。

⑥ 索赔是单方行为，双方还没有达成协议。

6.1.3 索赔的分类

由于索赔可能发生的范围比较广泛，贯穿于园林工程项目全过程，其分类随标准或方法的不同而不同，索赔的分类见表 6-1。

表 6-1 索赔的分类

<table>
<tr><th>序号</th><th>分类方式</th><th>类别</th><th>内容</th><th>备注</th></tr>
<tr><td rowspan="4">1</td><td rowspan="4">按索赔有关当事人分类</td><td>承包人与发包人间的索赔</td><td>这类索赔大多是有关工程量计算、变更、工期、质量和价格方面的争议，也有中断或终止合同等其他违约行为的索赔</td><td rowspan="2">此两种涉及工程项目建设过程中施工条件或施工技术、施工范围等变化引起的索赔，一般发生频率高，索赔费用大，有时也称为施工索赔</td></tr>
<tr><td>总承包人与分包人间的索赔</td><td>其内容与“承包人与发包人间的索赔”大致相似，但大多数是分包人向总承包人索要付款或赔偿及总承包人向分包人罚款或扣留支付款等</td></tr>
<tr><td>发包人或承包人与供货人、运输人间的索赔</td><td>其内容多系商贸方面的争议，如货品质量不符合技术要求、数量短缺、交货拖延、运输损坏等</td><td rowspan="2">此两种在工程项目实施过程中的物资采购、运输、保管、工程保险等方面活动引起的索赔事项，又称商务索赔</td></tr>
<tr><td>发包人或承包人与保险人间的索赔</td><td>此类索赔多系被保险人受到灾害、事故或其他损害或损失，按保险单向其投保的保险人索赔</td></tr>
</table>

续表

序号	分类方式	类别	内容	备注
2	按索赔依据分类	合同内索赔	合同内索赔是指索赔所涉及的内容可以在合同文件中找到依据，并可根据合同规定明确划分责任。一般情况下，合同内索赔的处理和解决要顺利一些	—
		合同外索赔	合同外索赔是指索赔所涉及的内容和权利难以在合同文件中找到依据，但可从合同条文引申含义和合同适用法律或政府颁发的有关法规中找到索赔的依据	—
		道义索赔	道义索赔是指承包人在合同内或合同外都找不到可以索赔的依据，因而没有提出索赔的条件和理由，但承包人认为自己有要求补偿的道义基础，而对其遭受的损失提出具有优惠性质的补偿要求，即道义索赔。道义索赔的主动权在发包人手中，发包人一般在下面4种情况中，可能会同意并接受这种索赔： (1)若另找其他承包人，费用会更大 (2)为了树立自己的形象 (3)出于对承包人的同情与信任 (4)谋求与承包人的相互理解或更长久的合作	—
3	按索赔要求分类	工期索赔	工期索赔，即由于非承包人自身原因造成拖期的预定的竣工日期，避免违约误期罚款等，要求延长合同工期	—
		费用索赔	费用索赔，即要求发包人补偿费用损失，调整合同价格，弥补经济损失，要求追加费用，提高合同价格	—
4	按索赔事件性质分类	工程延期索赔	承包人因发包人未按合同要求提供施工条件，如未及时交付设计图纸，施工现场、道路等，或因发包人指令工程暂停或不可抗力事件等原因造成工期拖延提出索赔	这种分类能明确指出每一项索赔的根源所在，使发包人和工程师便于审核分析
		工程变更索赔	由于发包人或工程师的指令增加或减少工程量或增加附加工程、设计变更、修改施工顺序等，造成工期延长和费用增加，承包人对此提出索赔	
		工程终止索赔	由于发包人违约或发生了不可抗力事件等造成工程非正常终止，承包人因蒙受经济损失而提出的索赔	
		工程加速索赔	由于发包人或工程师指令承包人加快施工速度、缩短工期，引起承包人的人、财、物的额外开支而提出的索赔	
		意外风险和不可预见因素索赔	在工程实施过程中，因人力不可抗拒的自然灾害、特殊风险以及一个有经验的承包人通常不能合理预见的不利施工条件或客观障碍，如地下水、地质断层、溶洞、地下障碍物等引起的索赔	
		其他索赔	如因货币贬值、汇率变化，物价工资上涨、政策法令变化等原因引起的索赔	

续表

序号	分类方式	类别	内　容	备　注
5	按索赔处理方式分类	单项索赔	单项索赔就是采取一事一索赔的方式	—
		综合索赔	综合索赔又称一揽子索赔，即对整个工程（或某项工程）中所发生的数起索赔事项，综合在一起进行索赔	—

6.2 园林工程索赔的计算与处理

6.2.1 园林工程工期索赔计算

园林工程施工过程中，经常会发生一些不可预见的干扰事件促使施工不能够顺利进行，使预定的施工计划受到干扰，以至于造成工期延长。对此应先计算干扰事件对工程活动的影响，然后计算事件对整个工期的影响以及计算出工期索赔值。

6.2.1.1 园林工程工期索赔因素

园林工程工期索赔是指取得发包人对于合理延长工期的合法性的确认。施工过程中，许多原因都可能导致工期拖延，但只有在某些情况下才能进行工期索赔，详见表 6-2。

表 6-2　园林工程工期拖延与索赔处理

种　类	原因责任者	处　理
可原谅不补偿延期	责任不在任何一方 如：不可抗力、恶性自然灾害	工期索赔
可原谅应补偿延期	发包人违约 非关键线路上工程延期引起费用损失	费用索赔
	发包人违约 导致整个工程延期	工期及费用索赔
不可原谅延期	承包商违约 导致整个工程延期	承包商承担违约罚款并承担违约后，发包人要求加快施工或终止合同所引起的一切经济损失

《建设工程施工合同（示范文本）》（GF—2013—0201）第 7.5 项“工期延误”规定：

（1）在合同履行过程中，因下列情况导致工期延误和（或）费用增加的，由发包人承担由此延误的工期和（或）增加的费用，且发包人应支付承包人合理的利润：

① 发包人未能按合同约定提供图纸或所提供图纸不符合合同约定的。

② 发包人未能按合同约定提供施工现场、施工条件、基础资料、许可、批

准等开工条件的。

③ 发包人提供的测量基准点、基准线和水准点及其书面资料存在错误或疏漏的。

④ 发包人未能在计划开工日期之日起7天内同意下达开工通知的。

⑤ 发包人未能按合同约定日期支付工程预付款、进度款或竣工结算款的。

⑥ 监理人未按合同约定发出指示、批准等文件的。

⑦ 专用合同条款中约定的其他情形。

因发包人原因未按计划开工日期开工的，发包人应按实际开工日期顺延竣工日期，确保实际工期不低于合同约定的工期总日历天数。因发包人原因导致工期延误需要修订施工进度计划的，按照《建设工程施工合同（示范文本）》（GF—2013—0201）第7.2.2项“施工进度计划的修订”执行。

（2）因承包人原因造成工期延误的，可以在专用合同条款中约定逾期竣工违约金的计算方法和逾期竣工违约金的上限。承包人支付逾期竣工违约金后，不免除承包人继续完成工程及修补缺陷的义务。

6.2.1.2 园林工程工期索赔原则

（1）园林工程工期索赔的一般原则

园林工程工期延误的影响因素主要可以归纳为两大类：

① 合同双方均无过错的原因或因素而引起的延误，主要指不可抗力事件和恶劣气候条件等。

② 由于发包人或工程师原因造成的延误。

通常，根据工程惯例对于①原因造成的工程延误，承包商只能要求延长工期，很难或不能要求发包人赔偿损失；而对于②类原因，如发包人的延误已影响了关键线路上的工作，承包商既可要求延长工期，又可要求相应的费用赔偿；若发包人的延误仅影响非关键线路上的工作，且延误后的工作仍属非关键线路，而承包商能够证明因此引起的损失或额外开支，则承包商不能要求延长工期，但完全有可能要求费用赔偿。

（2）交叉延误的处理原则

交叉延误的处理通常会出现以下几种情况：

① 在初始延误是由承包商原因造成的情况下，随之产生的任何非承包商原因的延误都不会对最初的延误性质产生任何影响，直到承包商的延误缘由和影响已不复存在。因而在该延误时间内，发包人原因引起的延误和双方不可控制因素引起的延误均为不可索赔延误。

② 若在承包商的初始延误已解除后，发包人原因的延误或双方不可控制因素造成的延误依然在起作用，那么承包商可以对超出部分的时间进行索赔。

③ 若初始延误是由于发包人或工程师原因引起的，那么其后由承包商造成的延误将不会使发包人逃脱其责任。此时承包商将有权获得从发包人的延误开始

到延误结束期间的工期延长及相应的合理费用补偿。

④ 若初始延误是由双方不可控制因素引起的，那么在该延误时间内，承包商只可索赔工期，而不能索赔费用。

6.2.1.3 园林工程工期索赔计算方法

（1）网络分析法

网络分析法是通过分析延误发生前后的网络计划，并对比两种工期计算结果，计算索赔值。

分析的基本思路为：假设某园林工程施工一直按原网络计划确定的施工顺序和工期进行。现发生了一个或多个延误，促使网络中的某个或某些活动受到影响。将这些活动受影响后的持续时间代入网络中，重新进行网络分析，得到一个新工期。则新工期与原工期之差即为延误对总工期的影响，即为工期索赔值。

通常，若延误在关键线路上，则该延误引起的持续时间的延长即为总工期的延长值。若该延误在非关键线路上，受影响后仍在非关键线路上，则该延误对工期无影响，故不能提出工期索赔。

该考虑延误影响后的网络计划又作为新的实施计划，若有新的延误发生，则应在此基础上进行新一轮的分析，提出新的工期索赔。

这样在园林工程实施过程中的进度计划是动态的，会不断地被调整。而延误引起的工期索赔也会随之同步进行。

网络分析方法是一种科学的、合理的分析方法，适用于各种延误的索赔。然而，它以采用计算机网络分析技术进行工期计划和控制作为前提条件，因为较复杂的工程，网络活动可能有几百个，甚至几千个，因此，进行个人分析和计算几乎是不可能的。

（2）比例分析法

网络分析法虽然最科学，也是最合理的，然而在实际工程中，干扰事件常常仅影响某些单项工程、单位工程或分部分项工程的工期，因此，分析它们对总工期的影响，便可以采用更为简单的方法——比例分析法，即以某个技术经济指标作为比较基础，计算出工期索赔值。

① 合同价比例法。对于已知部分工程的延期的时间：

$$\text{工期索赔值}=\frac{\text{受干扰部分工程的合同价}}{\text{原整个工程合同总价}}\times\text{该部分工程受干扰工期拖延时间} \tag{6-1}$$

对于已知增加工程量或额外工程的价格：

$$\text{工期索赔值}=\frac{\text{增加的工程量或额外工程的价格}}{\text{原合同总价}}\times\text{原合同总工期} \tag{6-2}$$

② 按单项工程拖期的平均值计算。如有若干单项工程 $A_1,A_2,\cdots,A_m$，分别拖期 $d_1,d_2,\cdots,d_m$，求出平均每个单项工程拖期天数 $\overline{D}=\sum_{i=1}^{m}d_i/m$，则工期索

赔值为 $T=\overline{D}+\Delta d$，Δd 为考虑各单项工程拖期对总工期的不均匀影响而增加的调整量（$\Delta d>0$）。

（3）以上两种方法的比较

当然也可按其他指标，如按劳动力投入量、实物工作量等的变化计算。比例分析的方法虽计算简单、方便，不需做复杂的网络分析，在意义上也容易接受，然而它也存在其不合理、不科学的地方。而且此种方法对有些情况也不适用（如业主变更施工次序、业主指令采取加速措施等），因此，最好采用网络分析法，否则会得到错误结果，这在实际工期索赔中应予以注意。

6.2.2 园林工程费用索赔计算

费用索赔是指承包商根据合同条款的规定，向业主索取其应该得到的合同价以外的费用。承包商根据合同条款的有关规定从甲方那里得到的该费用，是在合同中所规定的因签订合同时还无法确定的，应由业主承担的某些风险因素导致的结果。承包商投标时的报价中不含有业主承担的风险对报价的影响，因此，一旦该类风险发生并影响到承包商的工程成本时，承包商提出费用索赔的行为是一种正常现象。

6.2.2.1 园林工程费用索赔因素

引起园林工程费用索赔的原因主要有以下几个方面：

① 发包人违约索赔。

② 工程变更。

③ 发包人拖延支付工程款或预付款。

④ 工程加速。

⑤ 发包人或工程师责任造成的可补偿费用的延误。

⑥ 工程中断或终止。

⑦ 工程量增加（不含发包人失误）。

⑧ 发包人指定分包商违约。

⑨ 合同缺陷。

⑩ 国家政策及法律、法令变更等。

6.2.2.2 园林工程可索赔费用分类

园林工程可索赔费用的分类见表 6-3。

6.2.2.3 园林工程费用索赔原则

园林工程费用索赔是整个施工阶段索赔的重点和最终目标，因而费用索赔的计算就显得十分重要，必须按照以下原则进行：

（1）赔偿实际损失的原则

实际损失包括直接损失和间接损失（可能获得的利益的减少）。

（2）合同原则

通常是指要符合合同规定的索赔条件和范围，符合合同规定的计算方法，以

表 6-3　园林工程可索赔费用的分类

<table>
<tr><th>序号</th><th>分类方式</th><th>类别</th><th>内　容</th><th>备　注</th></tr>
<tr><td rowspan="2">1</td><td rowspan="2">按可索赔费用的性质划分</td><td>损失索赔</td><td>损失索赔主要是由于发包人违约或监理工程师指令错误所引起，按照法律原则，对损失索赔，发包人应当给予损失的补偿，包括实际损失和可得利益或叫所失利益。这里的实际损失是指承包商多支出的额外成本。所失利益是指如果发包人或监理工程师不违约，承包商本应取得的，但因发包人等违约而丧失了的利益</td><td rowspan="2">计算损失索赔和额外工作索赔的主要差别在于：损失索赔的费用计算基础是成本，而额外工作索赔的计算基础价格是成本和利润，甚至在该工作可以顺利列入承包商的工作计划，而不会引起总工期延长，事实上承包商并未遭受到利润损失时也可计算利润在索赔款额内</td></tr>
<tr><td>额外工作索赔</td><td>额外工作索赔主要是因合同变更及监理工程师下达变更令引起的。对额外工作的索赔，发包人应以原合同中的合适价格为基础，或以监理工程师确定的合理价格予以付款</td></tr>
<tr><td rowspan="2">2</td><td rowspan="2">按可索赔费用的构成划分</td><td>直接费</td><td>直接费包括人工费、材料费、机构设备费、分包费</td><td rowspan="2">可索赔费用计算的基本方法是按上述费用构成项目分别分析、计算，最后汇总求出总的索赔费用
按照园林工程惯例，承包商的索赔准备费用、索赔金额在索赔处理期间的利息、仲裁费用、诉讼费用等是不能索赔的，因而不应将这些费用包含在索赔费用中</td></tr>
<tr><td>间接费</td><td>间接费包括现场和公司总部管理费、保险费、利息及保函手续费等项目</td></tr>
</table>

合同报价为计算基础等。

（3）符合通常的会计核算原则

通过计划成本或报价与实际工程成本或花费的对比得到索赔费用值。

（4）符合工程惯例

费用索赔的计算必须采用符合人们习惯的、合理的、科学的计算方法，能够让发包人、监理工程师、调解人、仲裁人接受。

6.2.2.4　园林工程费用索赔计算方法

园林工程费用索赔计算方法见表 6-4。

表 6-4　园林工程费用索赔计算方法

序号	计算方法	内　容
1	总费用法	(1)基本思路 总费用法的基本思路是把固定总价合同转化为成本加酬金合同，以承包商的额外成本为基点加上管理费和利润等附加费作为索赔值 (2)使用条件 这是一种最简单的计算方法，但通常用得较少，且不容易被对疗、调解人和仲裁人认可，因为它的使用有几个条件： ① 合同实施过程中的总费用核算是准确的；园林工程成本核算符合普遍认可的会计

续表

序号	计算方法	内　　容
1	总费用法	原则；成本分摊方法，分摊基础选择合理；实际总成本与报价总成本所包括的内容一致 ② 承包商的报价是合理的，反映实际情况。如果报价计算不合理，则按这种方法计算的索赔值也不合理 ③ 费用损失的责任，或干扰事件的责任完全在于发包人或其他人，承包商在工程中无任何过失，而且没有发生承包商风险范围内的损失 ④ 合同争执的性质不适用其他计算方法。如由于发包人原因造成工程性质发生根本变化，原合同报价已完全不适用。这种计算方法常用于对索赔值的估算。有时，发包人和承包商签订协议，或在合同中规定，对于一些特殊的干扰事件，如特殊的附加工程、发包人要求加速施工、承包商向发包人提供特殊服务等，可采用成本加酬金的方法计算赔（补）偿值 (3)注意点 在计算过程中要注意以下几个问题： ① 索赔值计算中的管理费率一般采用承包商实际的管理费分摊率。这符合赔偿实际损失的原则。但实际管理费率的计算和核实是很困难的，所以通常都用合同报价中的管理费率，或双方商定的费率。这全在于双方商讨 ② 在费用索赔的计算中，利润是一个复杂的问题，故一般不计利润，以保本为原则 ③ 由于园林工程成本增加使承包商支出增加，这会引起园林工程的负现金流量的增加。为此，在索赔中可以计算利息支出（作为资金成本）。利息支出可按实际索赔数额、拖延时间和承包商向银行贷款的利率（或合同中规定的利率）计算
2	分项法	分项法是按每个（或每类）干扰事件，以及这个事件所影响的各个费用项目分别计算索赔值的方法 (1)分项法的特点 ① 它比总费用法复杂，处理起来困难 ② 它反映实际情况，比较合理、科学 ③ 它为索赔报告的进一步分析评价、审核，双方责任的划分，双方谈判和最终解决提供方便 ④ 应用面广，人们在逻辑上容易接受 因此，通常在实际园林工程中费用索赔计算都采用分项法。但对具体的干扰事件和具体费用项目，分项法的计算方法又是千差万别 (2)分项法的计算步骤 ① 分析每个或每类干扰事件所影响的费用项目。这些费用项目通常应与合同报价中的费用项目一致 ② 确定各费用项目索赔值的计算基础和计算方法，计算每个费用项目受干扰事件影响后的实际成本或费用值，并与合同报价中的费用值对比，即可得到该项费用的索赔值 ③ 将各费用项目的计算值列表汇总，得到总费用索赔值

6.2.3 园林工程施工索赔处理

园林工程施工索赔工作通常是按照以下的步骤进行。

6.2.3.1 索赔意向通知

索赔意向通知是维护自身索赔权利的一种文件。在工程实施过程中，承包人发现索赔或意识到存在潜在的索赔机会后，要做的第一件事，就是要在合同规定的时间内将自己的索赔意向采用书面的形式及时通知业主或工程师，即向业主或工程师就某一个或若干个索赔事件表示索赔愿望、要求或声明保留索赔的权利。

索赔意向通知，通常仅仅是向业主或工程师表明索赔意向，因此，应当简明扼要。索赔意向通知的内容通常包括以下几点：索赔事件发生的时间、地点、简要事实情况和发展动态，索赔所依据的合同条款和主要理由，索赔事件对工程成本以及工期产生的不利影响。

国际咨询工程师联合会（FIDIC）合同条件及我国园林工程施工合同条件规定：承包人应在索赔事件发生后的 28 天内，将其索赔意向以正式函件通知工程师。如果承包人没有在合同规定的期限内提出索赔意向或通知，承包人则会丧失在索赔中的主动权和有利地位，业主和工程师也有权拒绝承包人的索赔要求，这是索赔成立的有效的、必备的条件之一。所以，承包人应避免合理的索赔要求由于未能遵守索赔时限的规定而导致无效。在实际的园林工程承包合同中，对索赔意向提出的时间限制通常是不一样的，只要双方经过协商达成一致并写入合同条款即可。

6.2.3.2 索赔证据的准备

索赔证据是当事人用来支持其索赔成立或与索赔有关的证明文件和资料。索赔证据作为索赔文件的组成部分，在很大程度上关系到索赔的成功与否。

承包商在正式报送索赔报告前，要尽可能地使索赔证据资料完整齐备，以免影响索赔事件的解决；索赔金额的计算要准确无误，符合合同条款的规定，具有说服力；力求文字清晰，简单扼要，要重事实、讲理由，语言婉转而富有逻辑性。

（1）索赔证据的要求

① 真实性。索赔证据必须是在实施合同过程中确实存在和发生的，必须完全反映实际情况，能经得住推敲。

② 全面性。所提供的证据应能说明事件的全过程。

③ 关联性。索赔的证据应当能够互相说明，具有关联性，不能互相矛盾。

④ 及时性。索赔证据的取得及提出应当及时。

⑤ 具有法律证明效力。通常要求证据必须是书面文件，有关记录、协议以及纪要必须是双方签署的；工程中重大事件及特殊情况的记录和统计必须由工程师签证认可。

（2）索赔证据的种类

索赔证据的种类见表 6-5。

此外，还包括工程供电供水资料以及国家、省、市有关影响工程造价、工期的文件和规定等。

6.2.3.3 索赔报告的编写

索赔报告是承包商向工程师（或业主）提交的要求业主给予一定的经济（费用）补偿或工期延长的正式报告。

表 6-5 索赔证据的种类

序号	种类	内容
1	投标文件	主要包括招标文件、工程合同及附件、业主认可的投标报价文件、技术规范、施工组织设计等。招标文件是承包商报价的依据，是工程成本计算的基础资料，也是索赔时进行附加成本计算的依据。投标文件是承包商编制报价的成果资料，对施工所需的设备、材料列出了数量和价格，也是索赔的基本依据
2	工程图纸	工程师和业主签发的各种图纸，包括设计图、施工图、竣工图及其相应的修改图，应注意对照检查和妥善保存，设计变更一类的索赔，原设计图和修改图的差异是索赔最有力的证据
3	施工日志	应指定有关人员现场记录施工中发生的各种情况，包括天气、出工人数、设备数量及其使用情况、进度、质量情况、安全情况、工程师在现场有什么指示、进行了什么实验、有无特殊干扰施工的情况、遇到了什么不利的现场条件、多少人员参观了现场等。这种现场记录有利于及时发现和正确分析索赔，是索赔的重要证明材料
4	来往信件	对与工程师、业主和有关政府部门、银行、保险公司的来往信函必须认真保存，并注明发送和收到的详细时间
5	气象资料	在分析进度安排和施工条件时，天气是要考虑的重要因素之一，因此，要保持一份如实完整、详细的天气情况记录，包括气温、风力、温度、降雨量、暴雨雪、冰雹等
6	备忘录	承包商对工程师和业主的口头指示和电话通知指示应随时采取书面记录，并请签字给予书面确认。这些是事件发生和持续过程的重要情况记录
7	会议纪要	承包商、业主和工程师举行会议时要做好详细记录，对其主要问题形成会议纪要，并与会议各方签字确认
8	工程照片和工程音像资料	这些资料都是反映工程客观情况的真实写照，也是法律承认的有效证据，应拍摄有关资料并妥善保存
9	工程进度计划	承包商编制的经工程师或业主批准同意的所有工程总进度、年进度、季进度、月进度计划都必须妥善保管，任何与延期有关的索赔、工程进度计划都是非常重要的证据
10	工程核算资料	工人劳动计时卡和工资单，设备、材料和零配件采购单，付款收据，工程开支月报，工程成本分析资料，会计报表，财务报表，货币汇率，物价指数，收付款票据都应分类装订成册，这些都是进行索赔费用计算的基础资料

索赔报告书的质量和水平，与索赔成败的关系极为密切。对于重大的索赔事项，应聘请合同专家或技术权威人士担任咨询，并邀请资深人士参与活动，方能保证索赔成功。

索赔报告的内容构成见表 6-6。

6.2.3.4 索赔报告的报送

索赔报告编写完毕后，应在引起索赔的事件发生后的 28 天内尽快提交给工程师（或业主），以正式提出索赔。索赔报告提交后，承包商不能被动等待，而应隔一定的时间，主动向对方了解索赔处理的情况，根据对方所提出的问题进一步做资料方面的准备，或提供补充资料，尽量为工程师处理索赔提供帮助、支持和合作。

表 6-6　索赔报告的内容

序号	构成部分	内　容
1	总述部分	概要论述引起索赔的事件发生的日期和过程；承包商为该事件付出的努力和附加开支；承包商的具体索赔要求
2	论证部分	索赔报告的关键部分，其目的是说明自己有索赔权和索赔的理由，这是索赔能否成立的关键。立论的基础是合同文件并参照所在国法律。要善于在合同条款、技术规程、工程量表、往来函件中寻找索赔的法律依据，使索赔要求建立在合同、法律的基础上。如有类似情况索赔成功的具体事例，无论发生在工程所在国或其他国际工程项目，都可作为例证提出 合同论证部分在写法上要按引发索赔的事件发生、发展、处理的过程叙述，使业主历史地、逻辑地了解事件的始末及承包商在处理该事件上做出的努力、付出的代价。论述时应指明所引证资料的名称及编号，以便于查阅。应客观地描述事实，避免用抱怨、夸张，甚至刺激、指责的用词，以免使读者反感、怀疑
3	索赔款项（或工期）计算部分	如果论证部分的任务是解决索赔权能否成立，那么款项计算则是为解决能得到多少补偿的问题。前者定性，后者定量 在写法上先写出计价结果（索赔总金额），然后再分条论述各部分的计算过程，引证的资料应有编号、名称。计算时切忌用笼统的计价方法和不实的开支款项，不要给人以漫天要价的印象
4	证据部分	要注意引用的每个证据的效力和可信程度，对重要的证据资料最好附以文字说明，或附以确认件。例如，对一个重要的电话记录或对方的口头命令，仅附上承包商自己的记录是不够有力的，最好附以经过对方签字的记录，或附上当时发给对方要求确认该电话记录或口头命令的函件，即使对方未复函确认或修改，亦说明责任在对方，按惯例应理解为其已默认

若干扰事件对工程的影响持续时间长，承包人则应按照工程师要求的合理间隔（通常为 28 天）提交中间索赔报告，并在干扰事件影响结束后的 28 天内提交一份最终索赔报告。若承包人未能按时间规定提交索赔报告，那他就失去了该项事件请求补偿的索赔权利，此时他所受到损害的补偿，将不超过工程师认为应主动给予的补偿额，或把该事件损害提交仲裁解决时，仲裁机构依据合同和同期记录可以证明的损害补偿额。

索赔的关键问题在于“索”，承包商不积极主动去“索”，业主没有任何义务去“赔”，因此，提交索赔报告虽然是“索”，但还只是刚刚开始，要让业主“赔”，承包商还有许多更艰难的工作要做。

6.2.3.5　索赔报告的评审

工程师接到承包商的索赔报告后，应该马上仔细阅读其报告，并对于不合理的索赔进行反驳或提出疑问。工程师根据业主的委托或授权，对承包人索赔的审核工作主要分为判定索赔事件是否成立和核查承包人的索赔计算是否正确、合理两个方面，并可在业主授权的范围内做出自己独立的判断。

工程师提出意见和主张时，也应当具有充分的根据和理由。评审过程中，承包商应对工程师提出的各种质疑做出圆满的答复。

我国园林工程施工合同条件规定，工程师收到承包人送交的索赔报告和有关资料后应在28天内给予答复，或要求承包人进一步补充索赔理由和证据。如果工程师在28天内既未予答复也未对承包人做进一步要求，则视为承包人提出的该项索赔要求已被认可。

6.2.3.6 索赔谈判与调解

经过工程师对索赔报告的评审，以及与承包商进行较充分的讨论后，工程师应提出对索赔处理决定的初步意见，并参与业主和承包商进行的索赔谈判，通过谈判，做出索赔的最后决定。通常，工程师的处理决定不是终局性的，对业主和承包人都不具有强制性的约束力。

在双方直接谈判未能取得一致解决意见时，为争取通过友好协商的办法解决索赔争议，可邀请中间人进行调解。该调解要举行一些听证会和调查研究，而后提出调解方案，若双方同意则可达成协议并由双方签字和解。

6.2.3.7 索赔仲裁与诉讼

若承包人同意接受最终的处理决定，索赔事件的处理结束。若承包人不同意，则可根据合同约定，将索赔争议提交仲裁或诉讼，使索赔问题得到最终解决。在仲裁或诉讼过程中，工程师作为工程全过程的参与者和管理者，可以作为见证人提供证据，做答辩。

由于园林工程争议的仲裁或诉讼往往是非常复杂的，要花费大量的人力、物力、财力，对工程建设也会带来不利影响，有时甚至是严重的后果。因此，合同各方应该争取尽量在最早的时间、最低的层次，尽最大可能以友好协商的方式解决索赔问题，不要轻易提交仲裁或诉讼。

6.3 园林工程索赔的策略与技巧

6.3.1 园林工程索赔的策略

建好工程是索赔成功的首要条件。只有建好工程，才能赢得业主和监理工程师在索赔问题上的合作态度，才能使承包商在索赔争端的调解和仲裁中处于有利的位置。因此，必须把认真履行合同义务，建好合同项目放在首要的位置上。

园林工程索赔的策略主要可以分为以下几个方面：

（1）确定索赔目标　承包商的索赔目标是指承包商对索赔的基本要求，可对要达到的目标进行分解，按难易程度排队，并大致分析它们各自实现的可能性，从而确定最低、最高目标。

分析实现目标的风险状况，注意对索赔风险的防范，否则会影响索赔目标的实现。

（2）对被索赔方的分析　分析对方的兴趣和利益所在，要让索赔在友好和谐的气氛中进行。处理好单项索赔和一揽子索赔的关系。对于理由充分而重要的单项索赔应力争尽早解决；对于发包人坚持后拖解决的索赔，要按发包人意见认真积累有关资料，为一揽子解决准备充分的材料。要根据对方的利益所在和双方感兴趣的地方，承包商在不过多损害自己利益的情况下作适当让步，以此打破问题的僵局。在责任分析和法律分析方面要适当，在对方愿意接受索赔的情况下，做出合理的让步，否则反而达不到索赔目的。

（3）承包商的经营战略分析　承包商的经营战略直接制约着索赔的策略和计划。在分析发包人情况和工程所在地情况以后，承包商应考虑有无可能与发包人继续进行新的合作，是否在当地继续扩展业务，承包商与发包人之间的关系对在当地开展业务有何影响等。这些问题决定着承包商的整个索赔要求和解决的方法。

（4）　对外关系分析　利用同监理工程师、设计单位以及发包人的上级主管部门对发包人施加影响，通常比同发包人直接谈判更有效。承包商应同这些单位搞好关系，取得他们的支持，并与发包人沟通。

（5）谈判过程分析　由于索赔通常都在谈判桌上最终解决，索赔谈判是合同双方面对面的较量，是索赔能否取得成功的关键。一切索赔的计划和策略都要在谈判桌上体现和接受检验。所以，在谈判之前要做好充分准备，对谈判的可能过程要做好分析。

由于索赔谈判是承包商要求业主承认自己的索赔，承包商处于很不利的地位，若谈判一开始就气氛紧张，情绪对立，有可能导致发包人拒绝谈判，该情况是最不利于解决索赔问题的。谈判应从发包人关心的议题入手，从发包人感兴趣的问题开谈，稳扎稳打，并始终注意保持友好和谐的谈判气氛。

6.3.2　园林工程索赔的技巧

由于索赔的技巧是为园林工程索赔的战略和策略目标服务的，因此，在确定了园林工程索赔的战略和策略目标之后，索赔技巧就显得尤为重要。索赔技巧是园林工程索赔策略的具体体现。索赔技巧应因人、因客观环境条件而异。常用的索赔技巧见表 6-7。

表 6-7　索赔技巧

序号	技巧	内　容
1	要及早发现索赔机会	一个有经验的承包商，在投标报价时就应考虑到将来可能要发生索赔的问题，要仔细研究招标文件中的合同条款和规范，仔细查勘施工现场，探索可能索赔的机会，在报价时要考虑索赔的需要。在进行单价分析时，应列入生产效率，把工程成本与投入资源的效率结合起来。这样，在施工过程中论证索赔原因时，可引用效率降低来论证索赔的根据 在索赔谈判中，如果没有效率降低的资料，则很难说服监理工程师和发包人，索赔无取胜可能。反而可能被认为，生产效率的降低是承包商施工组织不好，没达到投标时的效率，应采取措施提高效率，赶上工期 要论证效率降低，承包商应做好施工记录，记录好每天使用的设备工时、材料和人工数量，完成的工程量及施工中遇到的问题

续表

序号	技巧	内　容
2	商签好合同协议	在商签合同过程中，承包商应对明显把重大风险转嫁给承包商的合同条件提出修改的要求，对其达成修改的协议应以“谈判纪要”的形式写出，作为该合同文件的有效组成部分
3	对口头变更指令要得到确认	工程师常常用口头指令来进行工程变更，如果承包商不对工程师的口头指令予以书面确认就进行变更工程的施工，此后，有的工程师矢口否认，拒绝承包商的索赔要求，使承包商有苦难言
4	及时发出“索赔通知书”	一般合同都规定，索赔事件发生后的一定时间内，承包商必须送出“索赔通知书”，过期无效
5	索赔事由论证要充足	承包合同通常规定，承包商在发出“索赔通知书”后，每隔一定时间，应报送一次证据资料，在索赔事件结束后的28日内报送总结性的索赔计算及索赔论证，提交索赔报告。索赔报告一定要令人信服，经得起推敲
6	索赔计价方法和款额要适当	索赔计算时采用“附加成本法”容易被对方接受。因为这种方法只计算索赔事件引起的计划外的附加开支，计价项目具体，使经济索赔能较快得到解决。另外索赔计价不能过高，要价过高容易让对方发生反感，使索赔报告长期得不到解决。另外还有可能让发包人准备周密的反索赔计价，以高额的反索赔对付高额的索赔，使索赔工作更加复杂化
7	力争单项索赔，避免一系列索赔	单项索赔事件简单，容易解决，而且能及时得到支付。一揽子索赔，问题复杂，金额大，不易解决，往往到工程结束后还得不到付款
8	坚持采用“清理账目法”	承包商往往只注意接受发包人按月结算索赔款，而忽略了索赔款的不足部分。没有以文字的形式保留自己今后应获得不足部分款额的权利，等于同意并承认了发包人对该项索赔的付款，以后再无权追索 因为在索赔支付过程中，承包商和工程师对确定新单价和工程量方面经常存在不同意见。按合同规定，工程师有决定单价的权利。如果承包商认为工程师的决定不尽合理，而坚持自己的要求时，可同意接受工程师决定的“临时单价”或按“临时价格”付款，先拿到一部分索赔款，对其余不足部分，则以书面的形式通知工程师和发包人，作为索赔款的余额，保留自己的索赔权利；否则，将失去了将来要求付款的权利
9	力争友好解决，防止对立情绪	索赔争端是难免的，如果遇到争端不能理智地协商讨论问题，使一些本来可以解决的问题悬而未决。承包商尤其要头脑冷静，防止对立情绪，力争友好解决索赔争端
10	注意同工程师搞好关系	工程师是处理解决索赔问题的公正的第三方，注意同工程师搞好关系，争取工程师的公正裁决，竭力避免仲裁或诉讼

6.4 园林工程施工中的反索赔

按《合同法》和《通用条款》的规定，索赔应是双方面的。并且，在园林工程项目过程中，发包人与承包商之间，总承包商和分包商之间，合伙人之间，承包商与材料和设备供应商之间都可能有双向的索赔与反索赔。通常，我们把追回自方损失的手段称为索赔，把防止和减少向自方提出索赔的手段称为反索赔。

6.4.1 园林工程施工反索赔种类

(1) 园林工程质量问题　发包人在园林工程施工期间和缺陷责任期（保修期）内认为工程质量没有达到合同要求，并且该质量缺陷是由于承包商的责任造成的，并且承包商又没有采取适当的补救措施，则发包人就可以向承包商要求赔偿，该赔偿通常采用从工程款或保留金（保修金）中扣除的办法。

(2) 园林工程拖期　由于承包商自身原因，部分或整个园林工程未能按照合同规定的日期（包括已批准的工期延长时间）竣工，则发包人有权向承包商索取拖期赔偿。通常合同中已规定了园林工程拖期赔偿的标准，因此，在此基础上按拖期天数计算即可。若仅是部分园林工程拖期，而其他部分已颁发移交证书，则应按拖期部分在整个园林工程中所占价值比重进行折算。若拖期部分是关键工程，即该部分园林工程的拖期将影响整个园林工程的主要使用功能，则不应进行折算。

(3) 其他损失索赔　根据合同条款，如果由于承包商的过失给发包人造成其他经济损失时，发包人也可提出索赔要求。常见的其他损失索赔主要有以下几个方面：

① 承包商运送自己的施工设备和材料时，损坏了沿途的公路或桥梁，引起相应管理机构索赔。

② 承包商的建筑材料或设备不符合合同要求而进行重复检验时，所带来的费用开支。

③ 园林工程保险失效，带给发包人员的物质损失。

④ 由于承包商的原因造成园林工程拖期时，在超出计划工期的拖期时段内的工程师服务费用等。

6.4.2 园林工程施工反索赔内容

依据园林工程承包的惯例和实践，常见的发包人反索赔及具体内容见表 6-8。

表 6-8　园林工程施工反索赔内容

序号	索赔内容	说　明
1	园林工程质量缺陷反索赔	园林工程承包合同中对园林工程质量有着严格细致的技术规范和要求。因为工程质量的好坏与发包人的利益和园林工程的效益紧密相关。发包人只承担直接负责设计所造成的质量问题，监理工程师虽然对承包商的设计、施工方法、施工工艺工序以及对材料进行过批准、监督、检查，但只是间接责任，并不能因而免除或减轻承包商对园林工程质量应负的责任。在园林工程施工过程中，若承包商所使用的材料或设备不符合合同规定或园林工程质量不符合施工技术规范和验收规范的要求，或出现缺陷而未在缺陷责任期满之前完成修复工作，发包人均有权追究承包商的责任，并提出由承包商所造成的园林工程质量缺陷所带来的经济损失的反索赔。另外，发包人向承包商提出园林工程质量缺陷的反索赔要求时，不仅仅包括园林工程缺陷所产生的直接经济损失，也包括该缺陷带来的间接经济损失

续表

序号	索赔内容	说明
1	园林工程质量缺陷反索赔	常见的园林工程质量缺陷表现为： (1)由承包商负责设计的部分永久工程和细部构造，虽然经过工程师的复核和审查批准，仍出现了质量缺陷或事故 (2)承包商的临时工程或模板支架设计安排不当，造成了园林工程施工后的永久工程的缺陷 (3)承包商使用的园林工程材料和机械设备等不符合合同规定和质量要求，从而使园林工程质量产生缺陷 (4)承包商施工的分项分部园林工程，由于施工工艺或方法问题，造成严重开裂、下挠、倾斜等缺陷 (5)承包商没有完成按照合同条件规定的工作或隐含的工作，如对工程保护、安全及环境保护等
2	拖延工期反索赔	依据工程施工承包合同条件规定，承包商必须在合同规定的时间内完成园林工程的施工任务。如果由于承包商的原因造成不可原谅的完工日期拖延，则影响到发包人对该工程的使用和运营生产计划，从而给发包人带来了经济损失。此项发包人的索赔，并不是发包人对承包商的违约罚款，而只是发包人要求承包商补偿拖期完工给发包人造成的经济损失。承包商则应按签订合同时双方约定的赔偿金额以及拖延时间长短向发包人支付这种赔偿金，而不再需要去寻找和提供实际损失的证据去详细计算。在有些情况下，拖期损失赔偿金若按该工程项目合同价的一定比例计算，在整个园林工程完工之前，工程师已经对一部分工程颁发了移交证书，则对整个园林工程所计算的延误赔偿金数量应给予适当的减少
3	发包人其他损失的反索赔	依据合同规定，除了上述发包人的反索赔外，当发包人在受到其他由于承包商原因造成的经济损失时，发包人仍可提出反索赔要求。比如由于承包商的原因，在运输施工设备或大型预制构件时，损坏了旧有的道路或桥梁；承包商的工程保险失效，给发包人造成的损失等
4	保留金的反索赔	保留金的作用是对履约担保的补充形式。园林工程合同中都规定有保留金的数额，为合同价的5%左右，保留金是从应支付给承包商的月工程进度款中扣下一笔合同价百分比的基金，由发包人保留下来，以便在承包商一旦违约时直接补偿发包人的损失。所以说保留金也是发包人向承包商索赔的手段之一。保留金一般应在整个园林工程或规定的单项园林工程完工时退还保留金款额的50%，最后在缺陷责任期满后再退还剩余的50%

6.4.3 园林工程施工反索赔程序

园林工程施工反索赔程序见表 6-9。

表 6-9 园林工程施工反索赔程序

序号	程序	内容
1	合同总体分析	园林工程施工反索赔同样是以合同作为反驳的理由和根据。分析合同的目的是分析、评价对方索赔要求的理由和依据。在合同中找出对对方不利，对己方有利的合同条文，以构成对对方索赔要求否定的理由。合同总体分析的重点是与对方索赔报告中提出的问题有关的合同条款，通常有合同的法律基础，合同的组成及其合同变更情况；合同规定的园林工程范围和承包商责任；园林工程变更的补偿条件、范围和方法；合同价格，工期的调整条件、范围和方法，以及对方应承担的风险；违约责任；争执的解决方法等

续表

序号	程序	内　容
2	事态调查	反索赔仍然基于事实基础之上,以事实为根据。这个事实必须有己方对园林工程施工合同实施过程跟踪和监督的结果,即各种实际园林工程资料作为证据,用以对照索赔报告所描述的事情经过和所附证据。通过调查可以确定干扰事件的起因、事件经过、持续时间、影响范围等真实的详细的情况 在此应收集整理所有与反索赔相关的园林工程资料
3	三种状态分析	在事态调查和收集、整理园林工程资料的基础上进行合同状态、可能状态、实际状态分析。通过三种状态的分析可以达到: (1)全面地评价合同、合同实际状况,评价双方合同责任的完成情况 (2)对对方有理由提出索赔的部分进行总概括。分析出对方有理由提出索赔的干扰事件有哪些,索赔的大约值或最高值 (3)对对方的失误和风险范围进行具体指认,这样在谈判中有攻击点 (4)针对对方的失误作进一步分析,以准备向对方提出索赔。这样在反索赔中同时使用索赔手段
4	对园林工程施工索赔报告进行全面分析,对索赔要求、索赔理由进行逐条分析评价	分析评价园林工程施工索赔报告,可以通过索赔分析评价表进行。索赔分析表中应分别列出对方索赔报告中的干扰事件、索赔理由、索赔要求、提出己方的反驳理由、证据、处理意见或对策等
5	起草并向对方递交园林工程施工反索赔报告	园林工程施工反索赔报告也是正规的法律文件。在调解或仲裁中,对方的索赔报告和我方的反索赔报告应一起递交调解人或仲裁人。园林工程施工反索赔报告的基本要求与园林工程施工索赔报告相似。通常园林工程施工反索赔报告的主要内容有: (1)园林工程合同总体分析简述 (2)园林工程合同实施情况简述和评价 这里重点针对对方索赔报告中的问题和干扰事件,叙述事实情况,应包括前述三种状态的分析结果,对双方合同责任完成情况和工程施工情况作评价。目标是推卸自己对对方索赔报告中提出的干扰事件的合同责任 (3)反驳对方园林工程索赔要求 按具体的干扰事件,逐条反驳对方的索赔要求,详细叙述自己的反索赔理由和证据,全部或部分地否定对方的索赔要求 (4)提出园林工程施工索赔 对经合同分析和三种状态分析得出的对方违约责任,提出己方的索赔要求。对此,有不同的处理方法。通常,可以在本反索赔报告中提出索赔,也可另外出具己方的索赔报告 (5)总结 对反索赔作全面总结,通常包括如下内容: ① 对园林工程合同总体分析作简要概括 ② 对园林工程合同实施情况作简要概括 ③ 对对方索赔报告作总评价 ④ 对己方提出的索赔作概括 ⑤ 双方要求,即索赔和反索赔最终分析结果比较 ⑥ 提出解决意见 ⑦ 附各种证据。即本反索赔报告中所述的事件经过、理由、计算基础、计算过程和计算结果等证明材料 通常对方提出的索赔反驳处理过程如图 6-1 所示

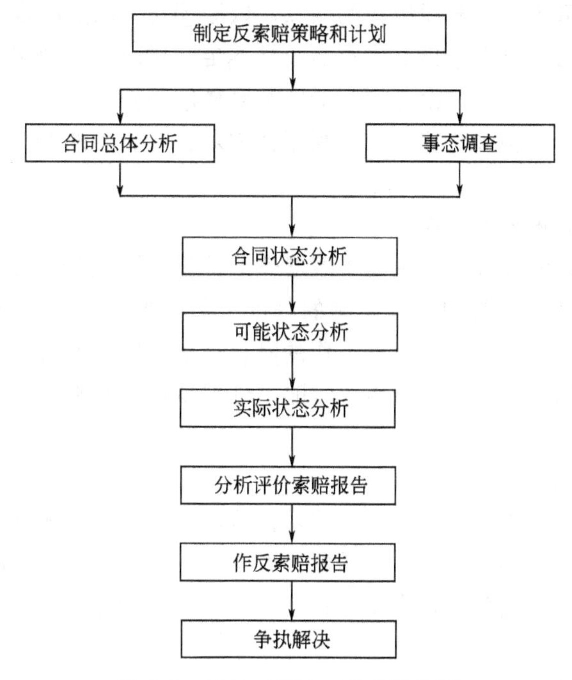

图 6-1 园林工程施工反索赔步骤

6.4.4 园林工程施工反索赔报告

对于园林工程索赔报告的反驳，通常可以从以下几个方面着手。

6.4.4.1 索赔事件的真实性

对于园林工程施工对方提出的索赔事件，主要应从以下两个方面核实其真实性：

① 对方的证据。如果对方提出的证据不充分，可要求其补充证据，或否定这一索赔事件。

② 己方的记录。如果索赔报告中的论述与己方关于工程的记录不符，可向其提出质疑，或否定索赔报告。

6.4.4.2 索赔事件责任分析

认真分析索赔事件的起因，澄清责任。以下几种情况可构成对索赔报告的反驳：

① 索赔事件是由索赔方责任造成的。

② 该事件应视作合同风险，且合同中未规定此风险由己方承担。

③ 该事件责任在第三方，不应由己方负责赔偿。

④ 双方都有责任，应按责任大小分摊损失。

⑤ 索赔事件发生以后，对方未采取积极有效的措施以降低损失。

6.4.4.3 索赔依据分析

对于园林工程施工合同内索赔，可以指出对方所引用的条款不适用于此索赔事件，或者找出可为己方开脱责任的条款，以驳倒对方的索赔依据。对于园林工程施工合同外索赔，可以指出对方索赔依据不足，错解了合同文件的原意或者按合同条件的某些内容，不应由己方负责此类事件的赔偿。

另外，可以根据相关法律法规，利用其中对自己有利的条文，来反驳对方的索赔。

6.4.4.4 索赔事件的影响分析

由于索赔事件的硬性直接决定着索赔值的计算，因此分析索赔事件对园林工程工期和费用是否产生影响以及影响的程度至关重要。对于园林工程工期的影响，可分析网络计划图，通过每一工作的时差分析来确定是否存在园林工程工期索赔。通过分析施工状态，可以得出索赔事件对费用的影响。但不存在相应的各种闲置费。

6.4.4.5 索赔证据分析

索赔证据不足、不当或片面的证据，都可以导致索赔不成立。索赔事件的证据不足，对索赔事件的成立可提出质疑。对索赔事件产生的影响证据不足，则不能计入相应部分的索赔值。仅出示对自己有利的片面的证据，将构成对索赔的全部或部分的否定。

6.4.4.6 索赔值审核

索赔值的审核工作量大，涉及的资料和证据多，需要花费许多时间和精力。对索赔值进行审核时主要应侧重于以下几点：

（1）数据的准确性

对索赔报告中的各种计算基础数据均须进行核对。

（2）计算方法的合理性

由于不同的计算方法得出的结果会有很大出入，因此，应尽可能选择最科学、最精确的计算方法。对某些重大索赔事件的计算，其方法往往需双方协商确定。

（3）是否有重复计算

索赔的重复计算可能存在于单项索赔与一揽子索赔之间，相关的索赔报告之间以及各费用项目的计算中。索赔的重复计算包括工期和费用两方面，应认真比较核对，剔除重复索赔。

参 考 文 献

[1] 中华人民共和国住房和城乡建设部. 建设工程施工合同（示范文本）GF—2013—0201 [S]. 北京：中国建筑工业出版社，2013.

[2] 法制出版社编著. 中华人民共和国招标投标法实施条例 [国务院令（第613号）] [M]. 北京：中国法制出版社，2012.

[3] 成虎、虞华. 工程合同管理 [M]. 北京：中国建筑工业出版社，2011.

[4] 梁振田. 建设工程合同管理与法律风险防范 [M]. 北京：知识产权出版社，2012.

[5] 白均生. 建设工程合同管理与变更索赔实务 [M]. 北京：水利水电出版社，2012.

[6] 张舟. 园林工程招投标与预决算 [M]. 北京：中国建筑工业出版社，2009.